GEOGRAPHICA
BERNENSIA
P 9

Kurt-D. Zaugg

BOGOTA / KOLUMBIEN
Formale, funktionale und strukturelle Gliederung

BOGOTA / COLOMBIA
Estructura formal, funcional y estructural

EL HOMBRE ES   DER MENSCH IST
POR ESENCIA   VON NATUR AUS
UN VIVIENTE URBANO   EIN STADTBEWOHNER

ARISTOTELES

Geographisches Institut der Universität Bern 1983

INHALTSUEBERSICHT

Als Beitrag zur aktuellen Städteforschung stellt die vorliegende Studie im wesentlichen die Entwicklung und die formale, funktionale und strukturelle Gliederung Bogotás dar.

Dabei ist die formale Gliederung als Gliederung nach äusseren Kriterien der Bebauung zu verstehen, die funktionale nach Nutzungen und Zentralität, während sich die strukturelle vorwiegend auf die Sozialstruktur der Bewohner beschränkt.
Durch Geburtenüberschüsse und Zuwanderung wächst Bogotá jährlich um 250'000 Menschen und steuert auf die Zehnmillionen - Grenze zu. Die unkontrollierbare Masse von Zuzügern wird zum zentralen Problem, weil 60% der neu erstellten Behausungen völlig ungesetzlich in Pirat-Siedlungen entstehen und der Prozess der Verslumung ganzer Quartiere beschleunigt wird.
Die Stadt, die sich mit einer Fläche von rund 18'500 Hektaren über die Savanne ausbreitet, steht mitten in der Krise. Sie verändert ihr Gesicht stetig.

Das Ergebnis der Analyse und Gliederung des Stadtkörpers von Bogotá in formaler, funktionaler und struktureller Hinsicht liegt in verschiedenen Karten im Generalisierungsgrad 1 : 25'000 bzw. 1 : 50'000 vor und in der Analyse und Interpretation dieser aufgezeichneten Gliederung. Dank speziell entwickelter zweckdienlicher und speditiver Methoden ist es in mehrjähriger Arbeit gelungen, alles in Bogotá erhältliche veröffentlichte und unveröffentlichte Material auszuwerten und durch zielgerichtete Feldarbeit zu ergänzen. Mit Hilfe von Kommentaren und vereinfachten, stark abstrakten Kartogrammen ist es durch Generalisierung und Vereinfachung möglich geworden, die Riesenstadt in der Vielfalt ihrer Erscheinungen in einer Momentaufnahme fassbar darzustellen und die grossen Linien der Dynamik aufzuzeigen.

INHALTSVERZEICHNIS

1. EINLEITUNG	12
1.1 DAS THEMA UND SEINE BEGRÜNDUNG	12
1.2 ABGRENZUNG DES THEMAS	14
1.3 ARBEITSMETHODE	14
2. ALLGEMEINE VORBEMERKUNGEN	16
2.1 BOGOTA: GEOGRAPHISCHE LAGE - KLIMA - LOKALKLIMA	16
2.2 KURZER ABRISS DER HISTORISCHEN ENTWICKLUNG BOGOTAS	20
2.21 Gründung Bogotás	20
2.22 Angewandte Methoden bei der Gründung spanischer Kolonial-Städte	22
2.23 Entwicklung Bogotás	23
2.231 Gründungszeit bis 1960	23
2.232 Bogotá in den siebziger und achtziger Jahren	26
2.3 WICHTIGSTE HISTORISCHE STADTPLÄNE BOGOTAS	30
2.31 Ende 16. Jahrhundert	30
2.32 Ende 18. Jahrhundert	31
2.33 Mitte 19. Jahrhundert	32
2.34 Anfang 20. Jahrhundert	33
2.4 FLÄCHENWACHSTUM BOGOTAS IM LAUFE DER GESCHICHTE	34
2.5 KURZER HISTORISCHER ÜBERBLICK ÜBER DIE ARCHITEKTUR BOGOTAS	35
2.6 STADTPLANUNG VON 1930 - 1980	38
2.7 STADTPLANUNG HEUTE	48
2.71 Stadtverwaltung	48
2.72 Auswirkungen des Verwaltungssystems der Stadt auf Stadtplanung und Stadtentwicklung	48
3. BEGRIFFSSYSTEM	51
3.1 BEGRIFFE: FORMAL - FUNKTIONAL	51
3.2 BEGRIFFE: STRUKTUR - STRUKTURELL	52
3.3 BEGRIFF: TYP	53
3.4 BEGRIFF: SIEDLUNG	53

4. FORMALE GLIEDERUNG BOGOTAS BZW. GLIEDERUNG NACH BEBAUUNGSTYPEN 56

4.1 BEBAUUNGSTYPEN BOGOTAS 57

- 4.11 Historische Bebauung 57
  - 4.111 Ba   Altstadtbebauung 57
  - 4.112 Bau   Ungeschützte Altstadtbebauung 60
- 4.12 Bh   Bebauung hoher Ausnutzung 60
  - 4.121 Bhk   Aeltere, konventionelle Stadtkernbebauung 61
  - 4.122 Bhm   Moderne Stadtkernbebauung 63
  - 4.123 Bhh   Hochhausbebauung 65
  - 4.124 Bhw   Wolkenkratzer 67
- 4.13 Bm   Bebauung mittlerer Ausnutzung 68
  - 4.131 Bmk   Aeltere, konventionelle Stadtkernbebauung mittlerer Ausnutzung 68
  - 4.132 Bmq   Aeltere, konventionelle Quartierbebauung 69
  - 4.133 Bmm   Moderne Stadtkernbebauung mittlerer Ausnutzung 71
  - 4.134 Bmh   Differenzierte, moderne Quartierbebauung mit Mehrfamilienblöcken und z.T. Hochhäusern 72
  - 4.135 Bme   Differenzierte Reiheneinfamilienhausbebauung mittlerer Ausnutzung 76
  - 4.136 Bmg   Einheitliche Gesamtüberbauung mittlerer Ausnutzung (meist Einfamilienhäuser) 80
  - 4.137 Bmi   Industrie- oder Institutionsbebauung mittlerer Ausnutzung 83
- 4.14 Bn   Bebauung niederer Ausnutzung 85
  - 4.141 Bnv   Aeltere Villenbebauung (Häuser einzelstehend) 85
  - 4.142 Bmn   Moderne Villenbebauung (Häuser einzelstehend) 87
  - 4.143 Bne   Differenzierte Reiheneinfamilienhausbebauung niederer Ausnutzung 90
  - 4.144 Bng   Einheitliche Gesamtüberbauung niederer Ausnutzung 91
  - 4.145 Bni   Industrie- oder Institutionsbebauung niederer Ausnutzung 92

4.146 Bns Invasions- bzw. evolutionierte Slums	93
4.147 Bnp Moderne Slums bzw. Sozialwohnungen im Reiheneinfamilienhausstil für niedrigste Einkommensschichten	98
4.148 Bnc Ländliche Slums (Stil Campesino)	102

4.2 ÜBERSICHT ÜBER DIE NEUSTEN VORHANDENEN PLANUNGSUNTERLAGEN (INSOFERN FÜR DIE AUFZEICHNUNG DER GLIEDERUNG NACH BEBAUUNGSTYPEN VON BEDEUTUNG) — 106

4.21 Statistische Grundinformation	106
4.211 Administrative Kreise des Spezialdistrikts Bogotá	106
4.212 Plan der Verwaltungskreise des Spezialdistrikts Bogotá	107
4.213 Stadt Bogotá	108
4.22 Mitarbeit der UNO bei der Erstellung eines Strukturplanes bzw. Richtplanes für 1980	109
4.23 Uebersicht über einige Begriffe, welche in der kolumbianischen Stadtplanung seit 1974 verwendet werden	111
4.231 Definitionen	111
4.232 Generelle Verfügungen für Wohnzonen	117
4.2321 Wohnungsdichte (densidad de vivienda)	117
4.2322 Netto-Bebauungsindex (indice neto de construccion)	117
4.2323 Grundstücks-Bebauungsindex bzw. Netto-Ausnützungsziffer (indice predial de construccion)	118
4.24 Schema des Urbanisierungsvorgangs	118

4.3 ARBEITSVERFAHREN — 120

4.31 Arbeitsgrundlagen	120
4.311 Luftbilder	120
4.312 Katasterpläne und Basis-BAZ-Schablonen	121
4.32 Zuordnung der Bogotaner Bebauungen zu Bebauungstypen	130
4.321 Arbeitsmethode bei der Erstellung des Arbeitsplanes der formalen Gliederung	130
4.322 Arbeitsmethode bei der Erstellung des endgültigen Planes der formalen Gliederung Bogotás	131

4.4 VERSTÄDTETER RAUM BOGOTA D.E.	132
4.41 Abgrenzung und Grundsätzliches des Spezialdistrikts Bogotá	133
4.42 Flächenschema des verstädterten Raumes Bogotá	135
4.421 Daten zum Flächenschema des verstädterten Raumes Bogotá D.E.	136
4.5 SCHEMATISIERENDE INTERPRETATION DER GLIEDERUNG NACH BEBAUUNGSTYPEN	137
4.51 Historische Bebauung	137
4.52 Aeltere, konventionelle Stadtkern- und Quartierbebauung	137
4.53 Mit Wolkenkratzern durchsetzte moderne Stadtkern- und Hochhausbebauung	138
4.54 Differenzierte, moderne Quartierbebauung mit Mehrfamilienblöcken und z.T. Hochhäusern	138
4.55 Differenzierte Reiheneinfamilienhausbebauung	139
4.56 Einheitliche Gesamtüberbauung	140
4.57 Slum-Bebauung	140
4.58 Villenbebauung	142
4.59 Industriebebauung	142
4.6 SCHEMA DER GLIEDERUNG NACH BEBAUUNGSTYPEN	143
4.7 SCHLUSSBEMERKUNGEN ZU DER GLIEDERUNG NACH BEBAUUNGSTYPEN	144
5. FUNKTIONALE GLIEDERUNG BOGOTAS	148
5.1 GRUNDINFORMATION ZUR FUNKTIONALEN GLIEDERUNG BOGOTAS	152
5.11 Ausnützungsgrad der Bebauungen und Anlagen	152
5.12 Flächenmässige Darstellung der funktionalen Gliederung	153
5.13 Detailinformation pro Planungssektor	154
5.131 Inventar der Bauten und Anlagen der Dienstleistungen pro Planungssektor	155
5.132 Inventar der Industriebetriebe pro Wirtschaftsgruppe und Sektor	159
5.2 INDUSTRIEBEBAUUNG, INDUSTRIEANLAGEN	162
5.21 Prozentualer Anteil der Wirtschaftsgruppen an der gesamten Umweltbelästigung	165

	5.211 Klassifikation der Wirtschafts- und Industriegruppen und Zahl der Erwerbstätigen pro Industriegruppe	166
5.22	Klassierung der Wirtschaftsgruppen nach Ausmass der Umweltbelästigung	168
5.3	**SCHEMATISIERENDE INTERPRETATION DER FUNKTIONALEN GLIEDERUNG BOGOTAS**	169
5.31	Historische Bebauung	169
5.32	Bebauung hoher, mittlerer und niederer Ausnutzung	169
	5.321 Tendenzen in der Ausbreitung von Bebauung höherer Ausnützung	170
5.33	Gemischte Wohn-, Geschäfts- und Gewerbebebauung	171
	5.331 Verteilung der Wohnbevölkerung auf die verschiedenen Stadtregionen	171
	5.332 Funktionierungsschema: Einzel- und Grosshandel, Gewerbe	172
	5.333 Erläuterungen zum Funktionierungsschema	173
5.34	Industriebebauung / Industrieanlagen	176
	5.341 Bergbauindustrie	178
	5.342 Grosse Materiallager	178
	5.343 Grosse Reparaturwerkstätten	179
	5.344 Statistische Angaben zu den Stadtregionen	179
	5.345 Fertigungs- bzw. Verarbeitende Industrie	180
	5.3451 Anteil der verschiedenen Stadtregionen an Industriebebauung mit unterschiedlichem Ausmass an Umweltbelästigung	181
	5.3452 Standort der Industrie (Ausmass der Umweltbelästigung der Wirtschaftsgruppen)	184
5.35	Bauten und Anlagen der Dienstleistungen / Militärareale	185
	5.351 Berechnung des Index-Anteils der Stadtregionen an Bauten und Anlagen der Dienstleistungen	186
	5.352 Indexanteil der Stadtregionen an Bauten und Anlagen der Dienstleistungen	190

5.353 Interpretation der Verteilung des Indexanteils an Bauten und Anlagen der Dienstleistungen ... 191
    5.3531 Index: Schulung ... 191
    5.3532 Index: Kommunikation ... 192
    5.3533 Index: Wirtschaft bzw. "Wirtschaftsbarometer" ... 193
    5.3534 Index: Medizinische Betreuung ... 194

6. STRUKTURELLE GLIEDERUNG BOGOTAS ... 198
6.1 DIE STRUKTURKATEGORIEN DER INDUSTRIE ... 198
6.2 DIE SOZIALEN STRUKTURKATEGORIEN DES WOHNENS ... 199
6.3 STUDIE ÜBER DIE SOZIO - ÖKONOMISCHEN SCHICHTEN DER BOGOTANER QUARTIERE ... 202
  6.31 Verzeichnis der Quartiere (barrios) Bogotás nach Ordnungsnummern und mit Angabe der Schichtzugehörigkeit ... 204
  6.32 Schematische Darstellung der Verteilung der sozio-ökonomischen Schichten Bogotás ... 208
6.4 DISKUSSION WEITERER SCHICHTUNGSMERKMALE ... 209
  6.41 Familieneinkommen als Schichtungsmerkmal ... 210
    6.411 Prozentualer Anteil der Schichten pro Stadtregion (Schichtungsmerkmal: Durchschnittliches Familieneinkommen) ... 211
    6.412 Schematische Darstellung der Verteilung der durchschnittlichen Familieneinkommen pro Stadtregion ... 212
    6.413 Aufteilung der Sektorbewohner in Einkommensschichten nach besonderen Merkmalen ... 213
6.5 SCHEMATISIERENDE INTERPRETATION DER SOZIO - ÖKONOMISCHEN SCHICHTEN UND DER EINKOMMENSSCHICHTEN BOGOTAS ... 214

ANHANG

IM TEXT UND AUF DEN PLÄNEN ZITIERTE QUELLEN	220
VERZEICHNIS DER KONSULTIERTEN ATLANTEN, KARTEN, PLÄNE UND LUFTFOTOS	223
VERZEICHNIS DER INSTITUTE, ÄMTER U.A., DIE FÜR DIESE STUDIE VON BEDEUTUNG WAREN	223
LITERATURVERZEICHNIS	225
VERZEICHNIS DER GRAPHISCHEN DARSTELLUNGEN	233
R E S U M E N (ZUSAMMENFASSUNG IN SPANISCHER SPRACHE)	238

BEILAGEN

LUFTFOTOS DER INTERESSANTESTEN STADTTEILE   TAFELN 1 - 8

PLÄNE
- PLAN DER STADT BOGOTA 1976
- GLIEDERUNG NACH BEBAUUNGSTYPEN 1980
- FUNKTIONALE GLIEDERUNG BOGOTAS 1980
- DETAILINFORMATION ZUR FUNKTIONALEN GLIEDERUNG BOGOTAS
- STRUKTURELLE GLIEDERUNG BOGOTAS 1973

INHALTSÜBERSICHT   2

HAUPTERGEBNISSE   281

EINLEITUNG 1

ALLGEMEINE VOR-BEMERKUNGEN 2

BEGRIFFSSYSTEM 3

1. EINLEITUNG

1.1 DAS THEMA UND SEINE BEGRÜNDUNG

Im Herbst 1977 reiste der Verfasser nach Kolumbien, um am Colegio Helvetia in Bogotá einen Lehrauftrag zu übernehmen. Nachdem er sich mit Prof. Dr. Georges Grosjean, dem Leiter der Abteilung für angewandte Geographie des geographischen Instituts der Universität Bern in Verbindung gesetzt hatte, reifte der Entschluss, die Gelegenheit wahrzunehmen, um die Gliederung der lateinamerikanischen Mehrmillionenstadt Bogotá aufzuzeichnen und damit einen Beitrag an die aktuelle Städteforschung zu leisten.

Die Studie basiert auf Grosjeans [1] "Grundlagen der Raumplanung auf höherer Stufe". Gerade weil er seine auf schweizerische Verhältnisse ausgerichteten Vorschläge zur Typisierung einer Siedlung [2] als eine Grundlage zur Konfrontation und Weiterbearbeitung betrachtet, musste es besonders interessant und aufschlussreich sein, seine funktionalen und formalen Siedlungskomponenten und seine strukturellen Siedlungskategorien auf ihre praktische Anwendung hin in einem völlig anders gearteten Raum [3] zu prüfen.

In der Schweiz hat man die Bedeutung der Siedlungsanalyse als notwendige Grundlage jeder Siedlungsplanung erkannt. Planen kann nur, wer genügend Kriterien zur Verfügung hat, Prioritäten setzen zu können, d.h. heute entscheiden zu können, welche Aufgabe vorrangig gelöst werden muss, damit morgen das komplexe räumliche Bezugssystem weiterhin funktionieren kann.

In jedem Kulturraum besteht ein solches Bezugs- und Abhängigkeitssystem. Kein Problem kann darin gelöst werden, ohne diese

---

1) Grosjean Georges 1975
2) Grosjean Georges 1975, Definition S. 53
3) Grosjean Georges 1975, Definition S. 21

Korrelation zu berücksichtigen. Wenn ein einziges Element dieses Systems verändert oder ausgewechselt wird, kann das eine ganze Reihe von notwendigen Massnahmen hervorrufen. Sobald beispielsweise in Bogotá eine Untergrundbahn gebaut wird, bedeutet das, dass der gesamte Linienplan der privaten Stadtbusgesellschaften geändert werden muss, so dass heutige Nebenstrassen einer grösseren Belastung durch öffentlichen Verkehr ausgesetzt sein werden, was wiederum bedeutet, dass diese Strassen ausgebaut werden müssen, während alte Hauptverkehrsadern unterbelastet bleiben. Zudem wird eine vermehrte Lärm- und Abgasemission die Bewohner aus den einst ruhigen Wohnquartieren vertreiben. Neue Siedlungsgebiete müssen erschlossen werden, während die alten von finanziell schwächeren Bevölkerungsschichten belegt werden, welche die zu grossen Wohneinheiten nicht in Stand halten können, was einerseits zu einer Verlotterung des Quartiers führen muss oder aber zu einer Aufteilung der früheren Einfamilienhäuser in verschiedene kleinere Wohneinheiten, was Umbauten bedingen kann, die wiederum das äussere Erscheinungsbild verändern werden.

Das Aufzeigen der Kettenreaktion müsste fortgesetzt werden. Die unvollständigen Hinweise sollen aber nur dazu dienen, den Zweck der vorliegenden Studie zu begründen.

Das Interesse verschiedener kolumbianischer Kreise an dieser Arbeit hat bestätigt, was täglich festgestellt werden kann, dass nämlich auch in Bogotá Stadtplanung sehr stark nach **Sachgebieten** getrennt vorgenommen wird; Bauzonenplanung, Verkehrsplanung, Planung der Versorgung und Entsorgung, Planung von Industrieanlagen, Planung von Schutz- und Erholungszonen. Beim Verschmelzen dieser Teilplanungen zu einer Gesamtplanung Bogotás treten Schwierigkeiten auf, weil die "Spezialisten": Architekten, Ingenieure, Soziologen, Juristen und Oekonomen nicht miteinander kommunizieren können und oft auch nicht wollen.

Die historische Entwicklung Bogotás zeigt, dass sich die Stadt in wenigen Jahren in einen riesigen kaum noch kontrollierbaren

Ballungsraum verwandelt hat. Planerische Massnahmen sind sehr
oft Kurzschlusshandlungen, weil wesentliche Planungsgrundlagen
fehlen. Mit dem Aufzeichnen der formalen, funktionalen und strukturellen Gliederung Bogotás soll der Ist-Zustand festgehalten
werden, um damit für die Planung notwendige Grundlagen zu liefern, und um - nicht zuletzt - Vergleichsmöglichkeiten mit andern Stadtentwicklungen zu schaffen.

1.2 ABGRENZUNG DES THEMAS

In der folgenden Studie soll einerseits das in Bogotá vorhandene Planungsmaterial gesichtet werden, soweit das im Rahmen dieser Arbeit möglich ist, um den Mechanismus der Stadtentwicklung
zu erklären, anderseits soll das Schwergewicht auf der Kartierung der formalen, funktionalen und strukturellen Gliederung Bogotás liegen und in der Interpretation dieser erarbeiteten Karten.

Flächenmässig beschränken sich die Untersuchungen auf die Ausdehnung Bogotás, wie sie aus dem Stadtplan[1] von 1976 ersichtlich ist. Nur im Norden greifen heute die äussersten Quartiere
der Stadt unbedeutend über diesen Kartenrand hinaus.

1.3 ARBEITSMETHODE

Bogotá ist heute eine Grossstadt, die sich unaufhaltsam in die
Savanne hineinfrisst. Niemand weiss genau, wieviele Millionen
Einwohner in der Hauptstadt Kolumbiens leben. Sicher ist nur,
dass die Bevölkerung um mehr als 250 000 Personen[2] pro Jahr
zunimmt, 80 000 werden hier geboren, 170 000 kommen von ausserhalb. Alle vier Jahre zählt Bogotá eine Million Einwohner mehr.

---

1) Plano de la ciudad de Bogotá 1976
2) ESCALA 1978 (No. 86), S. 53 f

Für das Jahr 2000 rechnet man mit 10 bis 12 Millionen Einwohnern. 60% der gegenwärtig jährlich erstellten Häuser werden ohne Baubewilligung gebaut. So entstehen Invasionssiedlungen und Elendsviertel, die nur mit Hilfe zeitraubender Feldarbeit erfasst werden können.

Diesen Tatsachen hatte die vorliegende Untersuchung Rechnung zu tragen. Einmal mussten wegen der Grösse der Stadt die Feldaufnahmen auf ein Minimum beschränkt werden. Die Nachforschungen bestanden deshalb vorerst darin, möglichst viel statistisches, bibliographisches, kartographisches und fotografisches Material zu sammeln und zu sondieren, um auf Informationslücken in bezug auf diese Arbeit zu stossen. So zeigte sich, dass für die funktionale und strukturelle Gliederung Bogotás bereits viel brauchbares Material vorlag, während Untersuchungen zur formalen Gliederung bisher völlig vernachlässigt worden waren. Die Arbeit konnte sich deshalb auf die erstmalige Kartierung der formalen Gliederung Bogotás konzentrieren, während die Karten der funktionalen und strukturellen Gliederung grösstenteils mit bereits vorhandenem Material erstellt werden konnten.

2. ALLGEMEINE VORBEMERKUNGEN

2.1 BOGOTA: GEOGRAPHISCHE LAGE - KLIMA - LOKALKLIMA

Im Zentrum Kolumbiens, mitten im Departement Cundinamarca gelegen, erstreckt sich die Savanne von Bogotá, ein in nord-südlicher Richtung in die Länge gezogenes und leicht nach Osten abfallendes Hochland-Becken der Ostkordillere. Mit ihrem satten Smaragdgrün erinnert die Savanne an riesige englische Parklandschaften. Im Süden weist sie eine Breite von 50 km auf, während sie gegen Norden zu langsam schmaler wird. Von Norden nach Süden erstreckt sie sich über annähernd 80 km. Sie ist der ideale Erholungsraum für die Mehrmillionenstadt Bogotá.

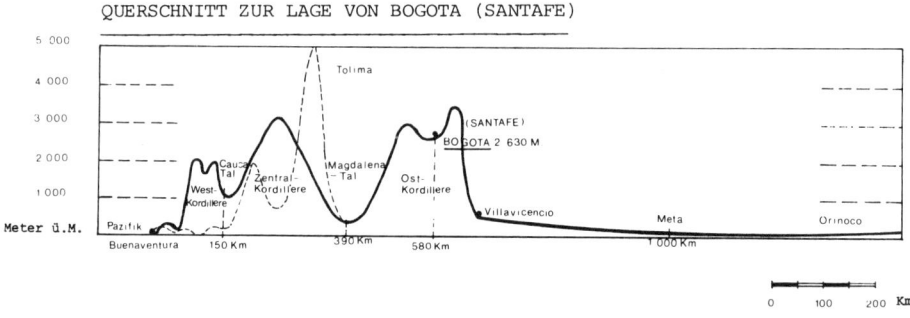

Die Kathedrale der Hauptstadt Kolumbiens liegt auf 4°35'56" nördlicher Breite und 74°05'50" westlicher Länge, 2630 Meter über Meer.

Die dicht besiedelten Quartiere des äussersten Südens, an der Passstrasse nach Villavicencio gelegen, befinden sich etwa 250 Meter über dem Niveau der Kathedrale, während die Stadtteile im Westen leicht tiefer liegen.

Flächenschema zur Lage von Bogotá 1)

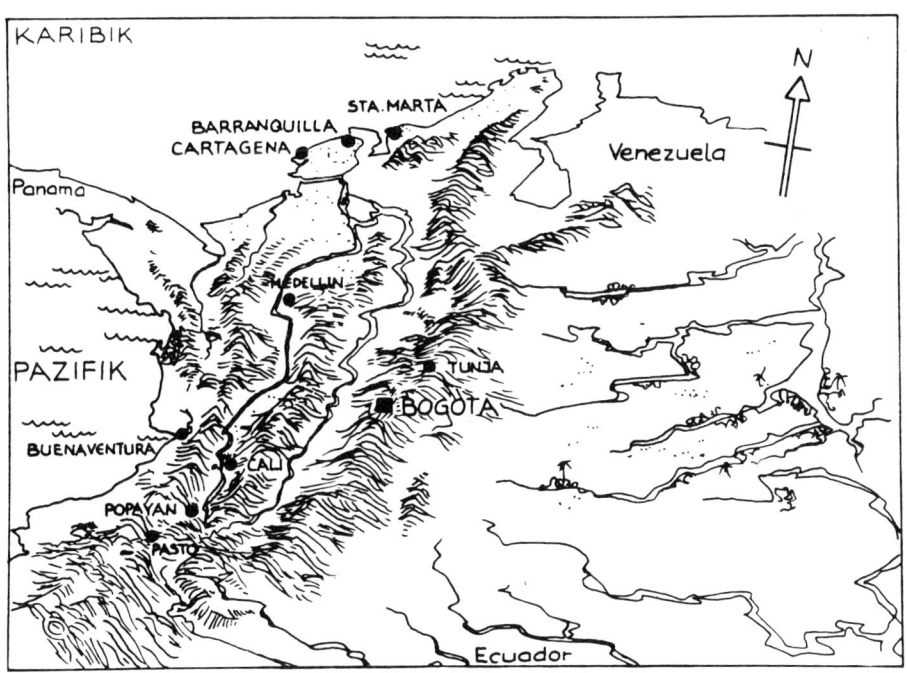

1) Nach einer Zeichnung von Hans Drews

Die Agglomeration erstreckte sich 1976 über eine Fläche von
18 500 Hektaren. Die Nord-Süd-Ausdehnung betrug 28 Kilometer,
und diejenige von Osten nach Westen etwa 19 Kilometer.

In der Savanne herrschen südliche Tropenwinde vor, die im Raume Bogotás mit einer Durchschnittsgeschwindigkeit von 150 Metern pro Sekunde in westlicher Richtung wehen. Die Lage Bogotás in den Tropen bringt der Stadt zwei jährliche Regenzeiten, im Volksmund "Winter" genannt. Die regenreichsten Monate sind April und Mai sowie Oktober und November. Durchschnittlich regnet es 970 mm jährlich. Mit den relativ trockenen Monaten Dezember und Januar sowie Juli und August weist Bogotá dagegen zwei Trockenperioden oder "Sommer" auf. Ziemlich regelmässig treten zudem in den Monaten Juni und Juli kurze Sprühregen in Erscheinung, "páramos" genannt. Durchschnittlich weist Bogotá jährlich 1382 Sonnenstunden auf. Die Temperaturmessungen liefern für das Stadtgebiet folgende Daten: Die durchschnittliche Tagestemperatur beträgt $14^{\circ}C$. Die höchste durchschnittliche Temperatur von $16,5^{\circ}C$ tritt etwa um zwei Uhr nachmittags auf, die niedrigste von $9,4^{\circ}C$ um fünf Uhr morgens. Dezember, Januar und Februar weisen klare, kalte Nächte auf sowie helle und warme Tage.

Oberflächlich betrachtet, könnte man für Bogotá ein immer gleich bleibendes, angenehmes Frühlingsklima annehmen, wie es etwa in Zentraleuropa auftritt. Aber die beschriebenen Faktoren sowie die orographischen und atmosphärischen Charakteristiken der Berge, an die sich Bogotá in seiner ganzen Länge anlehnt, verschaffen der Stadt drei unterschiedliche Lokalklimate [1], die in drei klar abgrenzbaren Zonen auftreten.

Das <u>Lokalklima von "San Cristóbal"</u> herrscht in der Zone, die sich vom San Agustín-Quartier[2] aus gegen Süden erstreckt. In diesem Gebiet herrschen periodisch die sogenannten "Winde von Ubaque"[3] vor. Wenn diese beständig feuchte Luftströmung dem

---

[1] Martínez Carlos 1976, S. 7-10
[2] Barrio Santa Barbara, ca. cra. 7 No. clle 6
[3] Südwest-Winde

Cruz Verde (3600 m hoch) entlangstreicht, werden die Quartiere des Südostens in Nebel getaucht. Auch die Nebel, die zeitweise vom Tequendama-Wasserfall[1]) erzeugt werden, und die unaufhörliche Rauchentwicklung der Hunderten von Ziegelbrennereien und Keramikfabriken helfen mit, die Sicht in diesem Stadtgebiet zu verschlechtern, so dass Gebäude und Hügel der Umgebung oft nur noch als verschwommene Silhouette erkennbar sind.

Das **Lokalklima von "Santafé"** herrscht in der Zone zwischen dem San Agustín-Quartier inklusive und dem Parque Nacional[2]). Im Westen erstreckt sich dieses Gebiet bis zur Carrera 30. Die Feuchtigkeitsgesättigten Wolken, die von Westen her in die Savanne von Bogotá eintreten, stauen sich an den Bergen Guadalupe und Monserrate und werden beim Aufsteigen zum Entladen gebracht. Deshalb befindet sich hier die regenreichste Zone Bogotás, in der auch die häufigsten und heftigsten Platzregen zu verzeichnen sind. Neuerdings ist dieser Sektor der Stadt während der Trockenzeit wärmer als früher, weil die Wolkenkratzer die kalte Brise aus dem Süden stoppen und weil der dichte Autoverkehr andauernd warme Abgase produziert.

Vom Parque Nacional gegen Norden zu erstreckt sich die Einflusszone des **Lokalklimas von "Chapinero"**. In diesem Gebiet regnet es weniger als im Zentrum der Stadt, weil die niedrigeren Bergzüge die Wolken nicht stauen. Deshalb ist auch die Bewölkung geringer und der Grad der Besonnung höher. Die Luft ist klar und lichtdurchflutet, so dass von da aus auch das entfernteste Panorama der Stadt und seiner Umgebung mit grösster Tiefenschärfe zu erkennen ist, was auf das Gemüt animierend wirkt.

Bogotá ist Hauptort des Departamentes Cundinamarca, dem 32 Gemeinden angehören, von denen 7 den Spezialdistrikt von Bogotá bilden.

---

1) im Südwesten Bogotás gelegen
2) nördlich der City gelegen

2.2 KURZER ABRISS DER HISTORISCHEN ENTWICKLUNG BOGOTAS

2.21 Gründung Bogotás[1]

Im Februar 1537 erscheint Gonzalo Jiménez de Quesada in der Savanne (von Bogotá), die zum Reich der Chibchas[2] gehört, und nennt das Tal wegen der Aehnlichkeit mit seiner Heimat "Valle de los Alcazares" (Tal der Festungen). Er kommt von Santa Marta. Auf der Suche nach der Quelle des Magdalena ändert er seine Marschrichtung und lässt sich in Chía, dann in Bacatá, der Hauptstadt der Chibchas (heute Funza), inmitten der Savanne nieder. Entschlossen, nach Spanien zu reisen, um den König über seine Eroberung zu informieren und um Machtbefugnisse zu erhalten, sucht er einen sicheren Ort, um dort seine Truppe zurückzulassen.

Dort, wo sich heute die Carrera 2a mit der Calle 13 kreuzt, neben dem eingeborenen Dorf Thibsaquillo, lässt Quesada im August 1538 eine Kirche und 12 Hütten bauen.

Anfangs des Jahres 1539 erscheinen in der Savanne Nicolás de Federmán aus Venezuela und Sebastián de Belalcázar aus Peru. Missgünstig anerkennen sie erst nach verzweifelten Machtkämpfen die Neugründung und den Oberbefehl Quesadas an. Da dieser als Advokat keine Ahnung von Städtegründungen hat, nimmt sich Belalcázar als erfahrener Kolonist dieser Aufgabe an. Am 29. April 1539 werden Strassen, Hauptplatz und Bauplätze abgesteckt, Bürgermeister und Ratsherren ernannt. Erstmals findet eine Stadtratssitzung statt. Die Stadt Santafé (heute Bogotá) entsteht zwischen den beiden Flüssen San Francisco und San Agustín, also zwischen der heutigen Carrera 5a und 10a. Es entstehen 34 komplette und 5 halbe Häuserviertel (Manzanas) für etwa 100 Spanier[3].

---

1) ESCALA 1978 (No.86), S. 3 u. 4
2) El Pais de los Chibchas, in: Periodico "El Espectador", 11 de febrero de 1975
3) Moises de la Rosa 1938

Weder Gründungsurkunde, Originalpläne noch Zeugenberichte sind erhalten geblieben.

Während 300 Jahren blieb die Stadt isoliert. Die Kordilleren wirkten sich für sie wie abweisende Klostermauern aus.

Planrekonstruktion der Stadt Santafé zur Zeit der Gründung

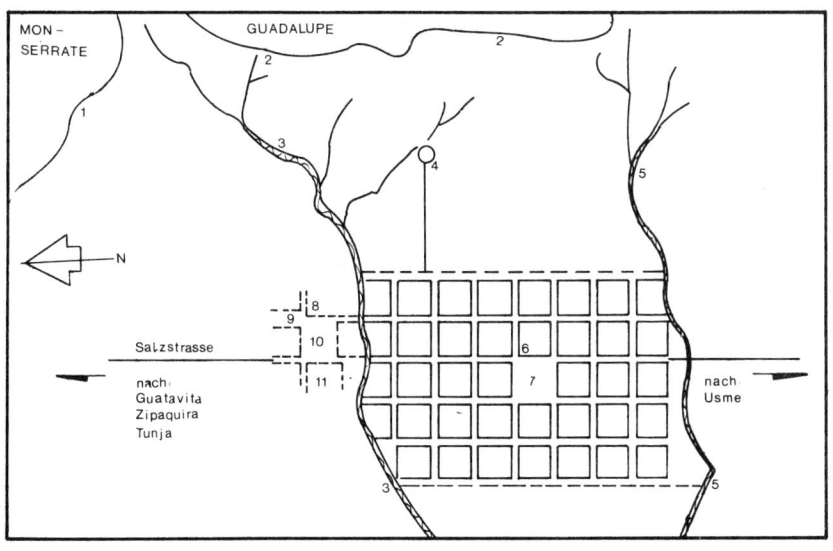

Quelle 4 [1]

Legende: 1 u. 2, Gebirgsfuss von Monserrate und Guadalupe; 3, Fluss Vicachá; 4, Dorf Teusaquillo; 5, Fluss Manzanares; 6, Standort der Kirche; 7, Hauptplatz.
Die Stadt wurde später auf der Nordseite des Flusses Vicachá erweitert:
8, Standort des ersten Dominikaner Klosters; 9, Standort des Hauses der Quesada; 10, Standort des Platzes "La Yerba"; 11, Standort des Klosters und der Kirche "San Francisco".

---

1) Martínez Carlos 1976, S. 27

2.22 Angewandte Methoden bei der Gründung spanischer Kolonial-Städte[1)]

Das Grundprinzip bestand darin, die neuen Städte mit einem schachbrettartigen System rechtwinklig zu einander stehender Strassenzüge auszustatten.
Dadurch entstanden Häuserviertel mit quadratischem Grundriss, "cuadras" genannt. Gerade in neu entdeckten Gegenden wurden die neuen Städte aus Erfahrung und vor allem aus Verteidigungsgründen nie zu gross gebaut. Das Ausmass der Stadt richtete sich nach dem momentanen Bedürfnis an Bauplätzen.

Die Gründer brachten die Vorstellung spanischer Städte mit sich, die weder flächenmässig ausgedehnt noch stark bevölkert waren. Toledo, Salamanca, Córdoba und Granada waren 1616 Städte mit 15000 Einwohnern; Sevilla erreichte 25000, aber nur wenige wiesen mehr als 10000 Bürger auf, so auch Madrid.

Vermessungsmethode

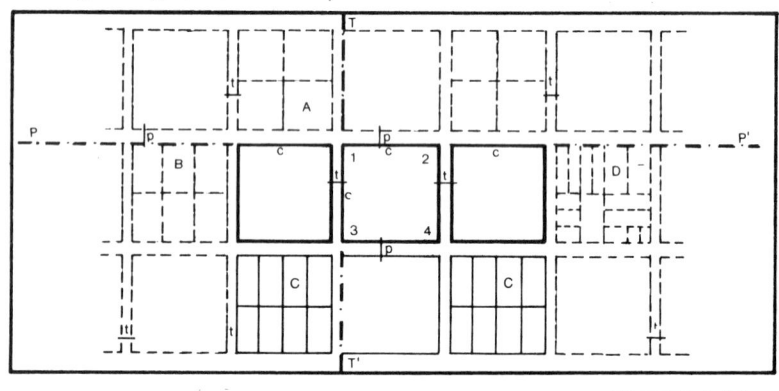

QUELLEN 4,14

---

1) Martínez Carlos 1976, S. 26 - 28 und Bähr J. 1976, S. 125/126

Nachdem das geeignete Gelände für die Gründung einer Stadt gefunden war, im Falle von Santafé (Bogotá) topographisch klar begrenzt, in guter Schutzlage, angelehnt an die beiden Hügel Monserrate und Guadalupe und zwischen den beiden im Westen zusammenfliessenden Flüssen San Francisco (Vicachá) und San Agustín (Manzanares), markierte der Vermessungsspezialist die Position 1 (s.Plan) und legte danach die Grundgerade P - P' fest, als Orientierung für die Hauptstrassen (heute "carreras"), und rechtwinklig dazu markierte er die Gerade T - T' für die Querstrassen (heute "calles"). Ausgehend von diesem Vermessungskreuz verpflockte er in genau vorgeschriebenen regelmässigen Abständen die Hauptstrassen (p), die Querstrassen (t) und die Häuserviertel (c). Das Verfahren wurde fortgesetzt, bis der gesamte Plan der neu zu gründenden Stadt im Gelände markiert war. Die im Zentrum gelegene "cuadra" wurde als Hauptplatz bestimmt, und die übrigen wurden, je nach Verwendungszweck, entweder in vier Bauplätze oder "cuartos" (in A), oder in "sextos" (in B), oder in "octavos" (in C) aufgeteilt.

Erst ab 1573 wurde bei der Vermessung die kastilische Vara als Längenmass verwendet. Sie mass 84 Zentimeter und konnte in drei 28 Zentimeter lange Fuss unterteilt werden.
Für die Seitenlänge einer "cuadra" wurden Strecken gewählt, die durch 2 und 4 dividierbar waren, um die Häuserviertel in 4 oder 8 gleichgrosse Bauparzellen aufteilen zu können. Der erste vermessene Platz in Santafé wies eine Seitenlänge von 380 Fuss auf, die Hauptstrassen waren 35 und die Querstrassen 25 Fuss breit.[1]

2.23 Entwicklung Bogotás

2.231 Gründungszeit bis 1960[2]

Im Jahre 1960 - in einer Rede vor dem Stadtrat - charakterisierte Jorge Gaitán Cortés die historische Entwicklung Bogotás folgendermassen:

---
1) Aspectos de la Arquitectura 1977, S. 43 - 49
2) ESCALA 1978 (No. 86), S. 4 u. 5

KLOSTERSTADT (ciudad convento):
Innerhalb der ersten 50 Jahre werden fast alle Klöster gebaut, die heute z.T. noch bestehen. Das religiöse Empfinden ist so tief, dass viele der Konquistadoren zu Mönchen oder Nonnen werden. Ihr höchstes Glück finden sie darin, in ein sicheres Kloster einzutreten. Das Wohlergehen der Stadt hängt vom Wohlstand der Kaufleute ab.

VIZEKOENIGREICHSSTADT (ciudad virreynal):
Von 1750 an tauchen die Kreolen[1] auf. Ihr Ziel: sich zu emanzipieren. Virrey Guirior teilt die Stadt in Distrikte auf und ernennt 8 Bürgermeister. Ezpelata ist der Initiant verschiedener Bauwerke: Sein Ingenieur Domingo Esquiaqui schlägt eine direkte Strassenverbindung San Diego - El Común-Brücke vor. Er projektiert die Brücke, zudem die Fassade und den frei stehenden Kirchturm von San Francisco und viele andere Werke mehr.

GARNISONSTADT (ciudad campamento):
1812 - 1903. Kriegszeit. Zuerst erschüttert der Unabhängigkeitskrieg, dann der Bürgerkrieg die Stadt. Bogotá dehnt sich regelmässig rund um den Hauptplatz konzentrisch weiter aus. Die Carrera 7 (séptima) erhält ihre besondere Bedeutung und wird in Richtung Norden bis nach Tunja verlängert. In Chapinero beginnt man zu bauen (1885).

BOGOTA AM ANFANG DER TECHNISIERUNG (ciudad paleotécnica):
1880 - 1910. Die Stadt verzeichnet verstärktes Wachstum in Richtung Chapinero, mit dem es sich mit einem Maultiertram verbindet. Das bedeutet das Ende der "konzentrischen Stadt". Die Längenausdehnung beginnt. Erstmals wird das Trinkwasser in Röhren in die Stadt geleitet, zudem wird die erste Kanalisation erstellt. Gaslampen beleuchten die Stadt. Seit 1900 funktionieren ein hydroelektrisches (4000 kW) und ein thermoelektrisches (3000 kW) Kraftwerk. Universitäten und Ingenieur-Gesellschaften werden gegründet; auch Banken, die allerdings bald wieder

---

1) = in Lateinamerika geborene Weisse, ohne Indianer- oder Negerblut (Nachkommen von Spaniern, Portugiesen und Franzosen)

bankrott gehen. Bierbrauereien und Hüttenwerke sind die wichtigsten Industrien.

ROMANTISCH - PHILANTROPISCHE STADT (ciudad romántica-filantrópica):
1910 - 1930. Im Jahre 1910 erreicht Bogotá die 100 000 Einwohnergrenze. Die Mittelklasse gewinnt an Bedeutung. Weniger aus sozialem Empfinden, sondern aus Menschenfreundlichkeit, werden die ersten Arbeiterquartiere gebaut. Zehn Jahre danach erstellt man die ersten Arbeitersiedlungen. Der Fortschritt im Flugwesen führt zur Verwendung von Metallkonstruktionen auch im Hausbau. Die Krise der dreissiger Jahre beendet diesen Zeitabschnitt.

BOGOTA ZUR ZEIT VERMEHRTER INDUSTRIALISIERUNG
(ciudad preindustrial):
1930 - 1950. Die Bevölkerung wächst auf 550 000 Einwohner an. Das Absondern gewisser sozialer Schichten beginnt. "Villenquartiere" der Oberschicht entstehen. Erstmals bauen Architekten, die im Ausland studiert haben. Die Quartiere Teusaquillo und La Merced entstehen. Der Muña-Staudamm und das Vitelma-Werk werden gebaut, ebenfalls die Universitätsstadt und die Avenida Caracas. Man beginnt sich für Stadtplanung zu interessieren.

ZUFLUCHTSSTADT (ciudad refugio):
1950 - 1958. Die gewalttätigen Auseinandersetzungen zwischen Liberalen und Konservativen veranlassen viele Kolumbianer aus dem ganzen Land, massenweise nach Bogotá zu emigrieren. Von 550 000 klettert die Einwohnerzahl auf 900 000. Heimlich und ohne behördliche Erlaubnis entstehen ganze Quartiere (= barrios clandestinos), die von Arbeitslosen ohne Geldmittel bewohnt werden. Weder Wasser, Licht noch Kanalisation sind in diesen Siedlungen vorhanden. So verstärkt sich die soziale Segregation. Die einen weichen nach Norden aus, die andern nach Süden, wieder andere nach Westen. Sogar in die Berghänge hinein wird gebaut. Die Invasion der Savanne beginnt.
Bogotá tritt jetzt in die Phase des Gigantismus' ein und wird zur Grosstadt mit mehr als 3 Millionen Einwohnern, zu einer Grosstadt, in der chaotische Verhältnisse herrschen.

2.232 Bogotá in den siebziger und achtziger Jahren[1]

Alberto Mendoza Morales, bekannter Architekt, Regional- und Stadtplaner, stellte 1976 eine Arbeitsgruppe von rund 800 Personen zusammen, um in achtmonatiger Arbeit den Zustand der Stadt Bogotá zu erforschen. Alle Ergebnisse wurden in der Zeitschrift ESCALA[2] veröffentlicht.
Die folgenden Feststellungen entstammen dem diagnostischen Schlussteil. Sie wurden mit eigenen Beobachtungen vermischt und ergänzt, um einführend eine knappe Situationsskizze für 1976/77 geben zu können.

Die unkontrollierbare Masse von Zuzügern wird zum zentralen Problem Bogotás. Die Eindringlinge kommen aus dem ganzen Lande, vor allem aber aus den umliegenden Departamenten Cundinamarca und Boyacá. Gründe der Invasion: Attraktion der Grossstadt - bessere Schulungsmöglichkeiten für die Kinder - Einförmigkeit des Landlebens - Minifundien - Latifundien - Mangel an Verdienstmöglichkeiten - Mangel an billigen Produkten - schlechte Produktionsbedingungen - Fehlen technischer Hilfe - Terror - Erpressung u.a.m. All dies entmutigt die Kleinbauern, weiterhin in der Landwirtschaft tätig zu bleiben. Die Arbeit als Dienstmädchen (Muchacha) in Privathaushalten der Stadt sowie der zweijährige Militärdienst entwurzeln viele junge Landbewohner.

Die Emigranten suchen vorerst Unterschlupf in Mietwohnungen, billigen Hotels oder Elendsvierteln (Tugurios), bevor sie in eigenmächtig angebotenen, rechtswidrigen Erschliessungen (urbanizaciones piratas) Parzellen kaufen von Leuten, welche die dringenden Bedürfnisse dieser Menschen schamlos ausnutzen.
Der Stadtverwaltung bleibt schlussendlich nichts anderes übrig, als diese oft über Nacht ungesetzlich erstellten Siedlungen zu legalisieren. 60% der 1976 gebauten Häuser wurden in Invasionssiedlungen oder in Tugurios erstellt.

---

1) ESCALA 1978 (No. 86), S. 33 ff
2) ESCALA 1978 (No. 86)

Diese Invasoren-Mentalität haben sich sowohl Reiche wie auch
Arme angeeignet. Finanzkräftigere siedeln sich im Norden und
in gewissen Gebieten des Zentrums der Stadt an, weniger Begüterte im Süden, in den Hügeln des Ostens und in der westlichen
Savanne. Historische Viertel der Innenstadt sind teilweise völlig verlottert und dienen notdürftig als Unterschlupf. In vielen "Pirat-Siedlungen" drängen sich die Menschen in Räumen von
6 x 4 Metern. Prognostiker warnen deshalb:
"Wenn die Stadt weiterhin so wächst wie bis anhin, wird Bogotá
Ende dieses Jahrhunderts ein ausgedehntes Tugurio sein, aus
dem inselhaft noch einige Zentrale Zonen herausragen."

Die Bedingungen, unter denen Bogotá wächst, zerstören seine natürliche Szenerie: seine Hügel, seine Flüsse, die Savanne. Jedermann baut in die Hügel hinein. Zudem wird planlos Wald geschlagen, um Sand, Lehm, Steine und Fels abbauen zu können.
Bergrutsche bedrohen regelmässig ganze Quartiere. Ueber weite
Strecken gleichen die Berge, die Bogotá im Osten begrenzen,
einem wüsten Krebsgeschwür.

Die wichtigsten Flüsse der Stadt sind in Röhren verlegt (San
Francisco), kanalisiert (Salitre) oder teilweise überdeckt
(Bogotá und Tunjuelito). Wo die Gewässer noch frei fliessen,
werden sie als Abfallgrube missbraucht. Die Flüsse Bogotás sind
tot.

Neue Siedlungen greifen polypartig in die Savanne hinein. Die
Landwirtschaftszone wird durch überdimensionierte Bauparzellen
verschwendet.

Abfalldepots finden sich auf Strassen, Plätzen und Freigelände. Die Stadt ist schmutzig, die Abfallbeseitigung völlig ungenügend gelöst.

Die Stadtatmosphäre ist verdorben. Wasser und Luft sind schmutzig. Autoabgase, Rauch und Industrieabfälle vergiften die Umwelt. Angeklagt werden die vielen Gerbereien und die Fabriken

mitten in Wohnzonen, wie etwa in Teusaquillo. Zur Verschmutzung des Lebensbereichs kommt der Verkehrslärm der endlosen Autokolonnen, der Menschenmassen, der Diskotheken und Prostituiertenhotels mitten in Residenzvierteln usw.
Eine Unzahl von Mechanikerwerkstätten haben sich auf Trottoirs und Strassen von Wohnquartieren eingerichtet. Es gibt Gewerbezonen mitten in der Stadt, wo sich beispielsweise Baumateriallager, Holzverarbeitungsbetriebe und Alteisensammelstellen mit eigener Verhüttungsanlage häufen.

Der Verwaltungsapparat der Stadt ist gewaltig ausgebaut worden; aber in anbetracht der Menschenlawine völlig ungenügend. Die Verhältnisse sind in mancher Beziehung chaotisch.

Fliessendes Wasser fehlt in ganzen Quartieren, deren Bewohner auf Brunnen oder Tankwagen angewiesen sind: Wasser ist deshalb kostbar, wird oft überhaupt nicht oder dann sehr unregelmässig geliefert.

Auch die Abwasserbeseitigung ist ungenügend. Es gibt bewohnte Zonen unterhalb des Flussniveaus - eine natürliche Entwässerung wird dadurch verunmöglicht. In Bosa beispielsweise haben 27 von 31 Quartieren kein fliessendes Wasser und kein Kanalisationssystem.

Oeffentliche Sprechstationen geschweige denn private Telefonapparate fehlen in vielen Sektoren des Südens.

Volksschulen mangeln überall, auch Sportplätze und Erholungszentren.

Sanitätsstellen sind sehr oft schlecht stationiert, schlecht ausgerüstet und mit schlecht ausgebildetem Personal versehen. Die meisten Spitäler und Kliniken sind für viele Einkommensklassen zu teuer.

Leben sowie Hab und Gut sind ständig bedroht. Ueberall fehlen Polizeiposten.

Die städtischen Dienstleistungsbetriebe sind schlecht organisiert. Kanäle, Strassen und Plätze werden schlecht unterhalten. Die Strassen und Wege in ärmeren Wohnquartieren sind so schlecht, dass sie während der Regenzeit Bachbetten gleichen. Fahrzeugverkehr wird verunmöglicht. Wichtige Hauptverkehrsadern Bogotás bleiben lange Zeit unvollendet (Avenida Caracas, Avenida de los Comuneros, Autopista a Medellín...).

Der öffentliche Verkehr ist völlig desorientiert. Private Busgesellschaften haben eine Monopolstellung inne und sind nur auf Rendite aus, handeln willkürlich, so dass in einigen Quartieren überhaupt keine Busse verkehren oder nur teure Busetas. Der Verkehr ist chaotisch; alle Busse benutzen aus Rentabilitätsgründen die gleichen Hauptverkehrsadern. Jeder Chauffeur hält, wo es ihm gerade passt. Haltestellen werden nicht beachtet. So kommt der Verkehr öfters am Tage zum Stehen oder ist sehr zähflüssig.

Die Kosten für die Dienstleistungen der Stadt übersteigen die Zahlungsfähigkeit vieler Bewohner. Jede neue Tat, welche die Verbesserung der Situation zum Ziele hat, richtet sich gegen die Stadt selbst: die Probleme werden nicht aus der Welt geschafft; sondern durch die Lösungsversuche werden nur mehr Emigranten angezogen, und die Lösung der Probleme wird jedesmal teurer.

Die Arbeitslosigkeit führt zu Verarmung, Verschüchterung, Misere. Sie zerstört den sozialen Gemeinschaftssinn. Die Lebenskosten sind bedrückend wegen den hohen Preisen und den niederen Löhnen. Zwischenhändler und Spekulanten beherrschen die Quartiere, fälschen Masse und Gewichte von Grundnahrungsmitteln oder verknappen künstlich Artikel erster Dringlichkeit. Das organisierte Verbrechertum hat überall die Hände im Spiel.

Die materielle Ungewissheit zerstört die Familiengemeinschaft. Unterernährung, miserable Behausung und die ausweglose Situation führen zu Nervosität, zu Aggressivität, welche die Ehegemeinschaft in Gefahr bringt. In einigen Zonen Bogotás basieren 70% der Haushaltungen auf "wilden Ehen". Die Familie bietet keinen Schutz mehr in Krisenzeiten. Und die Stadt steht mitten in der Krise!

2.3 WICHTIGSTE HISTORISCHE STADTPLÄNE BOGOTAS [1)]

Beim Vergleich der verschiedenen Stadtpläne miteinander können die beiden Flüsse San Francisco (Indiobezeichnung: Vicachá) und San Agustín (Indiobez.: Manzanares) als Orientierungshilfe dienen. Beide entspringen in den Hügeln Monserrate und Guadalupe östlich des Zentrums. Zudem ist der Hauptplatz (plaza mayor) überall gut auffindbar.

2.31 Ende 16. Jahrhundert

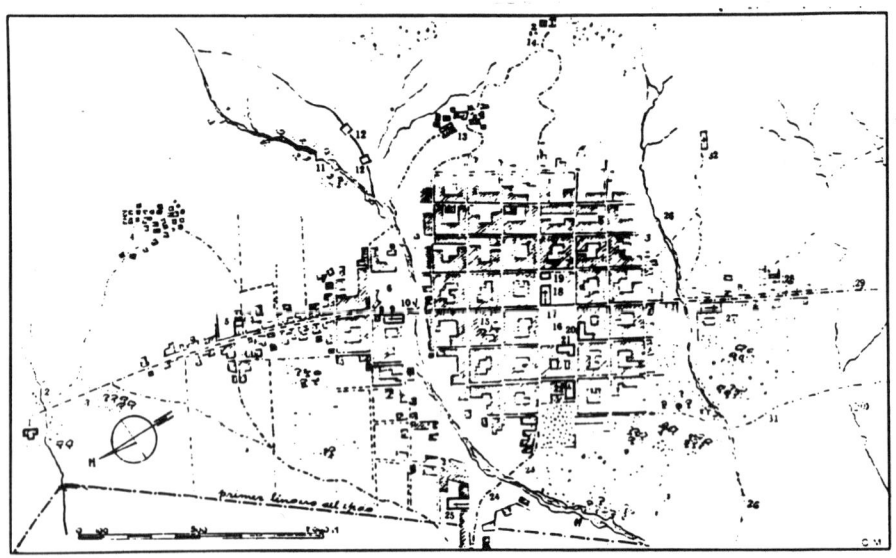

Quellen 4 u. 8

Plan der Stadt Santafé Ende des 16. Jahrhunderts

Legende: 3, Weg nach Tunja; 11, Fluss San Francisco; 16, Hauptplatz; 18, dritte Kathedrale im Bau; 23, Weg nach Honda; 26, Fluss San Agustín

---

1) Martínez Carlos 1976

2.32 Ende 18. Jahrhundert

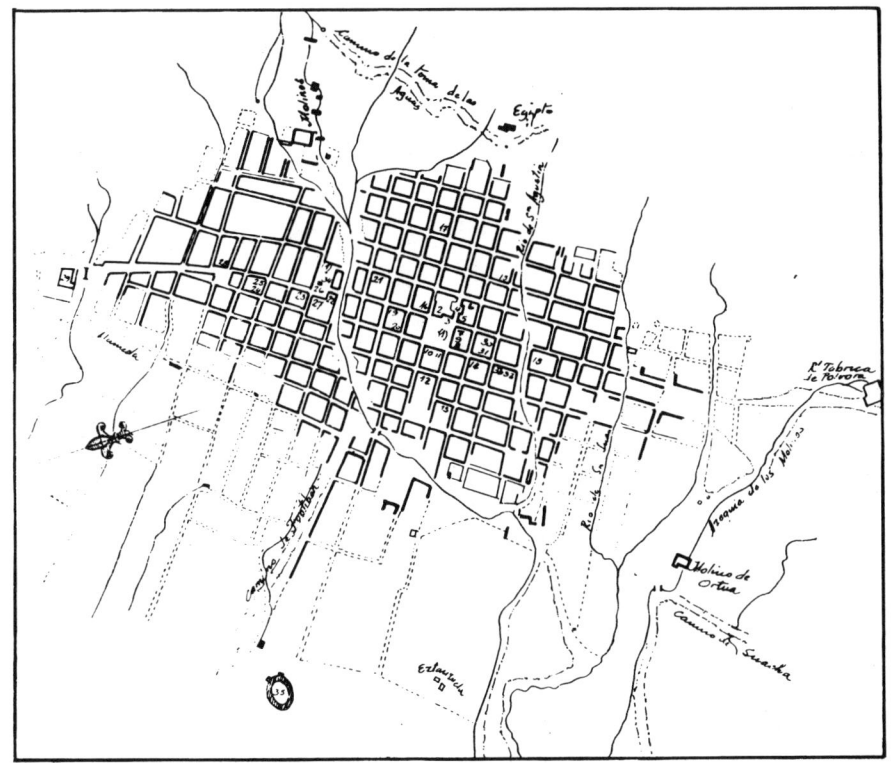

Quellen 4 u. 8

Plan von Domingo Esquiaqui: Santafé im Jahre 1791

Legende: 2, Kathedrale; 3, Hauptplatz mit Brunnen (1).

Das vorliegende Dokument ist eine genaue Kopie des ersten authentischen Stadtplanes von Bogotá (von Domingo Esquiaqui), der im Jahre 1900 einer Feuersbrunst zum Opfer fiel. Die Siedlung ist in acht Stadtsektoren aufgeteilt, die Stadtgrenze genau festgelegt.

2.33 Mitte 19. Jahrhundert

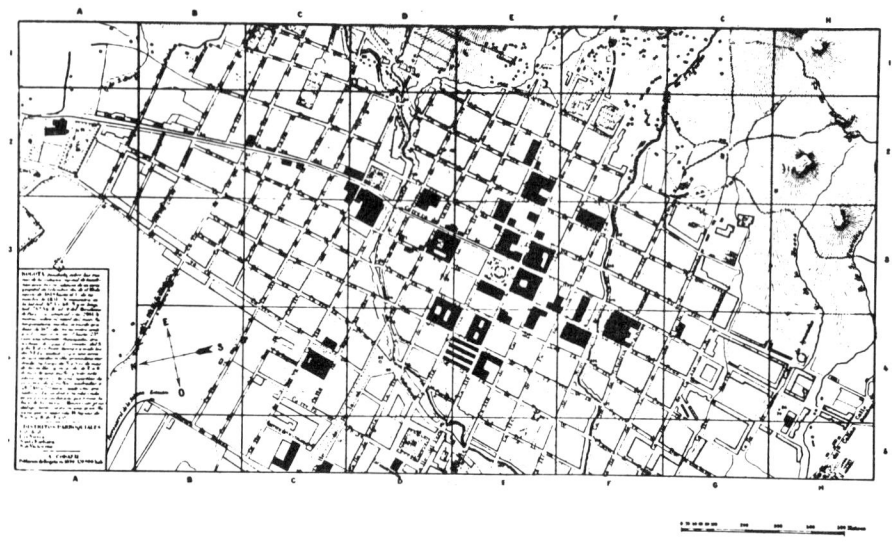

Quellen 4 u. 8

Plan von Agustín Codazzi: Bogotá im Jahre 1852

Dieser Plan verrät auf den ersten Blick den Fachmann. Agustín Codazzi, aus Venezuela stammend, ist international anerkannter Ingenieur (ingeniero militar) und Kartograph. Die Gesamtschau der Stadt hat sich nur unwesentlich verändert. Bogotá bleibt weiterhin dem Fortschritt verschlossen.

2.34 Anfangs 20. Jahrhundert

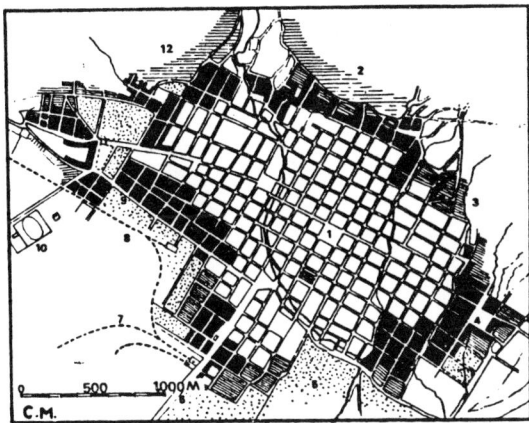

Nach einem Plan von Vergara und Velasco:

Bogotá im Jahre 1905

Quellen 4 u. 8

Mit dunkler Tönung ist das Flächenwachstum in 100 Jahren dargestellt, basierend auf den Plänen von Cabrer (1797) und Vergara und Velasco (1905).
Im Jahre 1801 lebten in Bogotá 21'000 Einwohner, 1905 dagegen bereits 100'000. Die Bevölkerung hat sich demnach in knapp 100 Jahren verfünffacht, nicht aber die besiedelte Fläche.
Um diese geringe territoriale Expansion zu verstehen, sei vermerkt, dass vom Jahre 1830 an die Obstgärten (huertos) und Innenhöfe (solares santafereños) überbaut und dass die alten Kolonialhäuser unterteilt wurden, um dadurch auf gleicher Fläche zwei, drei oder mehr Wohnungen zu erhalten.

2.4 FLÄCHENWACHSTUM BOGOTAS IM LAUFE DER GESCHICHTE

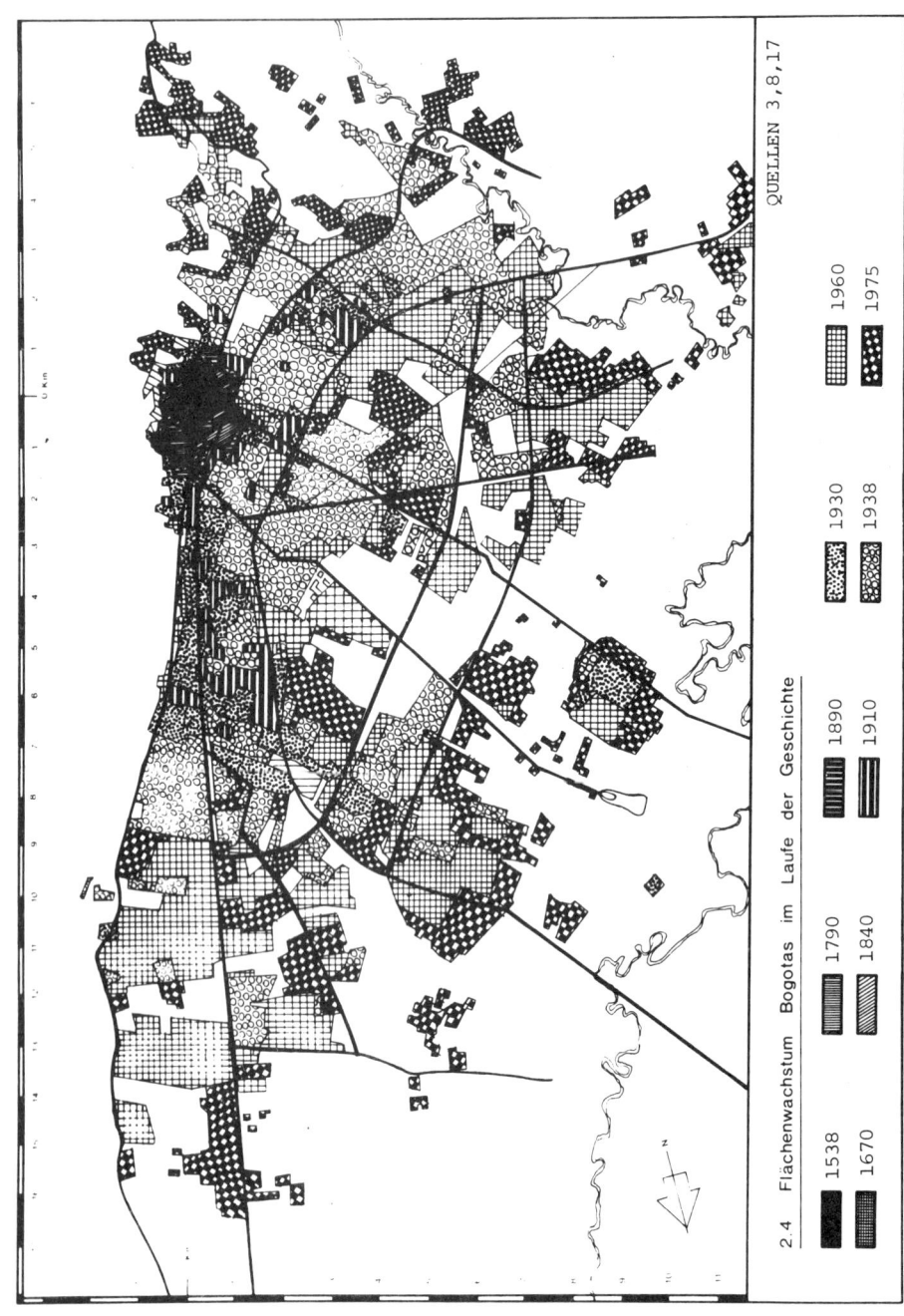

2.5 KURZER HISTORISCHER ÜBERBLICK ÜBER DIE ARCHITEKTUR BOGOTAS [1]

Die Architektur beginnt in Bogotá mit Baustil, Technologie und Arbeitskräften aus der Gegend: die 12 ersten Hütten werden von Eingeborenen aus Guatavita gebaut.

Während den folgenden 300 Jahren dominiert die von den Spaniern eingeführte Kolonial-Architektur. Die Konquistadoren bringen die Idee des Innenhofs (patio) und des Obstgartens (huerto), die hier unbekannt sind, nach Bogotá. Die Häuser werden ohne Architekt und ohne Pläne gebaut. Es sind nüchterne Bauten, ein- bis höchstens zweigeschossig, mit Lehmziegeln gedeckt und mit Vordach gegen die Strasse zu, grossem Haustor, Korridor und anschliessendem Innenhof mit grossem Wasserkrug (tinaja) oder Zisterne (aljibe); dahinter befindet sich der Wohnraum (solar) mit Küche und Trockenplatz zum Aufhängen der Wäsche und zum Pflanzen aromatischer Kräuter, die, als Infusion verwendet, Apotheke und Arzt ersetzen.

Mitte voriges Jahrhundert wurde das Kapitol (Capitolio Nacional) gebaut. Die Pläne des Architekten Thomas Reed verraten den Einfluss des europäischen Neoklassizismus. Das Werk, unter der Bauleitung der beiden Architekten Gaston Lelarge und Mariano Santamaría, wurde zum Schulbeispiel für Baumeister, Schmiede und Schreiner der damaligen Zeit. Aus der gleichen Stilperiode stammen das Nationalmuseum, das Theater Colón u.a.m.

Anfangs dieses Jahrhunderts beginnt das Vordach zur Strasse hin zu verschwinden. Man verwendet einen Dachaufsatz (ático) zur Verzierung des Gebäudes und zum Verdecken der Dachziegel. Zudem werden falsche Sockel gemalt. Bald danach macht sich der Einfluss der Nachkriegszeit bemerkbar, erkennbar in der Architektur des Theaters Faenza und der beiden Hotels Granada und Regina. Erstmals werden Personenaufzüge verwendet. Von 1930 an besteht die Gesellschaft Kolumbianischer Architekten (Sociedad Colombiana de Arquitectos). Dann wird die Architekturschule ge-

---
[1] ESCALA 1978 (No. 86), S. 5

gründet, in der Bruno Violi und Jorge Arango die Ausbildung
der Architekten stark beeinflussen.

Mitte dieses Jahrhunderts beginnt die Architektur befreiter zu
werden dank der vielen Gestaltungsideen Doménico Parmas und der
unermüdlichen planerischen Tätigkeit von Gabriel Serrano. Der
Architekt wird zum Individualist. Seit 1960 bricht die Stadt
wegen der massiven Zuwanderung aus den Fugen.

Heute befindet sich Bogotá in der Phase der Wolkenkratzer
(torres), der unvorstellbaren architektonischen Vielfalt, der
Elendsviertel (tugurios) und der Piratensiedlungen (urbanizaciones piratas oder barrios clandestinos). Fast ohne Kontrolle
breitet sich die Stadt in der Savanne aus. Auch architektonisch
herrschen z.T. chaotische Zustände.

<u>Wichtigste Daten:</u>[1]

1929	- Weltwirtschaftskrise (vor allem Auswirkungen in Europa und USA).
1930 - 1946	- Liberale Regierungen geben der Stadtplanung und der Architektur starke Impulse.
1939 - 1945	- 2. Weltkrieg. Kolumbien ist wieder auf seine traditionellen Bautechniken und Materialien angewiesen. Aus diesen und aus ökonomischen Gründen keine starke architektonische Produktion.
1948	- Ermordnung des liberalen Politikers Jorge Eliécer Gaitán. Unruhen erschüttern die Stadt. Teilweise Zerstörung des kolonialen Zentrums (Feuersbrünste etc.) Deshalb urbanistisch und architektonisch unverhoffte Tätigkeit.
	- Le Corbusier in Bogotá. Enorme ideologische Beeinflussung.
1946 - 1953	- Politische Auseinandersetzungen mit Bürgerkriegscharakter zwischen Liberalen und Konservativen. Enteignung der Campesinos (ehemalige Kolonisten), die keine Papiere über ihren Besitz ausweisen konnten (wegen des Aufkommens des Kaffeeanbaus, der Latifundien bevorzugt). Resultat: Oekonomische und soziela Unstabilität. Landflucht. Ueberschwemmung der städtischen Zentren. Die Zuwanderungswelle und die grosse Bevölkerungsexplosion führen zu unkontrollierbarer Bautätigkeit.

---

1) Tellez G. 1978

1936	- Erste Architekturfakultät (Universidad Nacional) (z.T. Professoren aus Frankreich, Deutschland, Oesterreich, Italien, Chile, d.h. aus Ländern mit architektonischer Tradition).
	- Ab 1940 folgen andere private und staatliche Fakultäten. (Heute bestehen in Kolumbien ca. 20 Architekturschulen).
	- Einflüsse der europäischen Architektur der Jahre 1900 - 1920:

                     Rationalisten   - Corbusier (Frankreich/Schweiz)
                                          - de Stijil (Holland)
                                          - Walter Gropius u.a. (Bauhaus Deutschland)
                                          - Giuseppe Terragni (Italien)

                     verwendete Materialien: Stahl, Eisenbeton, Glas (Aufzüge, neue Baumethoden)

1930 - 1940	- Auch Einflüsse vorhanden, die nicht dem Beispiel der Rationalisten folgen:

                                            - Erich Mendelsohn (Deutschland)
                                            - J.J.P. Oud (Holland)
                                            - Frank Lloyd Wright (USA)

ca. 1940	- In Kolumbien wird "eigene" Architektur gemacht: Europäischer Rationalismus, gefiltert in Amerika (Walter Gropius, Marcel Breuer, José Luis Sert, Mies van der Rohe, Richard Neutra u.a.) und eklesiastisch verändert (damals kommen viele Kolumbianer zurück, die in den USA studiert hatten) erzeugt in Bogotá einen filtrierten und selektionierten und zudem kolumbianisch interpretierten Rationalismus.

2.6 STADTPLANUNG VON 1930 - 1980 [1)]

Plan K. Brunner 1936

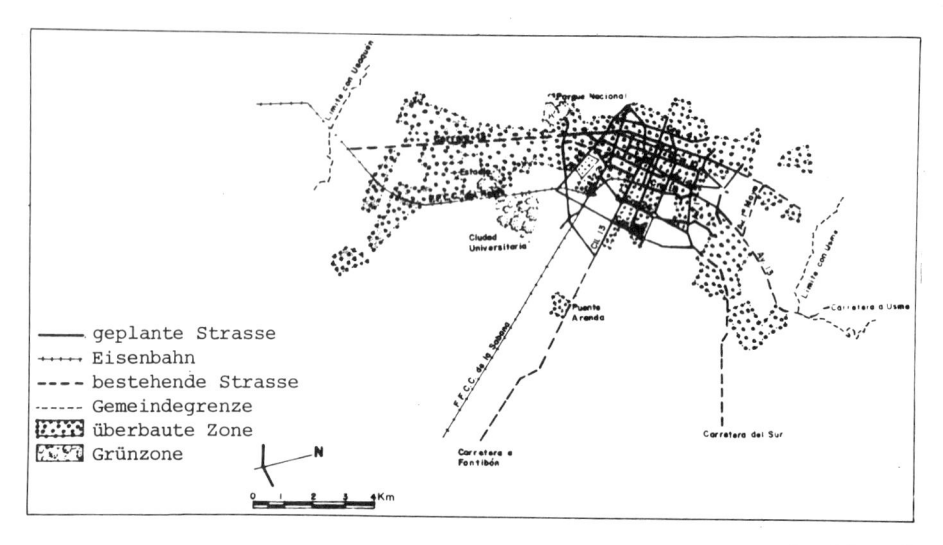

- —— geplante Strasse
- ++++ Eisenbahn
- ---- bestehende Strasse
- ------ Gemeindegrenze
- ▨▨▨ überbaute Zone
- ▨▨▨ Grünzone

Quelle 8

Die moderne Stadtplanung beginnt mit dem Jahre 1930. Damals erscheint die Publikation "Die Zukunft Bogotás" (Bogotá Futuro"). 1936 erstellt K. Brunner einen Richtplan, in dem er ein Netz wichtigster Hauptstrassen (Carreras und Calles), die Linienführung der Eisenbahn (FF.CC.) festlegt und überbaute Zonen (Zona desarrollada) und Grünzonen (Zonas verdes) deutlich voneinander trennt.

Neun Jahre später, im Jahre 1945, erstellt die S.C.A. [2)] einen neuen Plan, in dem die Linienführung der Eisenbahn völlig neu überdacht worden ist: anstelle des Stumpengeleises mit Sackbahnhof wird eine die ganze Stadt umfahrende Bahn geplant, mit einem Hauptbahnhof und acht Bahnstationen.

---

1) Museo del Desarrollo Urbano de Bogotá und Noticiero IDU, Instituto de Desarrollo Urbano de Bogotá
2) Sociedad Columbiana de Arquitectos

Zudem wird der Bau einer Reihe neuer Carreras vorgeschlagen.

Plan S.C.A. 1945

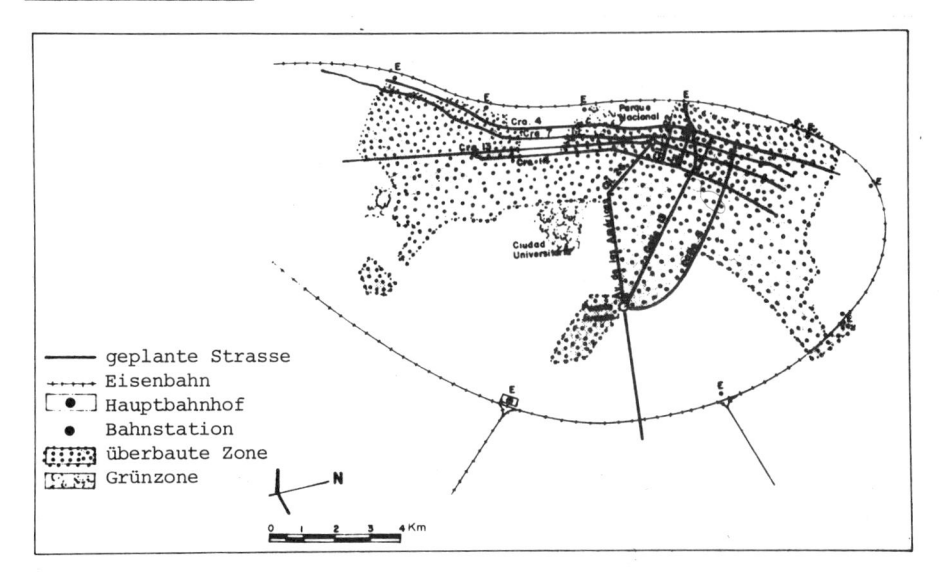

- —— geplante Strasse
- ++++ Eisenbahn
- [•] Hauptbahnhof
- • Bahnstation
- überbaute Zone
- Grünzone

Quelle 8

Beide Pläne haben im heutigen Stadtbild Spuren hinterlassen.

Im Jahre 1950 gelingt es der Stadt, den weltberühmten Schweizer Architekten Le Corbusier zu gewinnen, einen Pilotplan zu erarbeiten, um das Wachstum der Stadt in geordnete Bahnen zu lenken. Erstmals werden wichtige Planungskategorien unterschieden: Strassen erster bis vierter Ordnung (Via V-1 bis Via V-4), Grünzonen, Wohnzone (Residencial), Geschäftszone (Comercio), Industriezone (Industrial), Wohnreserve (Reserva Residencial), Institutionen (Institucionales).

Dieser erste Plan wird später in Zusammenarbeit mit den ebenfalls berühmten Urbanisten Paul Lester Wiener und José Luis Sert weiterentwickelt und bildet die Grundlage für die Planung der Stadt.

Pilotplan von Le Corbusier 1950

Legende		
▬▬▬ Hauptstrasse 1.Klasse	Grünzone	Industriezone
▬▬ Hauptstrasse 2.Klasse	Wohnzone	Wohnreserve
▬ Hauptstrasse 3.Klasse	Geschäftszone	Institutionen
─ Hauptstrasse 4.Klasse		
┼┼┼ Eisenbahn		

Quelle 8

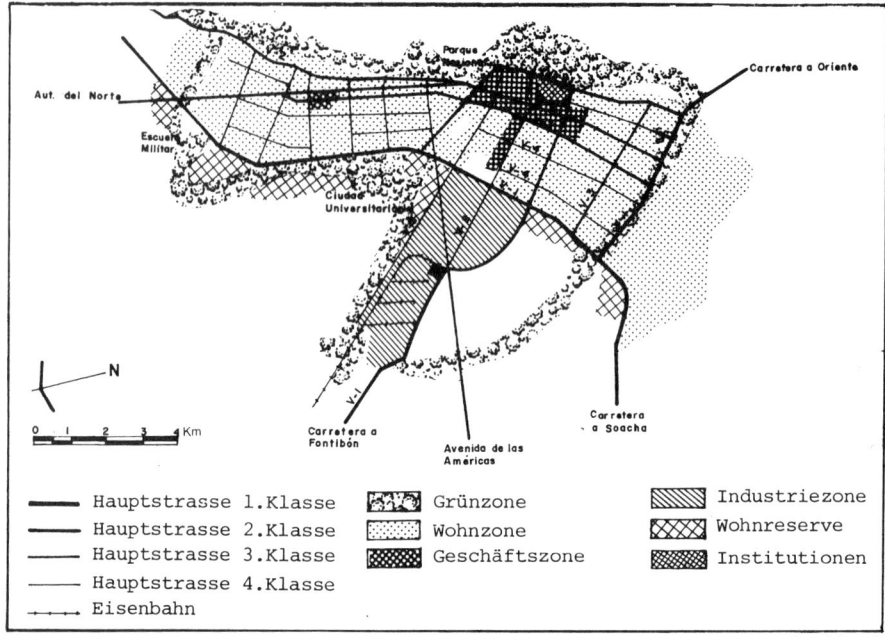

Wiener und Sert erweitern die Planungskategorien ganz gehörig.

Sie schlagen vor, folgende Zonen voneinander zu trennen:

- Grünzonen - Parkanlagen und Soziale institutionen (Areas Verdes - Parques y Servicios Sociales)

- Gemischte Wohn- und Geschäftszone (Zonas de Habitación con Comercio) entlang der Hauptstrassen; im Innern der Quartiere Einfamilienhäuser einzelstehend oder in Reihen.

- Vorwiegend Geschäfts- und Bürozone (Predominan Comercio y Oficinas) entlang der Nebenstrassen V-4

- Vorwiegend gemischte Wohn- und Geschäftszone (Predomina Habitación con Comercio) entlang der Hauptstrassen

- Handelszone des Zentrums bzw. City (Zona Comercial del Centro)

- Institutions - Administrations-Zone und historische Schutzzone (Zona Cívico-Administrativa y Zona Arquelógica)

- Geschäftszonen in Nebenzentren (Centros Comerciales de Chapinero y San Cristóbal)

- Schwerindustriezone (Industria Pesada)

- Leichtindustriezone (Industria Ligera)

- Grosshandelszone (Comercio Pesado).

Plan des Spezialdistrikts Bogotá 1957

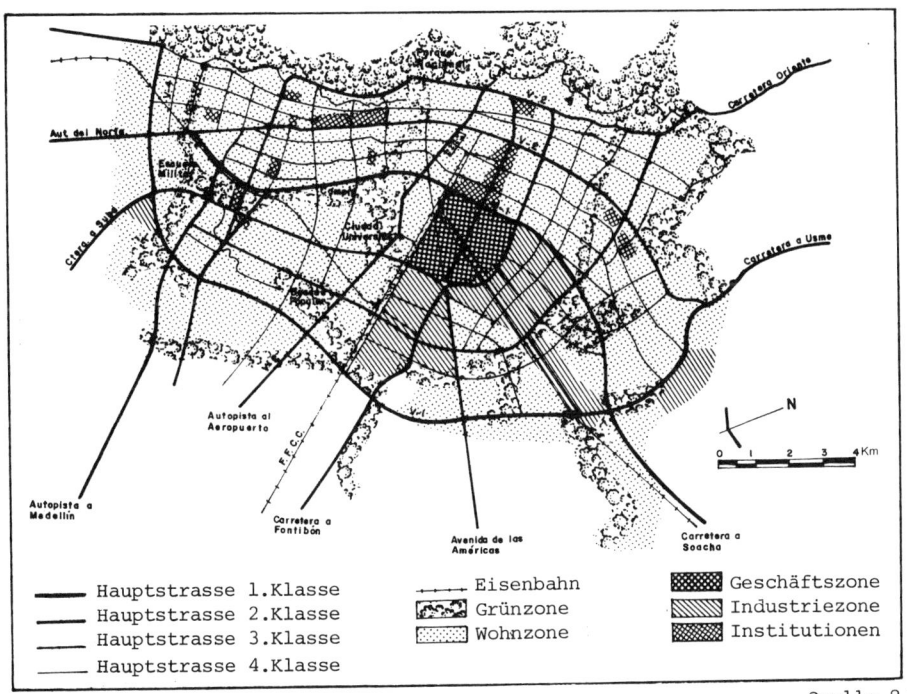

——— Hauptstrasse 1.Klasse	····· Eisenbahn	▓▓▓ Geschäftszone
——— Hauptstrasse 2.Klasse	▨▨▨ Grünzone	▨▨▨ Industriezone
——— Hauptstrasse 3.Klasse	░░░ Wohnzone	▓▓▓ Institutionen
——— Hauptstrasse 4.Klasse		

Quelle 8

Das unerwartet schnelle Wachstum Bogotás und die Bildung des Spezialdistrikts (Distrito Especial) durch Eingliederung der benachbarten Gemeinden[1], werden dafür verantwortlich gemacht, dass viele der Ideen der Planer Corbusier, Wiener und Sert nicht verwirklicht worden sind. Aber in der aktuellen Stadtplanung hält man sich noch heute an einige der wichtigsten Richtlinien der berühmten Urbanisten.

Vom Jahre 1957 an gibt die Verwaltung des Spezialdistrikts von Bogotá regelmässig Richtpläne heraus (Plan Distrital: 1957, 1960, 1961, 1964; Zonificación 1972), in denen versucht wird, die durch die Masseninvasion (ausgelöst durch die politischen

---

[1] 1954 wurden 6 Gemeinden annektiert: Bosa, Engativá, Fontibón, Suba, Usaquén, Usme.

Plan des Spezialdistrikts Bogotá 1960

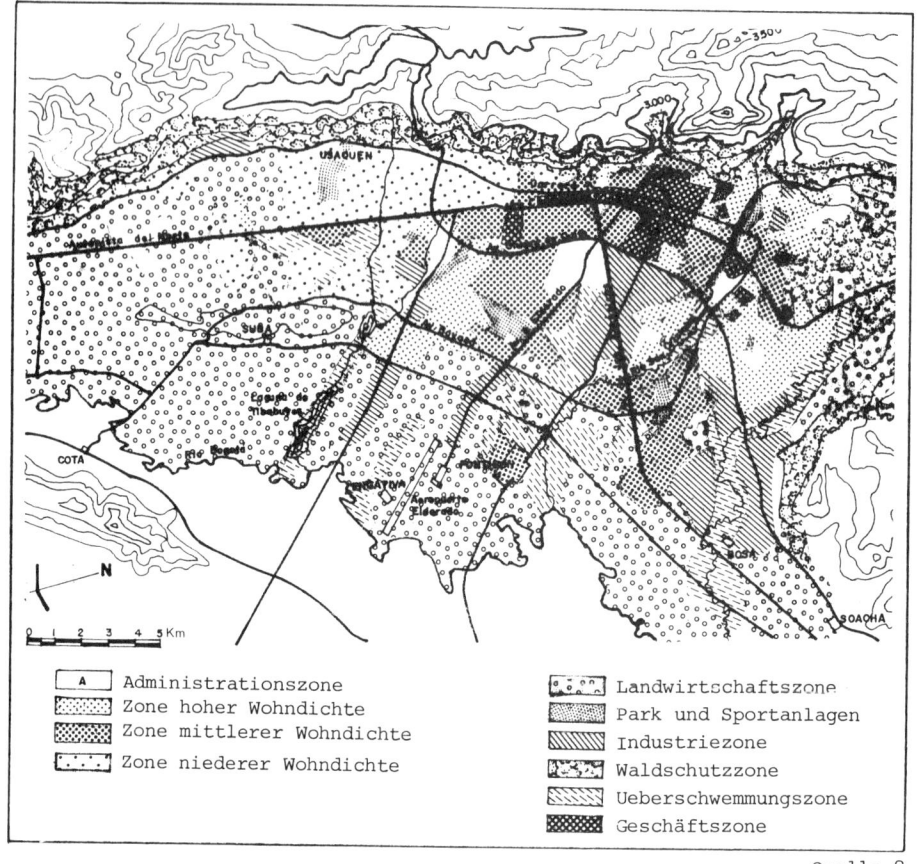

- A | Administrationszone
- Zone hoher Wohndichte
- Zone mittlerer Wohndichte
- Zone niederer Wohndichte
- Landwirtschaftszone
- Park und Sportanlagen
- Industriezone
- Waldschutzzone
- Ueberschwemmungszone
- Geschäftszone

Quelle 8

Wirren der fünfziger Jahre, welche die Landbewohner in Massen zwangen, in Bogotá Zuflucht zu suchen) verursachten Missstände auszubügeln, neu Erstandenes zu legalisieren. Ein Abbild dieses schwierigen Unterfangens stellt der Plan Distrital von 1957 dar, in dem grösstenteils einfach der damalige Ist-Zustand ratifiziert erscheint. So wurde die gesamte mit Wohnhäusern überbaute Fläche kapitulierend als undifferenzierte Wohnzone (Residencial) erklärt, die Handelszone (Comercio) ebenfalls kapitulierend im grössten Gewerbe - Invasionsgebiet in der heutigen Industriezone südlich der Avenida 30 angesiedelt. Eine Siedlungsgrenze wurde

Plan des Spezialdistrikts Bogotá 1961

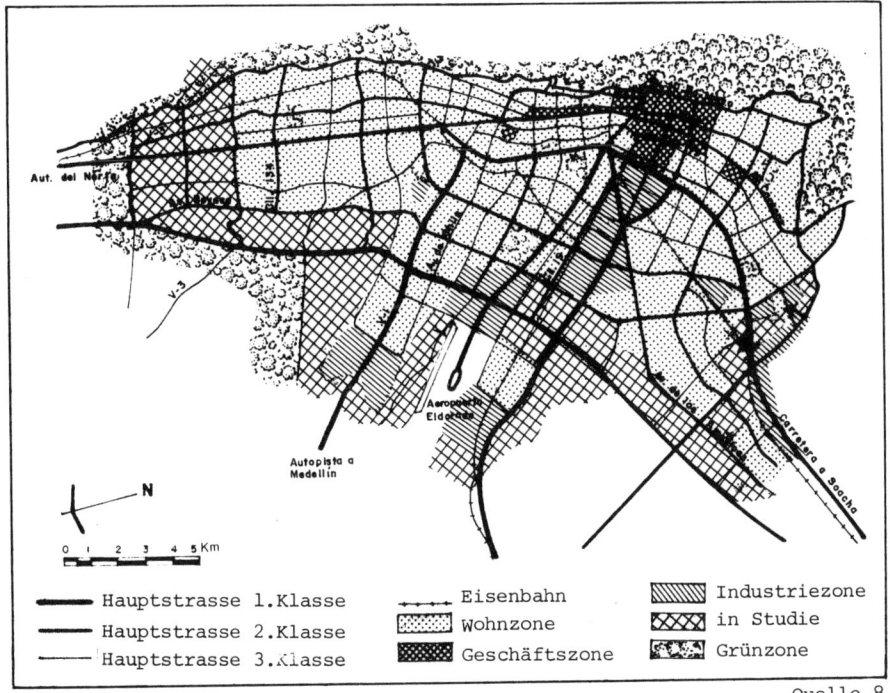

▬▬ Hauptstrasse 1.Klasse	┄┄ Eisenbahn	▨▨ Industriezone
▬ Hauptstrasse 2.Klasse	░░ Wohnzone	▩▩ in Studie
— Hauptstrasse 3.Klasse	▓▓ Geschäftszone	▦▦ Grünzone

Quelle 8

nicht festgelegt, da das Wachstum der Stadt unkontrollierbar geworden war.

Trotz diesen fast unlösbaren planerischen und politischen Aufgaben tauchen in dieser Zeit auch neue Ideen auf. Im Plan von 1960 wird das Wohngebiet in drei Wohndichtezonen unterteilt, nämlich in Zonen hoher, mittlerer und niederer Dichte (Densidad alta, media y baja). Zudem wird eine Waldschutzzone (Reserva Forestal) ausgeschieden und die Ueberschwemmungszone der Flüsse (Area inundable) mit Bauverbot belegt.

1961 werden neu ein umfangreiches "Studiengelände" bzw. eine Wohn- und Gewerbereservezone (Area estudio) und grosse zusammenhängende Grünzonen (Zonas verdes) geplant.
1964 wird die Wohnzone weiter unterteilt in eine reine Wohnzone

Plan des Spezialdistrikts Bogotá 1964

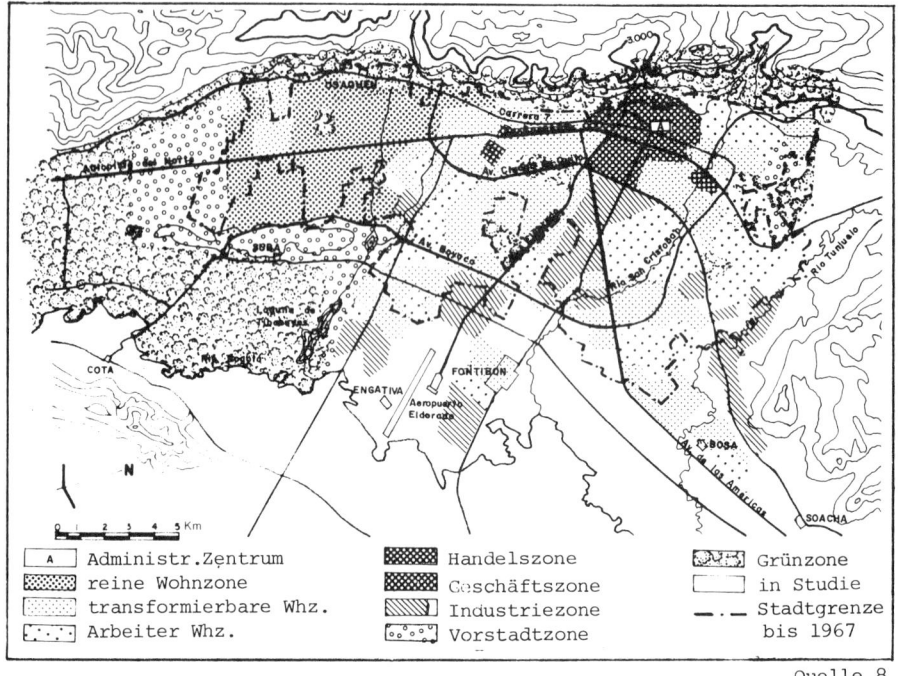

Administr.Zentrum	Handelszone	Grünzone
reine Wohnzone	Geschäftszone	in Studie
transformierbare Whz.	Industriezone	Stadtgrenze bis 1967
Arbeiter Whz.	Vorstadtzone	

Quelle 8

(Estrictamente residencial), eine mit Gewerbe durchsetzbare Wohnzone (Residencial transformable) und - hier taucht erstmals ein sozialer Aspekt auf - in eine Arbeiterwohnzone (Residencial obrero). Ferner wird eine Vorstadtzone (Suburbano) ausgeschieden und die Siedlungsgrenze bis zum Jahre 1967 (Perimetro 1967) genau festgelegt.

Diese Leitideen kamen aber meist zu spät, da die Planung weit hinter dem Wachstum der Stadt nachhinkte. Zudem hatte man in sträflicher Weise den Ist-Zustand vielfach völlig unbeachtet gelassen.

Seit 1966 hat die Administration des Spezialdistrikts Bogotá Studien realisiert mit dem Zweck, einen neuen Pilotplan zu erstellen, der sowohl die vorhandenen Strukturen wie auch die bestehenden Tendenzen berücksichtigen sollte.

45

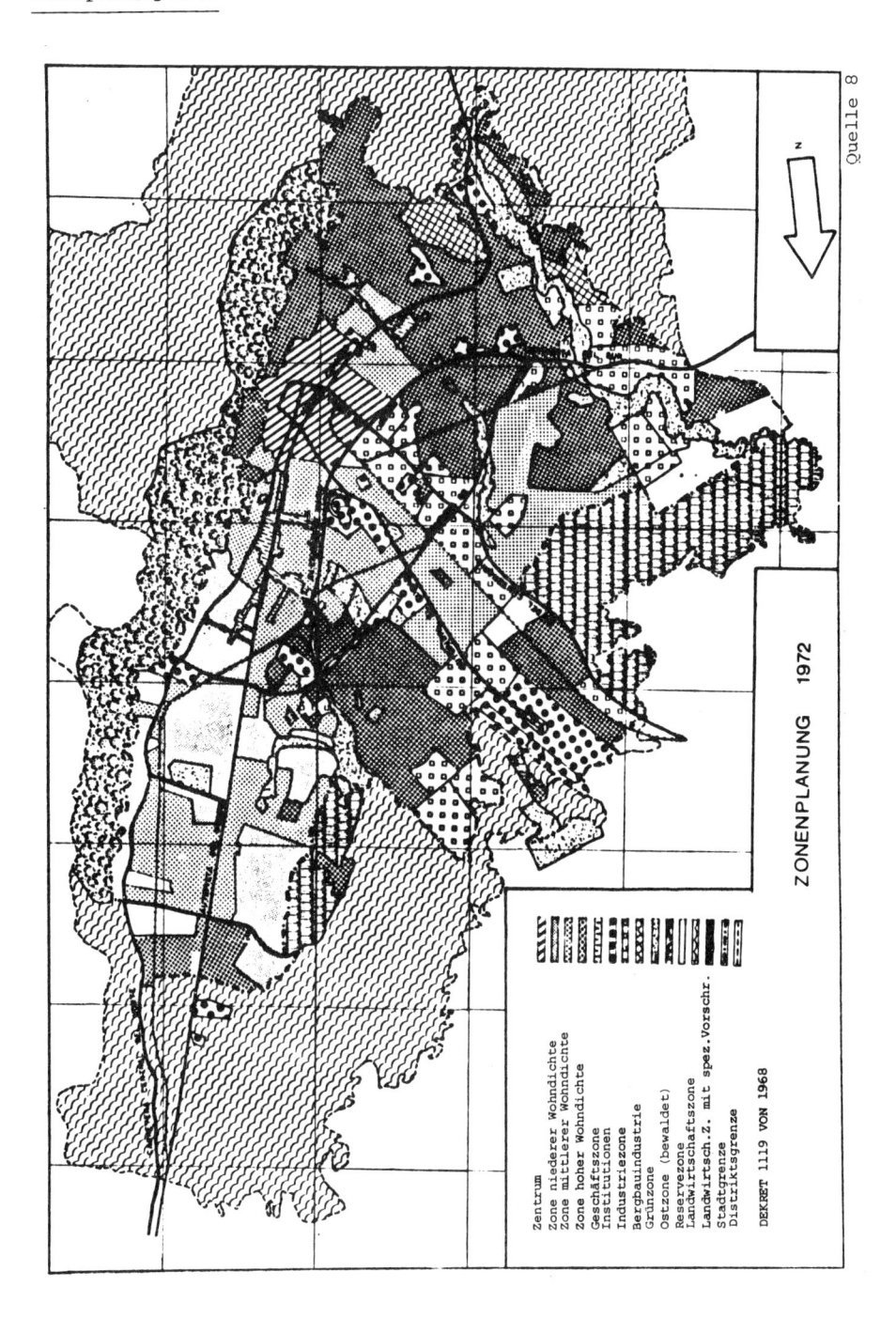

Zonenplanung 1972

1969 wurden im Dekret No. 1119 die rechtlichen Grundlagen für eine moderne Stadtplanung geschaffen. Als Ergebnis der planerischen Arbeiten darf der Zonenplan von 1972 betrachtet werden.

Der Vergleich mit den in dieser Arbeit vorliegenden Untersuchungsergebnissen zeigt deutlich, dass der Zonenplan von 1972 eher einem Wunschbild entspricht, da er weit von der Realität entfernt ist.

Auch der 1974 publizierte futuristische Strukturplan 1980[1] (= Entwicklungsprogramm der UNO), der das Wachstum Bogotás bis zum Jahre 1980 hätte bestimmen sollen, stimmt nur in geringem Masse mit der in dieser Studie festgehaltenen Wirklichkeit überein.

---

1) Plan de Estructura para Bogotá 1974

Strukturplan 1980

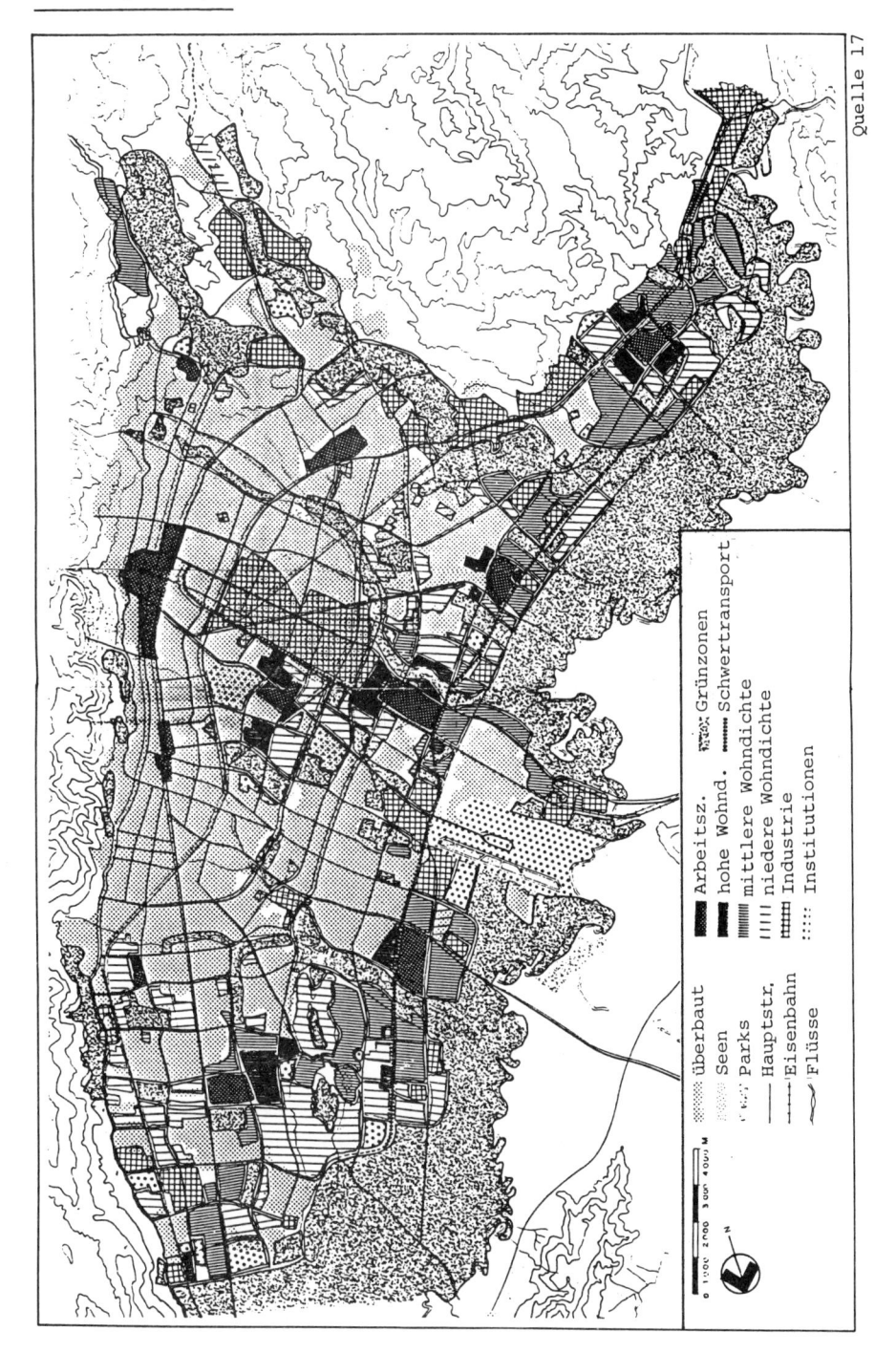

2.7 STADTPLANUNG HEUTE

2.71 Stadtverwaltung

Bogotá wird von 6 Führungsorganen geleitet: Stadtrat (Concejo), Oberbürgermeisteramt (Alcaldía), Sekretariate, Verwaltungsdepartamente (Departamentos Administrativos) u.a. das Planungsdepartment (Dep. de Planeación), Planungskommission (Junta de Planificación), Bürgermeisterämter der 18 Stadtbezirke[1] (Alcaldías Menores).

Der 40 Mitglieder zählende Stadtrat wird von der Bevölkerung gewählt. Er ernennt den Ratspräsidenten (Personero) und den Finanzchef (Tesorero).

Der Oberbürgermeister wird vom Staatspräsidenten ernannt. Er bezeichnet seine Sekretäre und Spezialmitarbeiter. Ihm direkt unterstellt sind 13 dezentralisierte Organismen, u.a. das Institut für Stadtentwicklung (Instituto de Desarrollo Urbano) mit einem Verwaltungsdirektor an der Spitze.
Da der Staatspräsident Kolumbiens alle vier Jahre abgelöst wird, wechseln auch alle wichtigen Verwaltungsfunktionäre der Stadt mindestens mit gleicher Häufigkeit.

Die Bürgermeister der Stadtbezirke sind, als Vertreter der aktuellen Regierung, Chefs der Lokalverwaltung. Sie üben nur einen geringen Einfluss auf die Geschicke der Stadt aus.

2.72 Auswirkungen des Verwaltungssystems der Stadt auf Stadtplanung und Stadtentwicklung

In einem Gespräch zwischen Alberto Mendoza Morales, dem Verfasser der "Anatomía de Bogotá"[3] und der Zeitschrift "ESCALA",

---

1) Diese sind: Usaquén, Chapinero, Santa Fe, San Cristóbal, Usme, Tunjuelito, Bosa, Kennedy, Fontibón, Engativá, Suba, Barrios Unidos, Teusaquillo, Los Mártires, Rafael Uribe Uribe, Puente Aranda, La Candelaria, Antonio Nariño.

kommen diese Auswirkungen recht deutlich zum Ausdruck. Einige seiner unmissverständlichen Aeusserungen sollen hier frei übersetzt wiedergegeben werden:

- Eine Studie wie die "Anatomía de Bogotá" interessiert weder die Volksvertreter noch die Bürokraten des städtischen Verwaltungsapparates. Grundlagenforschung hat für sie nicht den geringsten praktischen Wert.

- Die Planung in Bogotá wird folgendermassen beschrieben: Klassenbewusst, distanziert, verschlossen, schlecht informiert über die Probleme der Bevölkerung, manipuliert von einer kleinen Gruppe von "Spezialisten". Planung wird von hochmütigen Planern gemacht, welche die Wirklichkeit völlig ausklammern und glauben, die "Weisheit gepachtet zu haben", während die rückständige Bevölkerung nicht weiss, was geplant wird, weil sie die Sprache der "Elite" nicht versteht und keine Möglichkeit besitzt, ihre eigene Zukunft mitzubestimmen.

- Die Distriktsverwaltung ist anachronistisch: zentralistisch - nichts wird delegiert; unbeständig - qualifizierte Funktionäre werden von heute auf morgen entlassen; es fehlt an Kommunikation mit der Stadtbevölkerung; in der Handlungsfreiheit eingeengt durch übertriebene, antiquierte Normen; langsam - wichtige Dokumente werden schubladisiert, Lösungen nicht zielbewusst angestrebt; unkoordiniert - zwischen Instituten, die an der Lösung gleicher Aufgaben arbeiten, besteht kein Dialog; bürokratisiert - mit Angestellten, die wohl ein Gehalt beziehen, aber nichts leisten; hochmütig - gut empfangen wird, wer gut gekleidet und noch besser, wer gut empfohlen ist. Die Bogotaner haben deshalb das Vertrauen in die Verwaltung und ihre Funktionäre verloren.

- Der Stadtrat überschwemmt die Stadt mit Gesetzen und Paragraphen. Diese toten Normen werden in fein gebundenen Büchern gesammelt, aber nur selten angewendet. Im Grunde genommen haben die Stadträte Bogotás kein anderes Ziel, als möglichst oft gesehen zu werden, um in der kommenden Legislaturperiode

die nächste Stufe zu erringen: direkt ins Repräsentantenhaus
gewählt zu werden. Die Dinge in Bogotá werden weder von den
Stadträten, dem Verwaltungsapparat noch von den Planern gemacht, sondern von den Invasoren, die überall wild, meist völlig rechtlos, die Savanne überbauen.

- Die Grundprobleme der Stadt sind Probleme, die das ganze Land
zu lösen hat. Bogotá spiegelt Kolumbien wieder. Das Hauptproblem ist die Konzentration von Reichtum in wenigen Machtzentren, die sich in den Städten Bogotá, Medellín, Cali und
Barranquilla etabliert haben. Logische Konsequenz: Invasion
dieser Zentren, denn auch die Landbewohner möchten von dem Angebot der Grossstadt profitieren.

- Die Bevölkerung der Stadt ist "geisteskrank". Die Ueberlebensprobleme des Grossteils ihrer Bewohner sind so enorm, dass jeder in sich gekehrt lebt, ohne sich dem Mitmenschen gegenüber
verantwortlich zu fühlen. Die Kommunikation fehlt. Die Leute
sind weder motiviert noch organisiert, an der Planung ihrer
Stadt mitzuarbeiten. Das Verantwortungsgefühl einer Gemeinschaft gegenüber ist kaum entwickelt. Deshalb kann die Bevölkerung manipuliert werden. Die Bogotaner bilden eine formlose
Masse, bestehend aus egoistischen Individuen, charakterlos, unfähig, ihr eigenes Geschick zu bestimmen. "Bogotá lässt sich
nicht planen"!

3. BEGRIFFSSYSTEM

Diese Studie folgt Grosjeans Begriffssystem. Er unterscheidet in seiner Publikation "Raumtypisierung nach geographischen Gesichtspunkten als Grundlage der Raumplanung auf höherer Stufe"[1] zwei Betrachtungssysteme des Geographen: das funktionale und das formale. Jede Komponente und jedes Element des Raumes habe eine Funktion und eine Erscheinungsform.
Seine Ueberlegungen seien hier, insofern für diese Untersuchung relevant, im Wortlaut wiedergegeben.

3.1 BEGRIFFE: FORMAL - FUNKTIONAL [1]

"Funktionale Siedlungselemente sind beispielsweise:

Wohnbauten, ..., Industrieanlagen, Spitäler, Kirchen, Schulen, Verkehrsflächen .... Alle diese Siedlungselemente haben aber auch eine Erscheinungsform (Physiognomie), z.B. viergeschossiges Haus aus Beton mit Flachdach, ..., Montagehallen in Stahl-Skelettbau mit Glas, Hochhaus von 20 Geschossen in Beton, neugotische Stadtkirche ... usw. ..."

"In der Planung sind diese beiden Betrachtungssysteme bisher wohl zu wenig auseinandergehalten bzw. nicht gleichmässig und konsequent berücksichtigt worden. Im Prinzip beruht das bisherige System der Siedlungs- ... planung auf funktionalen Kriterien, die aber mit formalen Elementen gemischt werden. Das formale System ist dabei in der Regel zu schwach entwickelt, so dass unter anderem in den Belangen des Schutzes der ästhetischen Erscheinung von Ortsbildern ... keine genügende Wirkung erreicht wird.

Die Priorität des Funktionalen im Planungssystem ergibt sich aus der Ausscheidung von Wohnzonen, Gewerbezonen, Zonen für öffentliche Bauten und Anlagen, Verkehrsflächen usw. Auch der

---

1) Grosjean Georges 1975, S. 29 - 31

Begriff "Erholungsraum" und dergleichen entstammt dem funktionalen Bereich. Indem man aber z.B. Wohnzonen verschiedener Geschosszahl ausscheidet, kommen formale Aspekte ins Spiel, die aber im Grunde funktional gemeint sind. Denn man will mit der Gebäudehöhe gar nicht so sehr die Erscheinungsform vereinheitlichen, als ein juristisch klares Kriterium für die Intensität der wirtschaftlichen Nutzung aufstellen."

Die Ueberlegungen werden bei Grosjean weitergeführt. Hier darf die Feststellung genügen, dass er "ein vollständiges System der Raumkomponenten und Raumelemente getrennt nach funktionalen und formalen Gesichtspunkten" aufstellt.

"Vollständig durchhalten lässt sich freilich die Unterscheidung von "funktional" und "formal" auch nicht. Mit vielen Begriffen und Bezeichnungen verbinden sich sowohl funktionale wie formale Vorstellungen. Dies gilt vor allem für die Anlagen des Verkehrs." (Die Verkehrsanlagen sind in der vorliegenden Studie ausgeschlossen, da sie den Rahmen dieser Arbeit sprengen würden.) "Im Begriff "Autobahn" steckt die funktionale Vorstellung eines Verkehrsträgers mit hoher Leistung, aber auch die formale Vorstellung einer breiten Fahrbahn mit Mittelstreifen, grossen Kurvenradien und grossen, im Landschaftsbild auffälligen Kunstbauten. Ebenso verbindet der Begriff "Fussweg" funktionale und formale Inhalte. ..."

3.2 BEGRIFFE: STRUKTUR - STRUKTURELL

"Der Begriff der Struktur wird in der wissenschaftlichen und parawissenschaftlichen Literatur stark strapaziert. Er ist eigentlich zum Modewort geworden.

Der Begriff "Struktur" gehört eigentlich nicht einem geographischen Begriffssystem an. Wir verwenden diesen Begriff in dieser Studie[1] für Siedlungs- ... komponenten ausschliesslich für de-

---

1) Grosjean Georges 1975, S. 31

ren sozio-ökonomische Aspekte, in diesem Fall als gleichwertige Kategorie zu den formalen und funktionalen Aspekten. Eine Industrieanlage hat den Formalaspekt ihrer Gebäulichkeiten, Kamine, Deponien, Förderanlagen und die Funktion, bestimmte Güter zu produzieren. Die Struktur besteht in der Organisation ihrer Produktion (Produktionsstruktur), in der Zahl, Alters- und Sozialstruktur ihrer Belegschaft (Personalstruktur) und ihrer Kapitalstruktur. Diese Grössen sind für die Raumplanung auch wichtig und stehen in der Regel in gewissen Beziehungen zu Form und Funktion."

3.3 BEGRIFF: TYP

Der Begriff des Typs hat in der vorliegenden Studie eine besondere Bedeutung. Grosjean definiert ihn folgendermassen:[1]

"Wir verstehen" unter einem Typ "eine Erscheinung, welche eine charakteristische Kombination formaler, funktionaler und struktureller Merkmale aufweist. So sprechen wir z.B. von Siedlungstypen, Industrietypen, ..., usw."

3.4 BEGRIFF: SIEDLUNG

Definition nach Grosjean:[1]
"Die Siedlung umfasst alle Bauten und Anlagen, welche dem Wohnen, Arbeiten und den Dienstleistungen des Menschen dienen, samt eingeschlossenen Gärten, Baumgärten, Freiflächen, Vorplätzen, Sportanlagen, Deponien, Landreserven, kleineren Wasserflächen, Verkehrsanlagen usw. (Nettosiedlungsfläche), bei grössern Siedlungen auch im weiteren Sinne mit Inbegriff der vom Siedlungsgebiet auf mehreren Seiten umschlossenen oder unmittelbar angrenzenden kleineren Wälder, Landwirtschaftsflächen oder Flächen natürlicher Vegetation (Bruttosiedlungsfläche)."

---

1) Grosjean Georges 1975, S. 36 u. 53

FORMALE GLIEDERUNG BOGOTAS BZW. GLIEDERUNG NACH BEBAUUNGSTYPEN 4

4. FORMALE GLIEDERUNG BZW. GLIEDERUNG NACH BEBAUUNGSTYPEN

Grosjean schreibt: "Ein Versuch, die vielfältigen Erscheinungen der Siedlung in Formalkategorien zu gliedern, müsste eine ganze Stillehre der städtischen ... Bauten umfassen .... Die Kriterien, nach denen Formalkategorien geschaffen werden müssten, sind:

-- Dimensionen der Bauten
-- Grundrissformen
-- Aufriss, Fassadenbehandlung, Gliederung, Fensterstellungen, Schmuckelemente
-- Dachform, Firststellung, Dachneigung
-- Baumaterial, soweit sichtbar
-- Dachbedeckungsmaterial

Eine einzelne Baute ist aber noch keine Siedlungskomponente. Eine solche entsteht erst aus einer Mehrzahl bis Vielzahl von Bauten, die in einer bestimmten Anordnung und in einem bestimmten Konnex mit Verkehrselementen, Gärten, Freiflächen usw. stehen.

Wenn wir eine stark vereinfachende, für planerische Zwecke, das heisst für die Zuordnung zu Raumtypen brauchbare Klassifikation vornehmen wollen, so würde eine rein formale Kategorienbildung nicht so sehr verschieden sein von einer Kategorienbildung nach Typen, die auch funktionale und strukturelle Kriterien berücksichtigen. Denn die äussere Erscheinungsform von Bauten steht doch zur Funktion, ev. auch zur Sozialstruktur in gewisser, wenn auch nicht absolut zwangsläufiger Beziehung."[1]

Zweckmässigkeitshalber gelangte in der vorliegenden Studie auch eine stark vereinfachende Klassifikation nach Typen zur Anwendung, die planerischen Bedürfnissen in Kolumbien Rechnung trägt.

---

[1] Grosjean Georges 1975, S. 58

4.1 BEBAUUNGSTYPEN BOGOTAS

Die Begriffe Bebauung und Bebauungstyp stammen ebenfalls aus dem Vokabular Grosjeans. Er definiert:[1)]
"Eine Bebauung besteht aus einer Mehrzahl von Einzelbauten in einem Raum. Ein Bebauungstyp stellt eine charakteristische Zusammensetzung in formaler, funktionaler und struktureller Hinsicht dar."

Die den hier beschriebenen Bebauungstypen zugeordneten Werte sind den spezifisch örtlichen Verhältnissen Bogotás entnommen. Sie wurden während der Arbeit fortwährend auf ihre Zweckmässigkeit hin geprüft, ergänzt und korrigiert.

Nach verschiedenen Fahrten kreuz und quer durch die Stadt wurden zu Beginn empirisch in Anlehnung an die Vorschläge Grosjeans[1)] 13 Bebauungstypen unterschieden. Während des Fortschreitens der Studie wurden wichtige Unterschiede innerhalb einzelner Bebauungen offenbar, so dass schlussendlich 21 verschiedene Bebauungstypen unterschieden wurden.

B Alle Bebauungstypen Bogotás werden mit B bezeichnet.

4.11 Historische Bebauung

4.111 Ba Altstadtbebauung

Baubestand der historischen Stadtsiedlung, heute als Schutzzone ausgeschieden.

Entstehung: grösstenteils vor 1800, z.T. 19. Jhd.
BAZ:[2)]   0,8 bis 1,6
Geschosszahl: 1 bis 2 (im 19. Jhd. mehr)

---
1) Grosjean Georges 1975, S. 36 u. 53
2) BAZ = Brutto-Ausnutzungsziffer (vgl. 4.231: Definitionen)

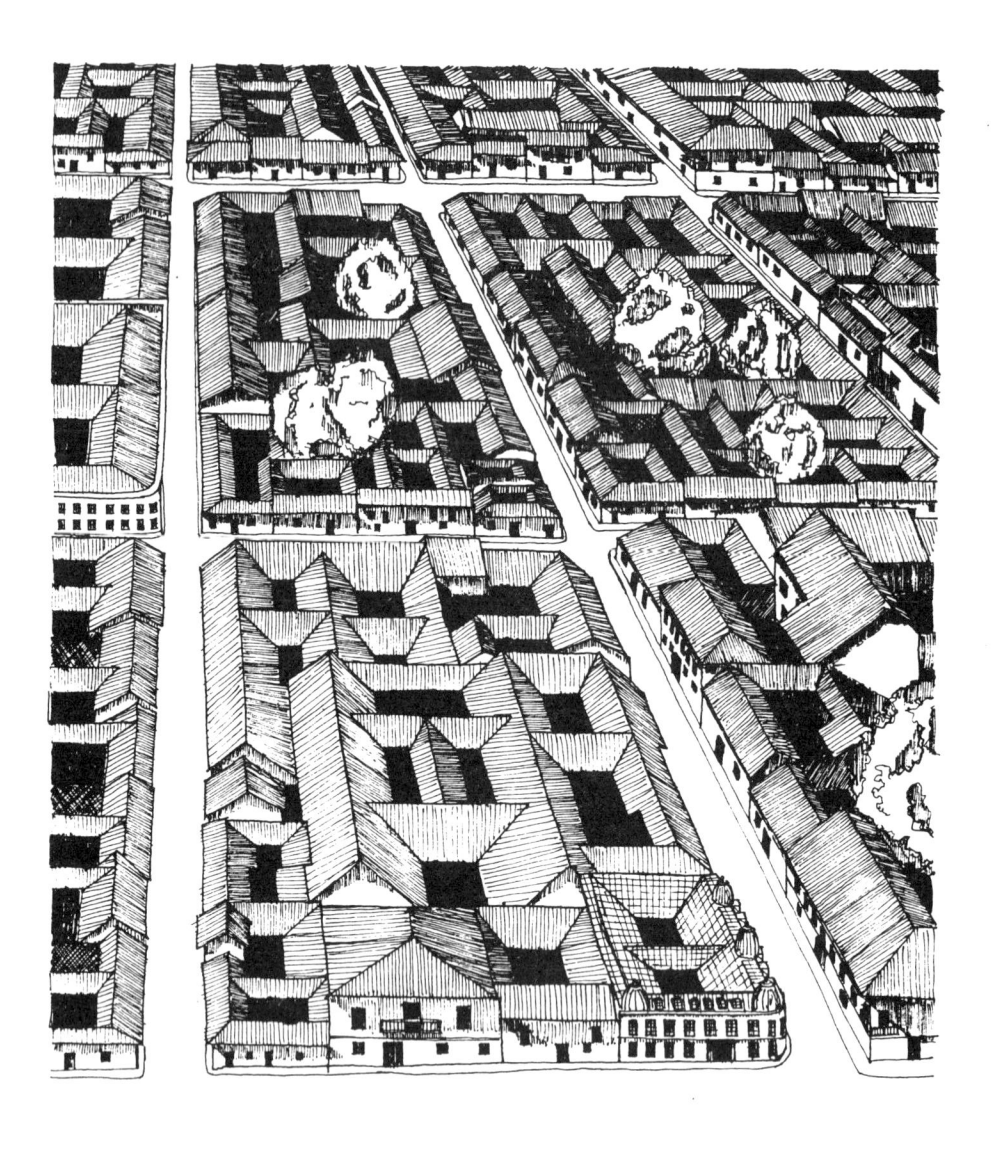

| BA | ALTSTADTBEBAUUNG
URBANIZACION DEL CASCO ANTIGUO |

BAZ / IBC 0.8-1.6

Baubestand der Kolonialarchitektur [1] und der Republikanischen Architektur. Der Grundriss der Altstadtbebauung entspricht weitgehend dem historischen. Rechtwinklig zueinander stehende Strassenzüge von 7 bis 9.80 Metern Breite bilden quadratische Häuserinseln von ursprünglich 106,40 Metern Seitenlänge. Die zusammengebauten Häuser von etwa 13,30 bis 26,60 Metern Strassenfront sind im spanischen Kolonialstil erbaut.
Das Mischen der Techniken der Spanier mit denen der Eingeborenen produzierte unzählige Varianten von Dachkonstruktionen. Fast einheitlich sind jedoch die geringe Dachneigung von etwa $30°$, die Traufstellung, die Rundziegelbedeckung und die wenigen Aufbauten. Die Fassaden bestehen aus weissem Kalkputz, gelegentlich mit Holzlauben und Pfeilern aufgelockert, weisen aber keinen Reichtum ornamentaler Verzierung auf.
Zwei Charakteristiken zeichnen demnach die Kolonialarchitektur aus: Die erste ist die exakte geometrische Anlage der Bebauungen und die zweite das homogene äussere Erscheinungsbild (durch das Verwenden sehr weniger formaler und konstruktiver Elemente), das trotz der Unordnung von Baukörpern im Innern der Quartiere manifest wird.

Die Altstadtbebauung weist eine Reihe von Monumentalbauten auf: Kirchen, Theater, Regierungsgebäude, Universitäten, Schulen, Spitäler, Hotels, Handelshäuser, Banken, Markthallen, gedeckte Einkaufsstrassen, grössere Privathäuser usw., die aus dem 19. Jahrhundert stammen, aus der Zeit der Republikanischen Architektur, die Elemente des Internationalen Neuklassizismus und der Neugotik übernahm. Diese Baustile werden in Bogotá als "Französischer Stil" ("estilo francés"), "Englischer Stil" ("estilo inglés") und "Amerikanischer Stil" ("estilo americano") bezeichnet. Den symmetrischen Fassaden wird besondere Aufmerksamkeit geschenkt, die gemalten oder aus Stein gehauenen Dekorationen sind besonders mannigfaltig (Kranzgesimse, Giebelfelder über Türen und Fenstern, Säulen etc.), während das Innere weitgehend demjenigen der Kolonialgebäude entspricht. Dieser Baubestand ist teil-

---
[1] Martinez Carlos 1976, S. 27 f u. S. 86 ff und
Aspectos de la Arquitectura 1977, S. 40 ff

weise zerstört, mit Ausnahme vor allem öffentlicher Gebäude.

Funktional ist typisch die Mischung von Wohnen mit Kleingewerbe und zentralen Diensten.
Die Verslumung ist sehr weit fortgeschritten. Die Quartiere der Altstadt sind teils die Auffanggebiete der Invasionsschübe. Die Einrichtungen und sanitären Anlagen sind auf ein Minimum beschränkt, der Sozialstatus deshalb niedrig (E_2, selten höher).[1]
Die Sicherheit ist gering. Verbrechen sind an der Tagesordnung.

4.112 Bau   Ungeschützte Altstadtbebauung [2]

Reste des Baubestands der historischen Stadtsiedlung ausserhalb der heute ausgeschiedenen Schutzzone und Baubestand der historischen Dorfkerne der heute eingegliederten Gemeinden.

Entstehung: vor 1900 (teils bedeutend jünger) bis 1936
BAZ: 0,8 bis 1,6
Geschosszahl: 1 bis 2

Im Unterschied zur Altstadtbebauung (Ba) ist die Ungeschützte Altstadtbebauung (Bau) stark mit Neubauten durchsetzt, seit Mitte 19. Jhd. teils mit Neoklassizistischen, später auch mit jüngeren. Die Vernachlässigung ist teils weit fortgeschritten, die Fassaden zur Strasse hin oft in verlottertem Zustand.
Funktional fast ausschliesslich Wohn- und Kleingewerbezone.
Man lässt die Verslumung eintreten, um diese Teile der Altstadt problemloser beseitigen zu können.

4.12 Bh Bebauung hoher Ausnutzung

Baubestand der heute grösstenteils als City (Area Central) ausgeschiedenen Stadtsiedlung. (BAZ > 2,2)

---

[1] vgl. Strukturelle Gliederung Bogotas
[2] ESCALA 1978 (No. 86), S. 5 u. S. 26b

4.121 Bhk Aeltere, konventionelle Stadtkernbebauung hoher Ausnutzung

Reste des Baubestands der historisierenden Baustile (Republikanische Architektur) in der heute als City ausgeschiedenen Stadtsiedlung.

Entstehung: Grösstenteils Baubestand aus der 2. Hälfte des 19. Jhd. bis etwa 1940.
BAZ: $> 2,2$
Geschosszahl: 3 bis 6

Die Infrastruktur und die Bebauungen Bogotás sind in permanenter Umwandlung begriffen, so dass das Erscheinungsbild vor allem der älteren Stadtlandschaft dauernd unfertig und somit schwer charakterisierbar ist.

Als ältere, konventionelle Stadtkernbebauung hoher Ausnutzung wurden deshalb nur Restbestände ausgeschieden, in denen Elemente des Internationalen Neuklassizismus, der Neugotik und der "Art Nouveau" überwiegen. Die historisierenden Stile des 19. Jhd. (Akademismus) und des beginnenden 20. Jhd. (etapa "heroica") wurden vor allem durch französische und englische Architekten nach Bogotá gebracht (vgl. Detailbeschreibung der betreffenden Bebauungen im Typ Ba).

Das flächen- und einwohnermässige Anwachsen Bogotás anfangs des 20. Jhd. zwang zu einem neuen Konzept in der Konzentration der Bewohner und in der Verwendung des Terrains. Die ersten reinen Bürogebäude mit bis zu 6 Stockwerken und Aufzügen entstanden. (Der Prozess der Citybildung war eingeleitet.)

Charakteristisch sind Häuserblöcke mit ausgebauten Dächern und teilweise mehreren Dachstockwerken. Meist Dächer mit geringer Dachneigung oder Flachdächer.

Grundsätzlich entspricht der Typ Bhk den jüngeren Bebauungen des Typs Ba, nur dass sich diese in der City befinden und nicht von Kolonialarchitektur, sondern von modernen Bautypen umgeben sind. Das Strassennetz stimmt weitgehend mit demjenigen der "Altstadt"

Bhk AELTERE, KONVENTIONELLE STADTKERNBEBAUUNG HA
VIEJOS Y CONVENCIONALES TDU DEL CASCO URBANO DE AA

BAZ/IBC > 2.2

überein; es trennt die verschiedenen Quartiere schachbrettförmig voneinander ab. Fast ausnahmslos sind in diesen Bebauungen die Charakteristiken der Kolonialstadt bewahrt.

Funktional charakteristisch ist das starke Ueberwiegen von Geschäft und Verwaltung.

4.122 Bhm Moderne Stadtkernbebauung hoher Ausnutzung[1]

Hauptbestand der heute als City ausgeschiedenen Stadtsiedlung, d.h. gesamter "moderner" Baubestand der entstanden ist, nachdem auf Klassische Vorbilder verzichtet wurde. Dabei können zwei Epochen unterschieden werden, eine erste von 1920 bis etwa 1940 und eine zweite, die vor allem ab etwa 1960 erkennbar wird.

Entstehung: ab ca. 1920 bis 1940, besonders aber ab ca. 1950 bis Gegenwart
BAZ: $> 2,2$
Geschosszahl: 3 bis 8

Im Jahre 1936 entschliesst sich die Regierung, die Struktur des Landes zu modernisieren. Im gleichen Jahr wird an der Universität "Nacional" die erste Architekturfakultät gegründet; Architekturgesellschaften folgen nach. Der Akademismus des 19. und beginnenden 20. Jhd. wird grösstenteils überwunden. Funktionalismus und Rationalismus halten stürmischen Einzug. Der Einfluss der grossen ausländischen Planer und Architekten wird offenbar. Die Architektur wird subjektiv und zeichnet sich in der ersten Epoche (ca. 1920 bis 1940) dadurch aus, dass sie völlig auf Klassische Vorbilder verzichtet und sowohl in der Konstruktionsweise, der Verwendung von Materialien und durch das Verzichten auf reine Dekorationen für die damalige Zeit revolutionäre Postulate vertritt. Der Baubestand zeigt eine klare geometrische Anordnung der Baukörper, einfache Volumen, versetzte Kuben und gradlinige oder gebogene glatte harmonische Häuserfronten.[2]

---

1) ESCALA 1978 (No. 86), S. 6, 5 u. 33d
2) Guía Arquitectónica 1964

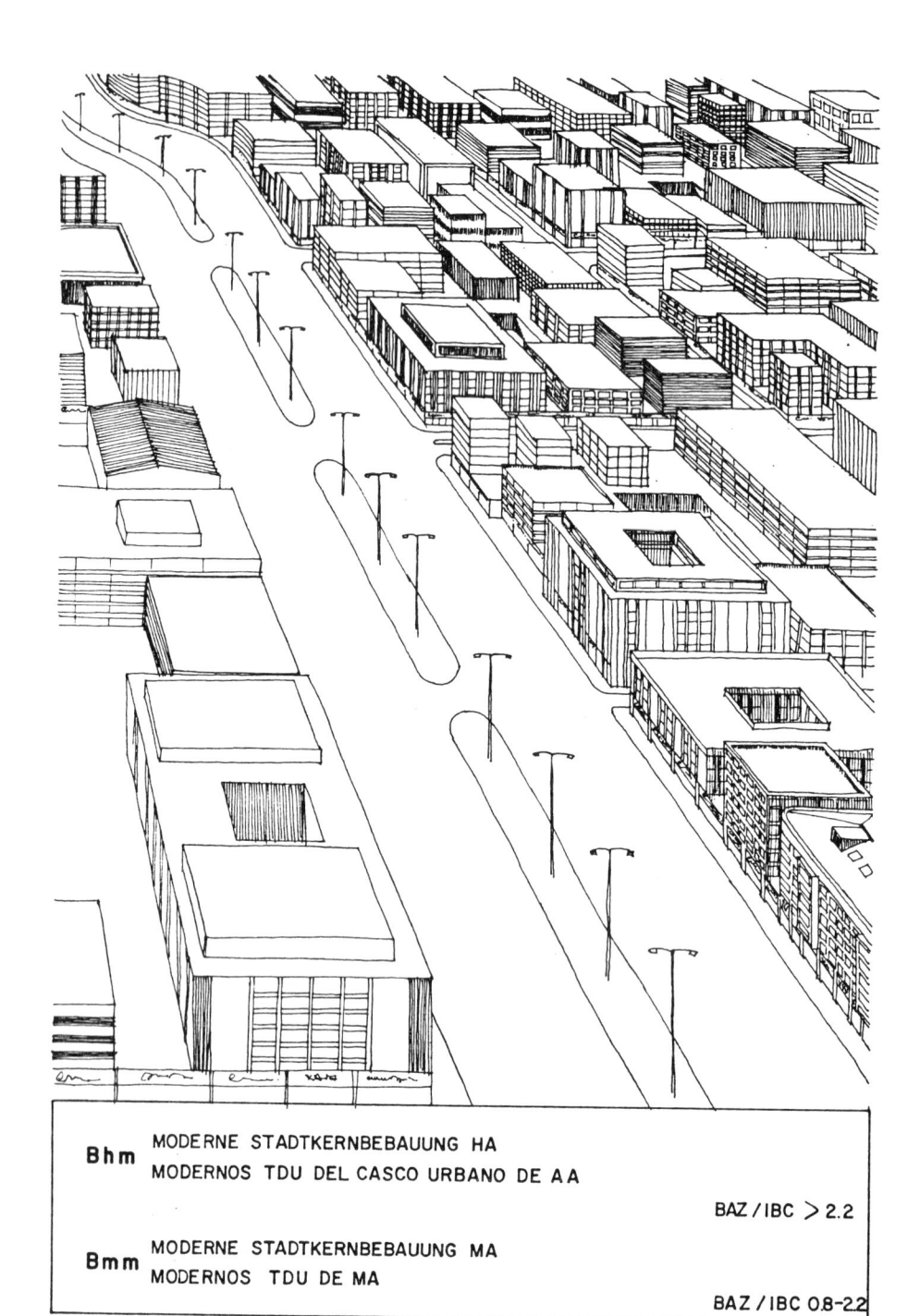

Bhm	MODERNE STADTKERNBEBAUUNG HA MODERNOS TDU DEL CASCO URBANO DE AA	
		BAZ/IBC > 2.2
Bmm	MODERNE STADTKERNBEBAUUNG MA MODERNOS TDU DE MA	
		BAZ/IBC 0.8-2.2

Die Organisation der Bebauungen bleibt weitgehend historischen Prinzipien treu. Doch ist der quadratische Grundraster der Kolonialarchitektur z.T. modifiziert. Auch die Parzellierungsart der Lotofikation ist weiterhin sichtbar; aber verschiedene Grundstücke (Lote) sind zu einem Grossgrundstück zusammengefasst, auf dem wegen der hohen Landpreise in der City extreme Ausnützung angestrebt wird. Diese wird vor allem in die Höhe gesucht.

Die Höhen der einzelnen Bauten liegen fast einheitlich zwischen 5 bis 6 Stockwerken. Die einzelnen Baukörper sind deutlich voneinander abgesetzt. Nur gegen die Strasse zu bilden die untersten Stockwerke meist eine kompakte Geschäftsfront.

Erst in der zweiten Epoche (etwa 1950 bis Gegenwart) sind die einzelnen Baukörper in Höhe und Breite stärker gegliedert. In den Fassaden dominieren Glas, Metall, Beton und Kunststoff. Die Dächer beider Epochen sind fast ausschliesslich als Flachdächer ausgebildet.

Funktional dienen diese Bebauungen heute mehrheitlich Geschäft, Gastgewerbe und Verwaltungen. Doch enthalten sie immer noch relativ viel Wohnraum. Die soziale Struktur hängt stark von der Lage ab und schwankt zwischen E2 und E5[1] (Unterschicht bis untere Oberschicht).

4.123 Bhh Hochhausbebauung

Baubestand der modernen Stadtkernbebauung mit sehr hoher Ausnützung.

Entstehung: ab ca. 1950 bis Gegenwart
BAZ: $> 2,7$
Geschosszahl: 9 bis 18 (differenziert)

Die Hochhausbebauung entspricht formal weitgehend dem Typ Bhm (Moderne Stadtkernbebauung) der zweiten Epoche, nur sind die Ge-

---

1) vgl. Strukturelle Gliederung Bogotás

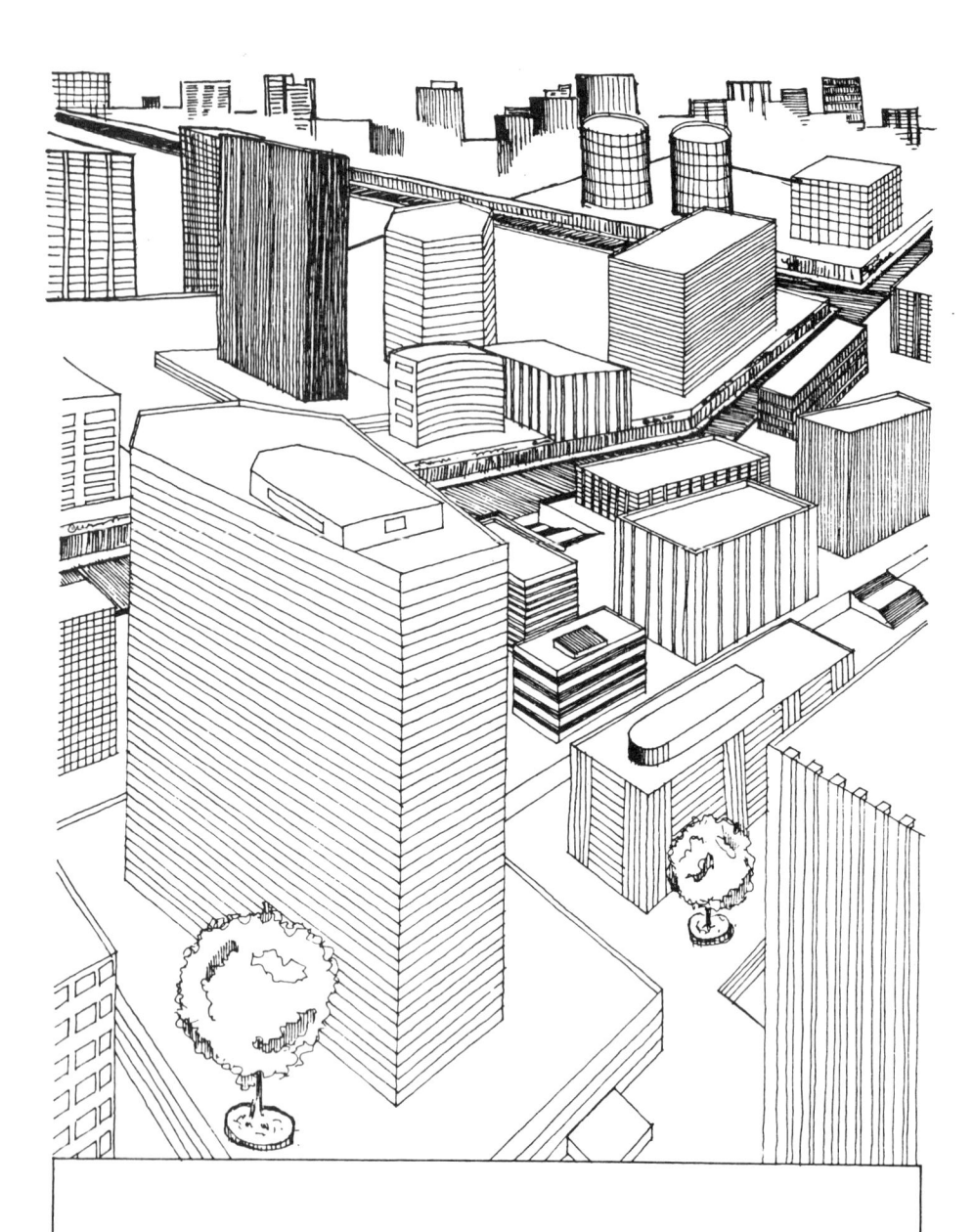

Bhh HOCHHAUSBEBAUUNG MIT WOLKENKRATZERN

Bhw TDU CON EDIFICIOS ALTOS CON RASCACIELOS

BAZ/IBC > 2.7

bäude höher. Die jährlich gewaltig ansteigenden Landpreise in
der City zwangen zu immer extremerer Ausnützung vor allem entlang der wichtigsten Geschäfts- und Handelsstrassen.

Charakteristisch an den gewaltigen Komplexen ist, dass die einzelnen Baukörper unterschiedliche Höhen aufweisen, deutlich voneinander getrennt sind, weil die Hauptfassaden entweder aus der
Häuserfront hervortreten, zurückweichen oder leicht gebogen sind
und dass zuweilen der Verkehr auf verschiedene Ebenen gelegt ist
und die Baukörper durchdringt.

Funktionell dienen diese Bebauungen fast ausschliesslich Geschäft, Gastgewerbe und Verwaltungen mit Ausnahme weniger Hauswart- und Personalwohnungen.

4.124 Bhw Wolkenkratzer [1)]

Jüngster Baubestand vor allem der Stadtkernbebauung.

Entstehung: ab 1966 (bis zu 23 Stockwerken seit 1955)
BAZ: $> 2,7$
Geschosszahl: > 18

Ab 1966 tritt die kolumbianische Architektur in die Epoche des
Gigantismus ein. Die Anwendung neuer Konzepte in der Zementzubereitung, der Eisenbetonberechnung und der Bauprogrammierung
ermöglichen den Bau von Wolkenkratzern mit über 40 Stockwerken.
Die Architektenelite des Landes sucht beständig nach Lösungen
mit besserer technischer und formaler Qualität, indem sie weiterhin Vorbilder aus dem Ausland übernimmt und transformiert.

Charakteristisch sind regelmässig gebaute Kuben mit glatter
Oberfläche aus Stahl, Beton und Glas, die gegen oben nur selten
schmaler werden und die in vernünftigen Abständen deutlich abge-

---

1) Tellez German 1978, S. 115 f

setzt aus den Bebauungen herausragen. Neuerdings werden auch für diese Hochbauten etwa die einheimischen rötlichen Sichtbacksteine (ladrillo colombiano) verwendet.

Der Standort der Bauten im Grundstück ändert sich. Die Fassadenfront verläuft oft nicht mehr parallel zur Strasse. Bedeutende Vorplätze werden freigehalten, und der Fussgängerverkehr ist auf verschiedene Ebenen verlegt.

Die Wolkenkratzer dienen vor allem als weit sichtbares Statussymbol für die finanzkräftigen Gesellschaften des Landes, vor allem Versicherungsgesellschaften, Grossbanken und Handelskonzerne.

Funktional dienen die Wolkenkratzer fast ausschliesslich Geschäft, Verwaltungen und Gastgewerbe. Seltener finden sich Miethäuser in solchen Dimensionen.

4.13 Bm Bebauung mittlerer Ausnutzung

BAZ: 0,8 bis 2,2

4.131 Bmk Aeltere, konventionelle Stadtkernbebauung mittlerer Ausnutzung

Entstehung: 2. Hälfte 19. Jhd. bis etwa 1940
BAZ: 0,8 bis 2,2
Geschosszahl: 2 bis 3

Der Typ Bmk ist grösstenteils identisch mit Bmq (Aeltere, konventionelle Quartierbebauung). Er wurde ausgeschieden, um die Struktur des Stadtkerns (City) deutlicher hervorheben zu können. (Nähere Beschreibung s. Typ Bmq)

4.132 Bmq Aeltere, konventionelle Quartierbebauung[1]

Entstehung: ab 1920 bis etwa 1940 (z.T. Ende 19. bis Anfangs 20. Jhd.)
BAZ: 0,8 bis 2,2
Geschosszahl: 2 bis 3

Vom Baubestand aus der historisierenden Epoche Ende 19. bis Anfangs 20. Jhd. sind nur noch Reste vorhanden: etwa antikisierende Bauten aus der Zeit des Bogotaner Neuklassizismus', mit verzierendem Dachaufbau, gemalten Sockeln, hohen Rundbogenfenstern und -türen.

Bedeutender ist der noch vorhandene Baubestand aus dem beginnenden 20. Jhd. Erstmals erscheinen reine Wohnquartiere. Die Häuser sind individuell, im Stil sehr oft Kopien dessen, was man in Europa gesehen hat (z.B. Barrio Chapinero).

Die dreissiger Jahre zeigen ein bis heute noch unerklärliches architektonisches Phänomen: die Uebernahme des englischen "Tudor-Stils" (estilo "Tudor"), der verschiedenen Barrios noch heute eine homogene Physiognomie verleiht (z.B. Barrio "La Merced). Bis 1940 entstehen eine Reihe anderer Bebauungen im genannten englischen, im spanischen und französischen Stil, so dass im gleichen Quartier grosse architektonische Unterschiede auftreten.

Charakteristisch ist das individuelle, unbogotanische Aussehen dieser Bebauungen, die von der Ober- und teilweise auch der Mittelschicht aus Prestigegründen sehr rasch assimiliert werden: geschlossene Häuserfront gegen die Strasse zu mit Fenstern in vielfältigen Formen und Proportionen, meist zwei niedrige Stockwerke, steile oft ausgebaute Dächer, sowohl Trauf- wie Giebelstellung, Fassaden oft in dunklem, klinkerartigem Sichtbackstein mit einzelnen Flächen in farbigem Verputz, ohne Innenhof aber mit gegen die Strasse zu mit hoher Mauer abgeschlossenem seitlichem Garten, intimer Hausgarten, anstelle der Kohlenbecken

---

[1] ESCALA 1978 (No. 86), S. 24 und PROA 1958 (No. 117), S. 1331 f

Bmk	AELTERE, KONVENTIONELLE STADTKERNBEBAUUNG MA VIEJOS Y CONVENCIONALES TDU DEL CASCO URBANO DE MA BAZ / IBC 0.8 - 2.2
Bmq	AELTERE, KONVENTIONELLE QUARTIERBEBAUUNG VIEJOS Y CONVENCIONALES TDU DE LOS BARRIOS BAZ / IBC 0.8 - 2.2

verschiedene Kamine.

Diese Epoche hat in einigen Quartieren des heutigen Stadtkerns und den Stadterweiterungen bis etwa 1940 bedeutenden Architekturbestand erzeugt. Wegen ihrer Einheitlichkeit und der architektonisch sauberen Sprache sollten diese Bebauungen als eine Aeusserung der dreissiger und vierziger Jahre integral übernommen und weitergegeben werden.

Funktional charakteristisch starkes Ueberwiegen von Wohnraum. Allerdings ist ein Absinken des Sozialstatus der Bewohner festzustellen. Anstelle der unteren Oberschicht bis Mittelschicht (E5 bis E4)^x, die in sicherere Quartiere im Norden abgewandert sind, werden diese Bebauungen je nach Lage von der Mittel- bis Unterschicht (E4, E3, E2)[1] bewohnt. Teilweise werden notwendige Renovationen nicht mehr ausgeführt oder man lässt sogar Verslumung eintreten, um diese Bebauungen in teurer Geschäftslage durch moderne Stadtkernbebauungen mittlerer bis hoher Ausnutzung ersetzen zu können.
Vereinzelt auch Geschäft und Verwaltung. Die geräumigen, kunstvoll ausstaffierten, stilreinen einstigen Wohnungen der oberen Gesellschaftsschichten werden öfters zu Renommiersitzen der Finanzwelt umfunktioniert.

4.133 Bmm Moderne Stadtkernbebauung mittlerer Ausnutzung

Entstehung: ab ca. 1920 bis 1940, besonders aber ab
                      ca. 1950 bis Gegenwart
BAZ: 0,8 bis 2,2
Geschosszahl: 2 bis 3

Der Typ Bmm ist grösstenteils identisch mit Bhm (Moderne Stadtkernbebauung hoher Ausnutzung), nur ist die Ausnutzung niedriger. Er wurde ebenfalls speziell ausgeschieden, um die Struktur des Stadtkerns (City) deutlicher hervorheben zu können. (Nähere Beschreibung s. Typ Bhm).

---
1) vgl. Strukturelle Gliederung Bogotas

Auch der Typ Bmh (Differenzierte, moderne Quartierbebauung mit
Mehrfamilienblöcken und z.T. Hochhäusern) entspricht in der Physiognomie der Baukuben weitgehend Bmm, nur weisen die Bebauungen weniger Differenzierungen in der Höhe und in der Grundrissgestaltung auf (Nähere Beschreibung s. Typ Bmh).
Aber es fehlen im Stadtkern die im übrigen Stadtgebiet ab 1940
eingeführten Vorgärten mit integriertem Trottoir, und die Hausfassaden verlaufen mit wenigen Ausnahmen parallel zu der Strasse.

Charakteristisch ist der Variantenreichtum in der Dachkonstruktion: sowohl First- wie Traufstellung kommen vor, seltener sind
Flachdächer; häufig finden sich noch Ziegeldächer, seit 1936
aber auch Bedachungen mit Asbestzement.

Funktionell dienen diese Bebauungen noch vermehrt dem Wohnen.
Die Bewohner stammen meist aus der unteren Mittelschicht (E3,
seltener E4)[1]. Immer mehr wird aber auch dieser Wohnraum von
Geschäft und Verwaltung sowie von Kleingewerbe beansprucht. Das
unterste Stockwerk beherbergt fast ausschliesslich Verkaufsgeschäfte.

4.134 Bmh Differenzierte, moderne Quartierbebauung mit Mehrfamilienblöcken und z.T. Hochhäusern[2]

Entstehung: ab ca. 1950 bis Gegenwart
BAZ: 0,8 bis 2,2
Geschosszahl: 2 bis 18

Da das Defizit vor allem an Wohnungen für sozial niedrigere
Schichten unhaltbar geworden ist, werden die Interventionen des
Staates in der Planung von Grossüberbauungen verstärkt. Von 1950
bis 1966 entstehen eine Reihe von Ueberbauungen für die Massen
der unteren Mittelschicht, nachdem bereits früher Miethäuser
für Arbeiter und Angestellte errichtet worden sind (z.B. Centro

---

1) vgl. Strukturelle Gliederung Bogotás
2) ESCALA 1978 (No. 86), S. 12 und Tellez German 1978, S. 122 ff

Bmh DIFFERENZIERTE, MODERNE QUARTIERBEBAUUNG
MIT MEHRFAMILIENBLöCKEN UND Z.T. HOCHHäUSERN
TDU CON CASAS MODERNAS DISIMILES, COMPUESTAS DE BLOQUES
DE VIVIENDAS MULTIFAMILIARES Y EDIFICIOS ALTOS.

BAZ / IBC 0.8-22

Antonio Nariño). Das Institut für Bodenkredite I.C.T.[1] setzt
sich für verbilligten Wohnungsbau ein. Um das Sozialwohnungsdefizit zu bekämpfen, wird in den Jahren 1963 bis 1966 in Rekordzeit die "Ciudad Kennedy" aus dem Boden gestampft, eine Gesamtüberbauung von gigantischen Ausmassen, die auf rund 2,5 Quadratkilometern Fläche über 600 000 Bewohner vereinigt, was diese Bebauung punkto Einwohnerzahl zur fünftgrössten Stadt Kolumbiens stempelt. 1968 bis 1971 folgt das Barrio "Timiza" nach, später andere. Von 1960 bis 1970 erstellt auch die Hypothekarbank B.C.H.[2] Grossüberbauungen für die Mittelklasse.
In den Jahren 1967 bis 1976 werden die Baukredite gehörig erhöht. Das hat zur Folge, dass neben den erwähnten Institutionen auch andere, z.B. die Volkswohnungskasse C.V.P.[3], aber vor allem auch private Konsortien Gesamtüberbauungen verwirklichen. Dabei werden vermehrt auch noch bewohnbare Bebauungen (sehr oft Häuser der einstigen Oberschicht) abgebrochen, um den neuen Strukturen Platz zu schaffen.

In neuster Zeit werden in starkem Masse auch Komplexe gebaut, die sowohl Wohnungen, Büros und Geschäftslokale aufweisen, wobei die verschiedenen Funktionen getrennt auftreten. Das Zeitalter der Multizentren ist auch in Bogotá angebrochen.

Charakteristiken für diese Bebauungen: Auf dem Zeichnungstisch entstandene, schön geometrische Architektur, die nur selten einen angenehmen funktionellen Rahmen zeitigt, zudem den Verlust individuellen Wohnens bringt. Je nach sozialer Schicht, für welche die Bauten bestimmt sind, ist der Kompromiss der Architekten zwischen dem ambiental Wünschenswerten und dem ökonomisch Möglichen mehr oder weniger deutlich sichtbar.
Die differenzierte Bebauung weist sehr grosse Baukörper verschiedener Form, Geschosszahl und Dimension, vermischt mit reinen Hochhäusern, auf. Bereits die fünfziger Jahre zeigen Scheibenhäuser, die in der Front länger sind als hoch.

---

1) = Instituto de Crédito Territorial
2) = Banco Central Hipotecario
3) = Caja de la Vivienda Popular del D.E. (Distrito Especial de
     Bogotá)

Die Dächer, meist wenig geneigte Sattel- oder Pultdächer, heute in vermehrtem Masse auch Flachdächer, sind fast ausnahmslos mit Asbestzement gedeckt, Fenster und Türen rationalistisch aus Metallelementen, die Hausfassaden zeigen Verkleidungen aus Granit- oder anderen Steinplatten, neuerdings wieder vermehrt auch aus Sichtbackstein.

Die Organisation der Bebauungen hat sich gänzlich von den historischen Grundsätzen gelöst. Moderne Prinzipien kommen zur Anwendung. Die Bebauungen weisen speziell ausgeschiedene Schul- und Freizonen, Einkaufs- und Kommunikationszentren auf. Die Gartenstadt (ciudad jardin) mit Nachbarschaftseinheiten ist Wirklichkeit geworden. Der Standort der Bauten hat sich verändert, Quartierfronten, wenn überhaupt noch vorhanden, nehmen einen neuen Verlauf, das System der Lotofikation (Bildung von gleichgrossen Bauparzellen pro Quartier) ist überwunden, der private Intimraum zugunsten des grösseren, geschlossenen, gemeinsam benützbaren Geländes verkleinert, die internen Strassen auf ein Minimum reduziert.
Besonderes Gewicht wird auf das Aussehen der Gesamtüberbauung gelegt.

Die Bewohner dieser Bebauungen gehören sozial meist der unteren Mittelschicht (E3), seltener der Mittelschicht (E4)[1] an. Für Arbeiter, die in Kolumbien äusserst schlecht bezahlt werden, sind die Wohnungen trotz der Bestrebungen der genannten Sozialwohnungsinstitute zu teuer. Charakteristisch ist auch die Trennung der Funktionen. Die Bebauungen bestehen aus reinen Wohnbauten. Geschäfte sind bisweilen isoliert oder in besonderen Trakten zusammengefasst. Gewerbe hat keinen Platz in solchen Bebauungen.

---

1) vgl. Strukturelle Gliederung Bogotás

4.135 Bme Differenzierte Reiheneinfamilienhausbebauung mittlerer Ausnutzung[1]

Entstehung: ab ca. 1920, modernere Bebauungen ab ca. 1940 bis Gegenwart
BAZ: $> 0,8$
Geschosszahl: 2, selten 3

Die differenzierte Reiheneinfamilienhausbebauung ist und bleibt wahrscheinlich noch längere Zeit einer der vorherrschenden Bebauungstypen Bogotás. In Anlehnung an die historischen Prinzipien (quadratischer Grundraster der Kolonialarchitektur z.T. modifiziert, Lotifikation als Parzellierungsart) werden vor allem in der Zeit der grossen Invasionsschübe ganze Quartiere aus dem Boden gestampft. Die wenig geschulten Baumeister, ehemalige Handwerker, übernehmen die Organisation und die formalen, konstruktiven und dekorativen Elemente der Architekturelite und wandeln diese aus Unvermögen oder durch Vermischung mit überlieferten ländlichen Bautechniken oft bis zur Unkenntlichkeit ab. Auch die formale Anlehnung an gerade gültige Tendenzen oder das Fehlen jeglicher stilistischer Sicherheit[2], führen oft zu Stilexzessen. Sehr oft werden dagegen wichtige Einzelheiten vernachlässigt, Konstruktionen schlecht ausgeführt durch Verwendung mangelhafter Materialien, so dass solche Bauten schnell einen verwahrlosten Eindruck erwecken.

1942 wird das Institut für Bodenkredite I.C.T.[3] gegründet, um sich den Wohnbauproblemen anzunehmen. Die für Bogotá erstmaligen Versuche, mit der traditionellen Lotifikation zu brechen, grosse gemeinsame Freiflächen zu schaffen und den Motorfahrzeugverkehr im Innern der neuen Nachbarschaftseinheiten auf ein Minimum zu beschränken, die Konstruktionsmethoden zu rationali-

---

1) ESCALA 1978 (No. 86), S. 30 f und Aspectos de la Arquitectura 1977, Bilder S. 129 Abb. 9 u. S. 133 Abb. 6,9,10 u. S. 150 Abb. 7

2) ersichtlich aus der Uebertreibung kleiner Details aus Protzsucht zum Heben des Sozialstatus der Bauten und ihrer Bewohner

3) = Instituto de Crédito Territorial

NORDREGION BOGOTAS | SÜDREGION BOGOTAS

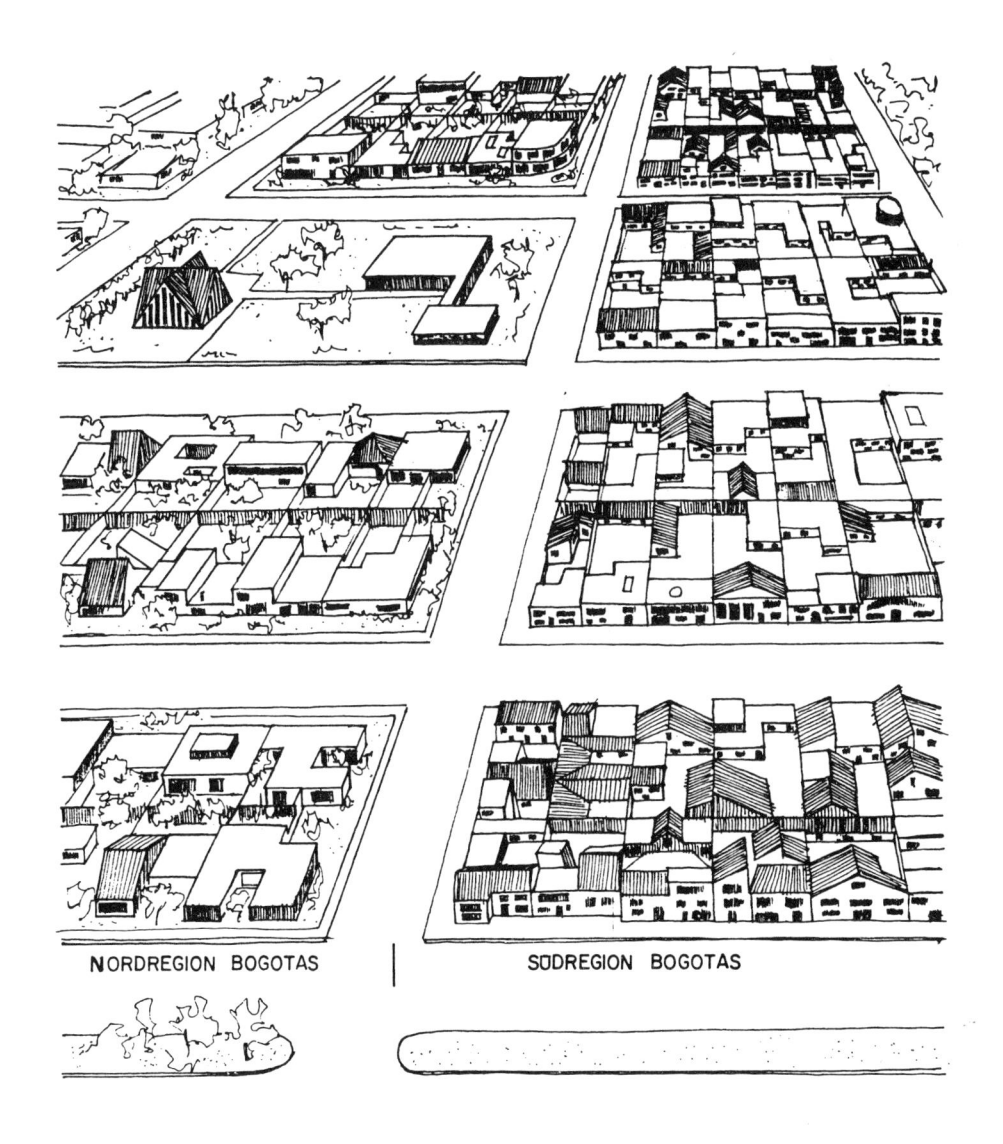

Bne	DIFFERENZIERTE REIHENEINFAMILIENHAUSBEBAUUNG NA TDU CON CASAS UNIFAMILIARES DISIMILES, EN FILAS, DE BA BAZ/IBC <0.8	Bme	DIFFERENZIERTE REIHENEINFAMILIENHAUSBEBAUUNG MA TDU CON CASAS UNIFAMILIARES DISIMILES, EN FILAS DE MA BAZ/IBC >0.8

sieren, ganze Quartiere mit vorfabrizierten, billigen Modellhäusern zu erstellen, erleiden Schiffbruch, weil die locker gegliederten Reiheneinfamilienhausbebauungen von ihren Bewohnern bis zur Unkenntlichkeit abgewandelt und erweitert werden (z.B. 1. Etappe des Barrios "Quiroga" und Barrio "Muzú").
Resultat: Zerstörung der gemeinsamen Freiflächen durch Ueberbauung und Rückkehr zum orthodoxen Strassennetz und zur Lotifikation.
Andere Versuche, grosse Freiflächen zu erhalten und der Gesamtheit der Quartiersbewohner zur Verfügung zu stellen (wie z.B. im Barrio "Los Alcázares"), haben mehr Glück, vor allem, weil das traditionelle System der Lotifikation beibehalten wird und weil die Bewohner der sozialen Mittelschicht angehören. Auch in Riesenbebauungen wie z.B. der "Ciudad Kennedy" wird in grossem Masse dieser Bebauungstyp verwendet.
Aber auch namhafte Architekten, unterstützt durch die Hypothekarbank B.C.H.[1] und private Konsortien, ergänzen den Baubestand dieses Typs mit sorgfältig durchdachten, architektonisch sauberen Bebauungen (z.B. Reiheneinfamilienhäuser im Barrio "El Polo", erbaut zwischen 1952 bis 1955, und viele jüngere Beispiele.

So breitet sich denn der hier beschriebene Bebauungstyp und vor allem auch der Typ Bne (Differenzierte Reiheneinfamilienhausbebauung niederer Ausnutzung) als Anti-Stadt über die Savanne aus gemäss der Devise: jedem Bogotaner sein eigenes Haus mit Gärtchen.

Charakteristiken: Zusammengebaute, in der Regel 2-, selten 3-geschossige Ein- bis Zweifamilienhäuser mit von hohen Abschrankungsmauern umgebenem Garten (oft sehr klein) auf der Rückseite. Aussehen und Gebäudezustand äusserst unterschiedlich, stark abhängig vom Sozialstatus der Bewohner, von der Art des Barrios (z.B. Barrio mit Minimalnormen[2]) und von seinem Alter, von der

---

1) Banco Central Hipotecario
2) barrios con normas mínimas = Barrios, in denen das einzelne Grundstück billiger abgegeben werden kann, weil z.B. nur Elektrizität und Wasser vorhanden ist, während beispielsweise die Abwasserbeseitigung, die Strassenbeläge, die Trottoirs etc. selber von den Bewohnern organisiert und ausgeführt werden müssen.

Lage innerhalb der Stadt, von der Art der Landnahme (gesetzlich
sanktionierte Barrios oder Piratsiedlungen[1]) und von der Art
und Weise der Bauausführung (durch Sozialinstitut, Finanzkonsortium, Architekt, Handwerkerbaumeister oder gar nach und nach
von den Hausbesitzern selbst erstellt).
Zudem wird in Sektoren, wo das Land billiger ist und wo sich vor
allem niedrige soziale Schichten ansiedeln, die gesetzlich zugelassene Ausnutzung oft überschritten (Bauen hinter "geschlossener Tür"), was ebenfalls schlussendlich das äussere Erscheinungsbild stark verändern und prägen kann. Der 1940 bis 1950 eingeführte meist nicht eingezäunte Vorgarten mit integriertem Trottoir ist heute bei allen offiziell bewilligten Bauten die Regel, was den jüngeren Bebauungen das Aussehen einer Gartenstadt
verleiht.

Funktional ist in den älteren Bebauungen typisch die Mischung
von Wohnen mit Kleingewerbe und zentralen Diensten, wie sie beispielsweise in den Altstadtbebauungen europäischer Städte vorhanden ist. In den neueren Bebauungen sind die Funktionen deutlich getrennt. Die Bauten sind meist reine Wohnbauten, während
die Geschäfte in der Regel isoliert in besonderen Trakten in
Form von meist einstöckigen Einkaufszentren zusammengefasst
sind.

Die soziale Struktur dieser Bebauungen schwankt zwischen E2 bis
E5, äusserst selten E6 (Unterschicht bis Oberschicht)[2].
Die soziale Schicht ist jedoch innerhalb des gleichen Quartiers
recht homogen.

---

[1]   barrios clandestinos = Barrios, die ohne Baubewilligung erstellt werden und die erst nachträglich unter moralischem Druck von den Baubehörden sanktioniert werden und wo die Infrastruktur erst nach und nach den geltenden Vorschriften angepasst wird. Noch heute werden ca. 60% des jährlich erstellten Bauvolumens in Piratsiedlungen verbaut.

[2]   vgl. Strukturelle Gliederung Bogotás

4.136 Bmg Einheitliche Gesamtüberbauung mittlerer Ausnutzung
(meist Einfamilienhäuser)

Entstehung: ab ca. 1957 bis Gegenwart
BAZ: $> 0,8$
Geschosszahl: 2, selten mehr

Die Politik der Hypothekarbank B.C.H.[1], für ihre sozialen Grossprojekte gute Architekten zu verpflichten, die neuste technische Methoden zu meistern verstehen und ein sicheres Stilgefühl besitzen, zeitigt erstaunliche Resultate: Eine Reihe von Wohneinheiten (conjuntos de viviendas) entstehen, deren entschieden einfache Fassaden und klare Organisation der Innenräume den Durchschnitt der architektonischen Produktion in Bogotá weit übertreffen. So entstehen in den Jahren 1957/59 erste Teile des Barrios "El Polo"[2]. Auch die Gesamtüberbauungen, die von der B.C.H.[x] zwischen 1960 und 1970 für die soziale Mittelschicht erstellt werden, weisen ein beachtenswertes Qualitätsniveau auf. Das Barrio "Urbanización Campania"[2] beispielsweise, wenn auch mit traditionellen Methoden gebaut, erhält wegen der zweckmässigen Verteilung des gemeinsam benützbaren Freiraums internationale Anerkennung. Das Institut für Bodenkredite I.C.T.[3] arbeitet in den sechziger Jahren mit gleichen Zielvorstellungen. Einige Bebauungen der "Ciudad Kennedy", die zwischen 1963 und 1966 entstehen, sind als Wohneinheiten bzw. einheitliche Gesamtüberbauungen konzipiert. 1966 folgt die 2. Etappe des Barrios "Quiroga"[2], später Bebauungen an der Carrera 10 [2], der Calle 26 [2], die "Urbanización Córdoba"[2], das Barrio "Timiza"[2] u.a.m. Heute sind die Beispiele von einheitlichen Gesamtüberbauungen, welche auch von privaten Baukonsortien erstellt werden, kaum noch zu zählen. Der Bebauungstyp Bmg, im besonderen aber der Typ Bng (Einheitliche Gesamtüberbauung niederer Ausnutzung) breitet sich in jüngster Zeit über enorme Flächen aus. Er ist in Bogotá zu einer der verbreitendsten neuen architektonischen Ausdrucksform geworden und dürfte wegen der anhaltenden grossen

---

1) Banco Central Hipotecario
2) **Tellez German 1978**, S. 94, 102, 118, 150, 154, 159, 160
3) Instituto de Crédito Territorial

	EINHEITLICHE GESAMTüBERBAUUNG NA		EINHEITLICHE GESAMTüBERBAUUNG MA
B ng	TDU DE PLANIFICACION COMPLETA Y UNIFORME DE BA	**B mg**	(MEIST EINFAMILIENHäUSER) TDU DE PLANIFICACION COMPLETA Y UNIFORME DE MA
	BAZ/IBC < 0.8		BAZ/IBC > 0.8

Nachfrage nach Einfamilienhäusern und dank der wie Pilze aus dem
Boden schiessenden Baufinanzierungsinstitute (Bausparpläne mit
Lotterie Gewinnchance etc.) weiterhin verbreitet werden.

Charakteristiken: Ueberbauung grösserer Flächen[1] durch soziale
Institute wie Hypothekarbank B.C.H.[2], Institut für Bodenkredite I.C.T.[2], Volkswohnungskasse C.V.P.[2] und private Finanzkonsortien, bei denen eine einheitliche architektonische Ueberbauungskonzeption erkennbar ist, meist basierend auf der Repetition
des gleichen Typs oder weniger Varianten von Haustypen.
Einerseits wird bei solchen Bebauungen auf reine Lotifikation
(Parzellierung nach überliefertem Muster) zugunsten des gemeinsam benutzbaren Freigeländes verzichtet, der private Intimraum
zugunsten des grösseren geschlossenen Intimraums der Siedlung in
Form von Nachbarschaftseinheiten (periphere Anordnung der Wohnungen mit zentralem, kollektivem Freiraum) reduziert und die Siedlungsinternen Strassen auf ein Minimum beschränkt; andrerseits
werden weiterhin die traditionellen historischen Prinzipien verwendet (quadratischer Grundraster der Kolonialarchitektur meist
modifiziert, Lotifikation, geschlossene Fassaden- oder Mauerfront gegen die Strasse zu, mit hoher Abgrenzungsmauer versehener
kleiner Garten auf der Rückseite; fast durchwegs neu ist der kleine, meist uneingezäunte Vorgarten mit integriertem Trottoir).

Die Funktionen sind streng getrennt. Die Bebauungen bestehen
meist aus reinen Wohnbauten und isolierten, in niederen Trakten
zusammengefassten Geschäften.

Wie bei den Typen Bme und Bne schwankt die soziale Struktur dieser Bebauungen zwischen E2 bis E5, selten E6 (Unterschicht bis
Oberschicht)[3]. Die soziale Schicht ist jedoch innerhalb der
gleichen Bebauung meist homogen.

---

1) = mindestens einige Häuserviertel (Manzanas), meist aber
   grössere Teile von Quartieren (Barrios) oder gar verschiedene Quartiere gemeinsam
2) Banco Central Hipotecario, Instituto de Crédito Territorial,
   Caja de la Vivienda Popular
3) vgl. Strukturelle Gliederung Bogotás

4.137 Bmi Industrie- oder Institutionsbebauung[1] mittlerer Ausnutzung

Entstehung: ab ca. 1930 bis Gegenwart
BAZ: > 0,8
Geschosszahl: irrelevant

Feinere Formalkategorien bei der Industrie- und Institutionsbebauung zu unterscheiden, erübrigt sich aus praktischen Gründen, da diese Bebauungen keinen Wohnraum enthalten und in Bogotá meist in grösseren, von den übrigen Siedlungsgebieten deutlich getrennten Arealen untergebracht sind.
Sie sind deshalb nicht formal, sondern als ganze Komplexe von Bedeutung und werden als solche besonders ausgeschieden unter Berücksichtigung mittlerer und niederer Ausnutzung.

Bogotá als Zentrum des tertiären Sektors und Hauptstadt Kolumbiens, hat die Masse seiner Industriebetriebe erst in jüngerer Zeit angezogen. Eine eigentliche Industrialisierung wurde im 19. Jhd. durch mehrere, z.T. bis heute nachwirkende Faktoren verhindert (vgl. Funktionale Gliederung Bogotás).
Moderne Wachstumsindustrien sind besonders stark vertreten: Elektroindustrie, Fahrzeugbau, Chemie und Metallverarbeitung. Noch im Jahre 1972 hatten erst zwei Betriebe über 1000 Beschäftigte, über die Hälfte aller Betriebe dagegen weniger als 20, was noch einen sehr starken Einfluss handwerklicher Strukturen bedeutet [2].

Diese Tatsache wirkt sich auf das formale Erscheinungsbild insofern aus, dass viele Industriebebauungen sich durch Erweiterung von Kleinsteinheiten) zu grösseren Fabrikationskomplexen entwickelt haben und deshalb aus einer verwirrenden Anzahl von ineinander verschachtelten Baukuben bestehen. Erst die jüngsten Bebauungen zeigen moderne Fabrikationshallen, die aneinandergereiht ganze Viertel oder gar Quartiere bedecken.

---
1) = grössere Areale mit einer Ansammlung von städtischen und staatlichen Bauten wie Universitätsareale, Militärareale etc. (vgl. Funktionale Gliederung Bogotás)
2) Brücher Wolfgang 1976, S. 134 ff

	INDUSTRIE-(ODER INSTITUTIONSBEBAUUNG) MA	
B m I	TDU CON INDUSTRIAS (O INSTITUCIONES) DE MA	
		BAZ/IBC >0.8
B n I	INDUSTRIE-(ODER INSTITUTIONSBEBAUUNG) NA	
	TDU CON INDUSTRIAS (O INSTITUCIONES) DE BA	
		BAZ/IBC <0.8

Die Institutionsbebauung entspricht Formalkategorien, wie sie
unter den Bebauungstypen der mittleren (und niederen) Ausnutzung beschrieben sind.

4.14 Bn Bebauung niederer Ausnutzung
BAZ: < 0,8

4.141 Bnv Aeltere Villenbebauung (Häuser einzelstehend)
Entstehung: ab ca. 1930 bis ca. 1950
BAZ: 0,04 bis 0,8
Geschosszahl: 1 bis $3\frac{1}{2}$

Die Silhouette des Zentrums Bogotás wird heute von Hochhäusern
und Wolkenkratzern bestimmt, die etwa ab 1920 die bisherigen
Bauten ablösten.
Schon vorher beginnt die Abwanderung der führenden Gesellschaftsschichten aus den ehemals bevorzugten Wohngebieten um die "plaza" der Altstadt in Richtung Norden. In den Jahren 1930 bis
1950 entstehen Villen der Oberschicht in den Barrios "Teusaquillo", "La Magdalena", "La Merced" u.a., die aber von anderen
Bebauungen wegen der Nähe der City verdrängt werden.
Zwischen 1950 und 1960 entsteht noch weiter im Norden entlang
der bereits eingeleiteten Verschiebungsachse der Oberschicht
das neue Villenquartier El Chicó[1]. Da diese Bebauungen unter
strengerer Berücksichtigung der überlieferten Lotifikation entstehen (Grund ist das enorme Ansteigen der Grundstückspreise),
d.h. eine geschlossene Strassenfront bilden, fallen sie unter
den Bebauungstyp Bne (Differenzierte Reiheneinfamilienhausbebauung niederer Ausnutzung), auch wenn sie in der Grösse und Innenausstattung etwa Villen in europäischen Städten in Nichts nachstehen.

Heute haben sich nur zwischen diesen beiden beschriebenen Quartieren einige Reste von älteren Villenbebauungen erhalten, etwa

---

[1] Bähr Jürgen 1976, S. 128 - 132

in den Barrios "La Cabrera" und "El Nogal", in denen sich meist
ausländische Botschaftsvertretungen eingerichtet haben.
Einzelne Relikte, wie sie im Gebiet der Stadterweiterung bis
1910[1] heute noch auftreten (etwa entlang der Avenida Caracas)
oder auch im Gebiet der Stadterweiterung bis 1938[1] (etwa entlang der Carrera 7 u.a.), werden in dieser Studie nicht erfasst,
da diese nur Bebauungen in Mindestgrösse etwa eines halben Häuserviertels (Manzana) aufzeichnet.

Als charakteristisch gilt, dass diese Bauten mit keinem Nachbargebäude zusammenstossen und meist inmitten eines mehr oder weniger grossen Umschwungs stehen, der oft mit grossen Bäumen bepflanzt und von einer hohen Einfriedung umgeben ist.
Stilistisch herrscht grosse Vielfalt. Aus der Zeit des Bogotaner
Neuklassizismus' Anfangs des 20. Jhd. sind nur noch Einzelgebäude vorhanden, die hier nicht in Betracht fallen. Die kleinen
Restbebauungen entstammen den dreissiger Jahren, wo die Uebernahme des englischen "Tudor-Stils" neugotische Formen mit steilen, oft kreuzförmig gestellten Giebeln gebracht hat.[2] Die Fassaden bestehen vielfach aus dunkelrotem Sichtbackstein mit einzelnen Flächen in weissem oder farbigem Verputz, auch Riegelwerk, von Efeu und anderen Kletterpflanzen umrankt.
Auch der "estilo francés", der von Frankreich beeinflusste neubarockisierende Typen mit Mansardendächern und verglasten Veranden erzeugt hat, ist noch anzutreffen.
In den fünfziger Jahren ist ferner ein anderes Phänomen erwähnenswert. Der Schweizer Architekt Victor Schmid[3] erstellt

---

1) vgl. Karte "Flächenwachstum Bogotás im Laufe der Geschichte"
   mit Angabe der Stadterweiterungen von 1538 bis 1975

2) Als Beispiele solcher Bebauungen können die Barrios "La Merced" und "La Macarena" genannt werden. Weil sie sich heute
   am Rande der City befinden und die Häuser zusammengebaut sind,
   werden sie aber unter dem Typ Bmk bzw. Bmq erfasst, auch
   wenn diese Bebauungen als herrschaftliche Sitze (Villen) im
   politisch engeren oder auch bürgerlich weiten Sinne in Erscheinung treten und früher ausgesprochen einer hohen sozialen Schicht angehörten. Es würde den Rahmen dieser Studie
   sprengen, auch noch die innere Struktur der Bauten in den
   Katalog der formalen Unterscheidungsmerkmale aufzunehmen.
   Diese innere Struktur der Gebäude ist aber z.T. in der Karte
   der strukturellen Gliederung (Sozio-Oekonomische Struktur)
   Bogotás erfasst.

3) Tellez German 1978, S. 99

eine Reihe von Villen (und Landhäusern), die mit älterer Villenbebauung formal gleichgestellt werden könnten. In seiner stilistisch historisierenden Architektur mischt er schweizerische, italienische, deutsche und französische Stilelemente mit technischen und ästhetischen Ueberlieferungen der Kolonialarchitektur. Diese Bauten sind aber ebenfalls nur als Einzelexemplare übriggeblieben.

Schmids Feingefühl für eine ausgewogene Raumaufteilung und die Beherrschung der gesamten in seiner Architektur verwendeten historischen Baustile, haben in den siebziger Jahren eine Vielzahl von kolumbianischen Nachahmern ermutigt, ganze Barrios in diesem Stil zu erstellen. Der Erfolg dieser Architektur wird heute offensichtlich durch die enorme Verbreitung und grosse Beliebtheit vor allem bei der oberen Mittelschicht (E4) und unteren Oberschicht (E5) (z.B. Barrio "Calatrava").[1]

4.142 Bnm Moderne Villenbebauung (Häuser einzelstehend)

Entstehung: ab ca. 1960 bis Gegenwart
BAZ: 0,02 bis 0,6
Geschosszahl: 1 bis 2

Wie bereits unter Bnv (Aeltere Villenbebauung) beschrieben, lässt sich in Bogotá eine Verschiebung der Oberschichtsviertel vom Zentrum der Altstadt gegen Norden zu feststellen[2]. Als eigentliche Oberschichtquartiere gelten heute immer noch die Barrios des "Chicó"[3], die in den Jahren 1950 bis 1960 entstanden sind und noch heute fast ausschliesslich von der Oberschicht (E6) bewohnt werden. Von eigentlicher älterer oder moderner Villenbebauung kann aber nicht gesprochen werden, obschon viele ältere Bauten bereits wieder durch modernere ersetzt worden sind, weil kaum ganze Häuserviertel (Manzanas) mit lauter Villen be-

---

1) vgl. Typ Bng (Einheitl. Gesamtüberbauung niederer Ausnutzung)
2) Bähr Jürgen 1976, S. 128 - 132
3) begrenzt durch Autopista de los Libertadores und Carrera 7 im W und E u. der Av.100 u. der Calle 88 im N u. S.

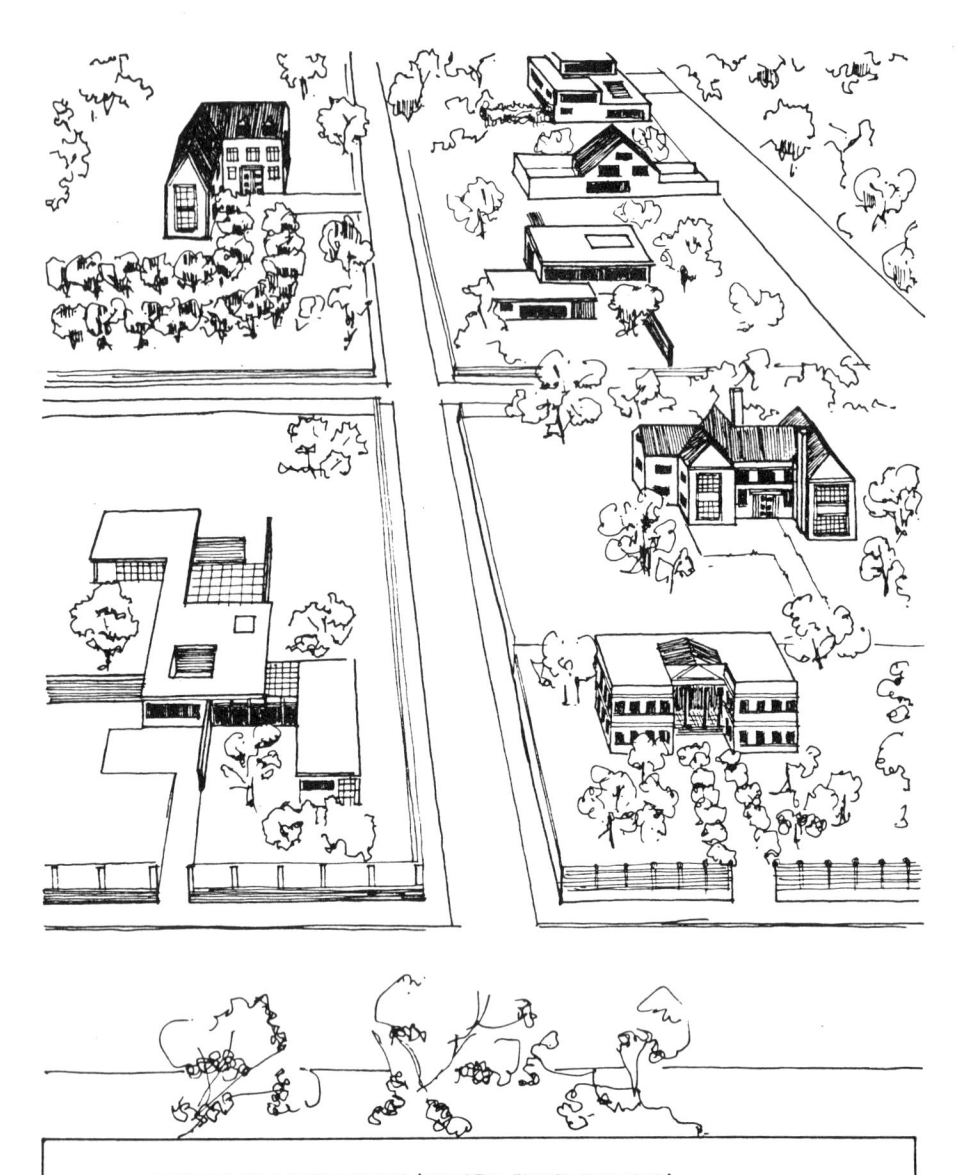

B nv	AELTERE VILLENBEBAUUNG (HäUSER EINZELSTEHEND) TDU CON VIEJAS VILLAS (CASAS AISLADAS)	
		BAZ/IBC 0.04 - 0.8
B nm	MODERNE VILLENBEBAUUNG (HäUSER EINZELSTEHEND) TDU CON VILLAS MODERNAS (CASAS AISLADAS)	
		BAZ/IBC 0.02 - 0.6

baut vorkommen und demnach nicht als Villenbebauungen bezeichnet werden können[x]. Zudem werden diese Quartiere immer mehr mit Hochhäusern überbaut, in denen mit allermodernstem Luxus eingerichtete Appartementwohnungen zu horrenden Preisen angeboten werden. Die Käufer sind vor allem ältere Angehörige der Besitzenden Klasse, deren Villen von den Nachkommen bewohnt werden[2] oder verkauft wurden, weil sie für einen Kleinhaushalt zu gross und arbeitsaufwendig geworden waren. Immer mehr werden diese Wohnungen aber von Neureichen aufgekauft (u.a. Drogen- und Smaragdhändler)[3], die optimal bewachte, einbruchsichere Appartemente z.B. im 10. Stockwerk den relativ unsicheren und arbeitsaufwendigen ebenerdigen Villen vorziehen.[4]
Der Trend nach teuren Appartementwohnungen der Oberschicht hat bereits zu Exzessen geführt, indem in das ökologisch wertvolle östliche Randgebirge, das die Savanne begrenzt, hineingebaut wird, sehr oft auf steilen Felsabhängen, was unschöne sehr hohe Stützmauern und -pfeiler bedingt.

Die Verschiebung der Oberschichtquartiere in Richtung Norden hat sich in den letzten Jahren noch verstärkt. Bevorzugt wird seit etwa 1960 von der unteren Oberschicht (E5) das Barrio "Santa Bárbara" in Nähe des Multizentrums "Unicentro", von der Oberschicht (E6) aber eher die Barrios "Santa Ana Oriental" und "Las Delicias del Carmen", die, in den Ausläufern des oben beschriebenen Randgebirges gelegen, eine wunderschöne Aussicht über die Stadt erschliessen und nur von einer Seite, selbstverständlich bewacht, zugänglich sind.

---

1) Ausnahme: südl. "Chicó Alto" und nördl. "La Cabrera"
2) Teilweise haben die Erben der alten Villen z.B. im Barrio "Chicó" den ehemals grossen Umschwung mit modernen Einfamilienhäusern überbaut (pro Kind ein Haus - die Kolumbianer Familien sind noch heute sehr kinderreich), so dass sich heute diese Quartiere fast nur noch in Ausführung und Ausstattung, zugehörigen Schwimmbädern und dergleichen von Bne (Differenzierte Reiheneinfamilienhausbebauung niederer Ausnutzung) unterscheiden und deshalb in dieser Studie dem Typ Bne zugerechnet werden.
3) bezahlte Preise Dezember 1979: 15 000 000 Col $ (625 000 SFr.)
4) In Bogotá ist es an der Tagesordnung, dass organisierte Banden ganze Häuser ausräumen.
Neuerdings macht sich auch in Bogotá der Personalmangel bemerkbar.

Weitere moderne Villenbebauungen der unteren Oberschicht (E5)
häufen sich ferner nördlich des immensen Sportgeländes des
Country Clubs etwa in den Barrios "Los Cedros" und "El Cedro
Bolívar". Neusten Datums sind die Villenbebauungen auf den beiden nordöstlich und südöstlich von Suba gelegenen Hügeln, wo
einzelne Villen Parzellen bis zu 180 000 Quadratmetern belegen.

Charakteristisch ist durchwegs der relativ grosse Umschwung
und die darin frei stehenden Villen.
Die Bebauungen sind von der Architektenelite erstellt, die beständig nach Lösungen mit besserer technischer und formaler
Qualität sucht.
So unterscheiden sich die modernen Bogotaner Villenbebauungen
kaum von Bebauungen der Oberschicht etwa in Europa.

4.143 Bne Differenzierte Reiheneinfamilienhausbebauung niederer Ausnutzung

Entstehung: ab ca. 1950 bis Gegenwart
BAZ: $< 0,8$
Geschosszahl: 1 bis 1½, selten 2

Der Bebauungstyp Bne entspricht praktisch Bme, nur dass die
Bruttoausnützung niedriger und die Bebauungen meist jüngeren
Datums sind.
In der Zeit der gewalttätigen Auseinandersetzungen zwischen Liberalen und Konservativen emigrieren massenweise Campesinos
(Landbewohner) nach Bogotá. Von 1950 bis 1958 wächst die Stadt
von 550 000 auf 900 000 Einwohner an. Die soziale Segregation
verstärkt sich. Die oberen sozialen Schichten weichen nach Norden und in die Hügel des Nordostens und Nordwestens aus, wo differenzierte Reiheneinfamilienhausbebauungen entstehen, die punkto Ausführung, Ausstattung und zugehörigen Attributen wie

Schwimmbäder und dergleichen eher als moderne Villenbebauungen bezeichnet werden müssten[1].

Die unteren sozialen Schichten nehmen die Savanne im Süden und Westen in Besitz und bauen auch in die südöstlichen Hügelausläufer hinein. In jüngster Zeit siedeln sich aber auch am nördlichen Stadtrand Unterschichten an.
Der Prozess der sozialen Segregation wird durch die Planungsmassnahmen der Behörden weiter gefördert, indem im Westen und Süden und im äussersten Norden Bewilligungen für Ueberbauungen in Barrios mit Minimalnormen (barrios con normas mínimas)[2] erteilt werden, während im Norden die zur Ueberbauung vorgesehenen Gebiete mit modernster Infrastruktur ausgerüstet sind, bevor die einzelnen Lote teuer zum Verkauf angeboten werden.

Die qualitativen und ambientalen Unterschiede sind infolgedessen innerhalb des gleichen Bebauungstyps äusserst gross. Es ist deshalb unumgänglich, die Information der Karte der formalen mit derjenigen der strukturellen Gliederung zu ergänzen, um die komplexe formale Situation Bogotás erfassen zu können.

Charakteristiken und soziale Struktur sind unter Typ Bme beschrieben. (Nur handelt es sich bei Bne in der Regel um 1- bis höchstens 2-geschossige Einfamilienhäuser.)

4.144 Bng Einheitliche Gesamtüberbauung niederer Ausnutzung

Entstehung:.   ab ca. 1950 bis Gegenwart
BAZ: $< 0,8$
Geschosszahl: 1 bis 1½, selten 2

---

[1] Die hier angewandte Arbeitsmethode, eine Mehrmillionenstadt in ihren formalen Aspekten in den Griff zu bekommen, muss zwangsläufig einen relativ groben Unterscheidungsraster aufweisen, der feinere Unterscheidungen nicht mehr erfassen kann, vor allem auch der angestrebten Uebersichtlichkeit wegen. Im übrigen fallen beispielsweise Villenbebauungen im Gesamtbild der Stadt wenig ins Gewicht.
[2] vgl. Anmerkung 2) S. 66

Der Bebauungstyp Bng entspricht praktisch Bmg (Einheitliche Gesamtüberbauung mittlerer Ausnutzung), nur dass die Bruttoausnutzung niedriger und die Bebauungen meist jüngeren Datums sind.

Wie bereits unter Bne (Differenzierte Reiheneinfamilienhausbebauung niederer Ausnutzung) beschrieben, werden verschiedene Sozialgruppen auch in unterschiedlichen Bebauungen, die oft auch geographisch deutlich voneinander getrennt sind, angesiedelt, so dass sich die ausgedehnten, extrem gleichförmigen und deshalb monotonen Wohnsiedlungen der unteren Schichten von Siedlungen der oberen Mittelschicht (E4) und unteren Oberschicht (E5) in Grösse, komfortabler Ausstattung und architektonischer Sprache deutlich abheben.

Es soll hier nochmals betont werden, dass die grossen baulichen Unterschiede innerhalb des gleichen Bebauungstyps nur erfasst werden können, wenn die Information der Karte der formalen Struktur mit derjenigen der sozio-ökonomischen verglichen wird.

4.145 Bni Industrie- oder Institutionsbebauung[1] niederer Ausnutzung

Entstehung: ab ca. 1930 (meist viel jünger) bis Gegenwart
BAZ: $< 0,8$
Geschosszahl: irrelevant

Die Bemerkungen über die Industrie- und Institutionsbebauung mittlerer Ausnutzung (Bmi) treffen auch für Bni zu, nur dass die Bruttoausnutzung niedriger und die Bebauungen meist jüngeren Datums sind.
Auffallend viele jüngere Industriebebauungen entstehen inmitten grosser gartenähnlich bepflanzter Grundstücke (industria jardín), vor allem entlang der Autopista Eldorado, die zum Flughafen führt und entlang der nach Westen führenden Eisenbahnlinie (Ferrocarril de Occidente)[2].

---

1) vgl. Anmerkung 1) S. 71
2) vgl. Karte der strukturellen Gliederung Bogotás

4.146 Bns Invasions- bzw. evolutionierte Slums[1]

Entstehung: ab ca. 1950 bis Gegenwart
BAZ: < 0,8
Geschosszahl: 1 bis 3

Die Auseinandersetzungen zwischen Liberalen und Konservativen in den Jahren 1950 bis 1958 nehmen bürgerkriegsähnliche Ausmasse an. Die relative Sicherheit in der Anonymität der Grossstadt und die Konzentration von Reichtum locken massenweise Campesinos (Landbewohner) nach Bogotá. Während sich die Dörfer beständig entvölkern, wächst die Hauptstadt unaufhaltsam an. Gegenwärtig ziehen jährlich etwa 170 000 Campesinos nach Bogotá und 80 000 Personen werden in der Stadt geboren. Alle 4 Jahre steigt die Einwohnerzahl Bogotás um 1 Million an. Dieses explosionsartige Anwachsen stellt die Stadtverwaltung vor kaum lösbare Probleme. Die völlig überforderten Baubehörden stehen den überall auftauchenden Piratsiedlungen (barrios clandestinos[2]) machtlos gegenüber.[3] Nach und nach werden solche Bebauungen meist legalisiert und regularisiert, d.h. sie werden baubehördlich anerkannt und erhalten eine minimale Infrastruktur. Bebauungen, die nicht nachträglich anerkannt werden können, weil sie gegen die neuen städtischen Bauvorschriften verstossen (Nuevas Normas de Urbanismo para Bogotá D.E., 1967 - 1969), sind in der Minderzahl. Sie ste-

---

1) ESCALA 1978 (No. 86), S. 7b, 10b, 11, 14b und Aspectos de la Arquitectura 1977, S. 167 Abb. 6

2) = Siedlungen, die ohne baubehördliche Genehmigung erstellt wurden, in denen die Bauparzellen aber rechtmässig erstanden worden sind.

3) Noch 1977 wurden etwa 60% der neu erstellten Häuser in Piratsiedlungen gebaut. Durch Baulandvermittler schamlos ausgenützt, kaufen kleine Gruppen von ahnungslosen Campesinos oft mit ihrem letzten Geld eine Landparzelle am Stadtrand auf Boden, der entweder als Landwirtschaftszone oder Baureservezone ausgeschieden ist. Da auf solchen Parzellen keine Baubewilligung erteilt werden kann, greifen sie zur Selbsthilfe, teilen den Boden unter sich auf und erstellen über Nacht ihre Hütten, die sie beständig weiter ausbauen. (In einem Raum von etwa 6 x 4 Metern leben öfters 8 - 10 Personen.) Sobald die Behörden auf die neu erstandene Piratsiedlung aufmerksam werden, ist es meist zu spät, die Siedler von ihrem gekauften Boden zu vertreiben.

Bns INVASIONS-- BZW. EVOLUTIONIERTE SLUMS
TUGURIOS EN TERRENOS DE INVASION O BIEN
TUGURIOS EVOLUCIONADOS

BAZ/IBC < 0.8

hen meist in Bauverbots- oder überschwemmungsgefährdeten Zonen oder in Gebieten, die starker Erosion ausgesetzt sind.

Neben den beschriebenen Piratsiedlungen weist Bogotá auch Invasionssiedlungen[1] auf, d.h. Siedlungen, die ihren provisorischen, dürftigen Charakter dauernd beibehalten und die am besten etwa mit den "bidonvilles" in Paris, den venezolanischen "ranchos" oder den chilenischen "callampas" verglichen werden können. Es sind wilde Ansiedlungen der untersten sozialen Schicht (E6), aus behelfsmässigen Hütten mit primitivsten Mitteln aus Kartons, Eternit- und Plastikabfällen, Holz und Blech errichtet, die keine Regelhaftigkeit erkennen lassen. Ihre Bewohner sind völlig rechtlos und müssen oft von einem Tag auf den andern ausziehen, um neuen Bebauungen Platz zu machen.
Die Invasionssiedlungen spielen aber mit ca. 0,01%[2] innerhalb der Bogotaner Bebauungen eine äusserst geringe Rolle. Sie wurden deshalb in dieser Studie nicht besonders ausgeschieden, sondern im hier beschriebenen Typ Bns ausgewiesen.

Charakteristiken: Tugurios (Slums), in "ökologischen Nischen"[3] innerhalb, besonders aber am Rande Bogotás in engen, gewundenen Tälchen, auf steilen erosionsgefährdeten Abhängen, entlang der Eisenbahnlinie im Industriesektor, aber auch in Barrios mit kleinster, offiziell genehmigter Grundstückeinteilung (Lotifikation) oder in Baureservezonen errichtet. Die Bauten bestehen anfänglich oft aus Abfallprodukten und werden erst später, entsprechend den vorhandenen Mitteln, mit dauerhaften Materialien verbessert. Die Methode der etappenweisen Eigenkonstruktion verwandelt diese Bebauungen in ein unfertiges, in ständiger Evolution begriffenes Gebilde, in dem chaotische Zustände herrschen: Blechhütten stehen neben 1- bis 3-stöckigen Gebäuden aus festem

---

1) Invasiones = Siedlungen, die über Nacht entstehen und auf städtischem Boden liegen (also keinen Privatbesitz darstellen) und für deren Hütten keine Baubewilligung vorliegt. Da der öffentliche Boden in Bogotá relativ kleine Ausmasse hat (verglichen etwa mit Medellín), ist das Entstehen von solchen Invasionssiedlungen stark eingeschränkt.
2) Schätzung von Santiago Recaman, Architekt am IDU, Instituto de Desarrollo Urbano de Bogotá
3) Sandner G. 1971, S. 317

Baustoff und teils sogar mit fortschrittlichen Techniken errichtet, mit gestrichenen Mauern, Balkonen und vergitterten Fenstern. Die Regel bilden aber niedere Konstruktionen, oft unfertig, mit kleinen gartenähnlichen Hinterhöfen, in denen etwa Abfallprodukte gehortet oder Kleintiere gehalten werden.

In hügliger Landschaft herrschen auch im Wegnetz chaotische Zustände. Der Standort der einzelnen Bauten passt sich den Geländeformen an, so dass die Verbindungswege nur selten gerade verlaufen, sondern kurvig, im Zickzack, teils steil abfallend oder gar mit Naturtreppen versehen sind.

In evolutionierten Slums in der Ebene hat man sich den überlieferten Normen in der Hoffnung auf behördliche Anerkennung angepasst[1], so dass meist der übliche quadratische Grundraster erscheint, in regelmässige meist gleichgrosse Lote (Grundstücke) aufgeteilt. Die Häuserfront verläuft gerade, ist aber gekennzeichnet durch sehr unterschiedliche z.T. erst angedeutete Gebäudehöhen, durch eine verwirrende Vielfalt in der ästhetischen Erscheinung wegen Verwendung verschiedenartigster Baumaterialien und durch Stilexzesse aus Unvermögen oder Protzsucht zur Hebung des Sozialstatus. Im Innern der Manzanas (Häuserviertel) herrschen durchwegs chaotische Zustände, weil die Hinterhöfe meist mit kleinen Hütten, oft aus Abfallprodukten erstellt, überbaut sind.

Vorgärten sind durchwegs keine vorhanden, so dass die Strassen einen schluchtartigen Eindruck erwecken, obschon die einzelnen Gebäude nicht sehr hoch sind.

In erst kürzlich entstandenen Bebauungen fehlt die Infrastruktur meist vollständig. Oftmals müssen Tankwagen die Frischwasserversorgung übernehmen. Eine Wasserzuleitung auf zentral gelegene Plätze, von wo es mit Gummischläuchen in privilegiertere Häuser geleitet wird, bildet bereits eine grosse Errungenschaft. Auch elektrischer Strom fehlt in vielen Tugurios. Wo

---

[1] Ueberhaupt passen sich gerade die Unterschichten in starkem Masse überlieferten städtischen Normen an, teils aus Furcht vor behördlichen Sanktionen, und kopieren in ihren Bauten Techniken und Baustile, oft stark verzerrt, der Mittelschicht; denn die Verwendung fortschrittlicher Techniken gilt bereits als Statuszuwachs.

Leitungen durchführen, wird im Selbsthilfeverfahren die Stromquelle unrechtmässig angezapft, was oftmals von den Behörden geduldet wird. Da keine Kanalisation vorhanden ist, reissen die heftigen Tropenregen die Naturstrassen auf, so dass diese oft eher Wildbachbetten gleichen, auf denen motorisierter Verkehr verunmöglicht wird. Das normale Transportmittel ist deshalb der Esel. Ueberall auf Strassen und Plätzen sieht man Schweine, weidende Kühe, Schafe, Pferde[1], streunen Hundehorden herum und verwahrloste Kinder.

Aeltere, stark evolutionierte Tugurios sind auf den ersten Blick nur schwer von einfachen regulären Barrios (etwa Barrios mit Minimalnormen) zu unterscheiden: einige Strassen sind geteert, Wasser und Stromleitung vorhanden, aber die Bebauungen, wenn auch durchschnittlich aus besseren, festen Häusern bestehend, erwecken einen verwirrenden, regellosen, unordentlichen Eindruck.

Die soziale Struktur dieser Bebauungen ist im Süden der Stadt recht einheitlich, der Sozialstatus durchwegs sehr niedrig (meist E1). Die Bevölkerung dieser Barrios besteht aus Campesinos und nicht aus Städtern im strengen Sinne des Wortes, aus Landbewohnern, die eine Kultur mitbringen, die durch Generationen hindurch den ländlichen Umständen erwachsen ist. In der neuen städtischen Umgebung wird der Campesino beständig mit Situationen konfrontiert, die völlig verschieden sind von denen, die er auf dem Lande kennen gelernt hat. Aber er tritt ihnen mit der Erfahrung entgegen, die er in ländlicher Umgebung gewonnen hat. Die meisten Landflüchtigen erleiden deshalb Schiffbruch, vegetieren ihr Leben lang in den Slums und können sich nur sehr langsam ein menschenwürdigeres Dasein erarbeiten.
Im äussersten Süden, aber vor allem im Norden, im Raume des ehe-

---

1) Weidende Kühe und Pferde sind übrigens auch auf Grünstreifen der Hauptstrassen der Stadt und in öffentlichen Parkanlagen oder auf unüberbauten Grundstücken an der Tagesordnung.

maligenheute eingemeindeten Dorfes Suba, hat sich ein Tugurio-Typ entwickelt, der mit den hier beschriebenen Slums nicht durchwegs identisch ist; denn die hier vorkommenden Slum - Bebauungen haben sich meist direkt aus ländlichen Bautypen entwickelt[1], da in der stark landwirtschaftlichen Umgebung der Druck der städtischen Baunormen zur Statuserhöhung (man will sich möglichst schnell vom Landbewohner unterscheiden; denn man ist ja jetzt "Städter" geworden!) weniger stark war. Diese Bebauungen[1] des Typs Bnc unterscheiden sich vom Typ Bns formal aber oft nur unbedeutend. Die Häuser sind jedoch nur selten zusammengebaut und stehen auf landwirtschaftlichem Nutzland, was eine teilweise Selbstversorgung ermöglicht. Ihre Bewohner gehören deshalb meist einer etwas höheren sozialen Schicht (E2 bis E3) an.[2]

4.147 Bnp Moderne Slums bzw. Sozialwohnungen im Reiheneinfamilienhausstil für niedrigste Einkommensschichten[9]

Entstehung: etwa ab 1970 bis Gegenwart
BAZ: < 0,8
Geschosszahl: 1 bis 2

---

1) vgl. auch Typ Bnc (Tugurios Stil Campesino)

2) Es muss hier betont werden, dass das Bildungs- und Kulturgefälle in Kolumbien zwischen Stadt- und Landbewohnern in der Regel sehr gross ist. Während sich in der Grossstadt ein auf höchstem Niveau stehendes Spezialistentum entwickeln konnte (ohne weiteres etwa vergleichbar mit der wissenschaftlichen Elite der U.S.A.), leben die Campesinos teils noch heute in Hütten, wie sie in Europa im Neolithikum nachgewiesen sind. Auch die geringste Schulbildung, die diese Leute immer noch selten genug ausweisen können, hat nicht vermocht, die landwirtschaftlichen Traditionen abzubauen, um neueren, moderneren Lebens- und Produktionsformen Platz zu schaffen.
Versorgung und Produktionssteigerung zur Sicherung und Verbesserung des Lebensstandards sind heute noch leere Begriffe.
(vgl. Karte der Strukturellen Gliederung Bogotás)

3) Aspectos de la Arquitectura, S. 158 - 161

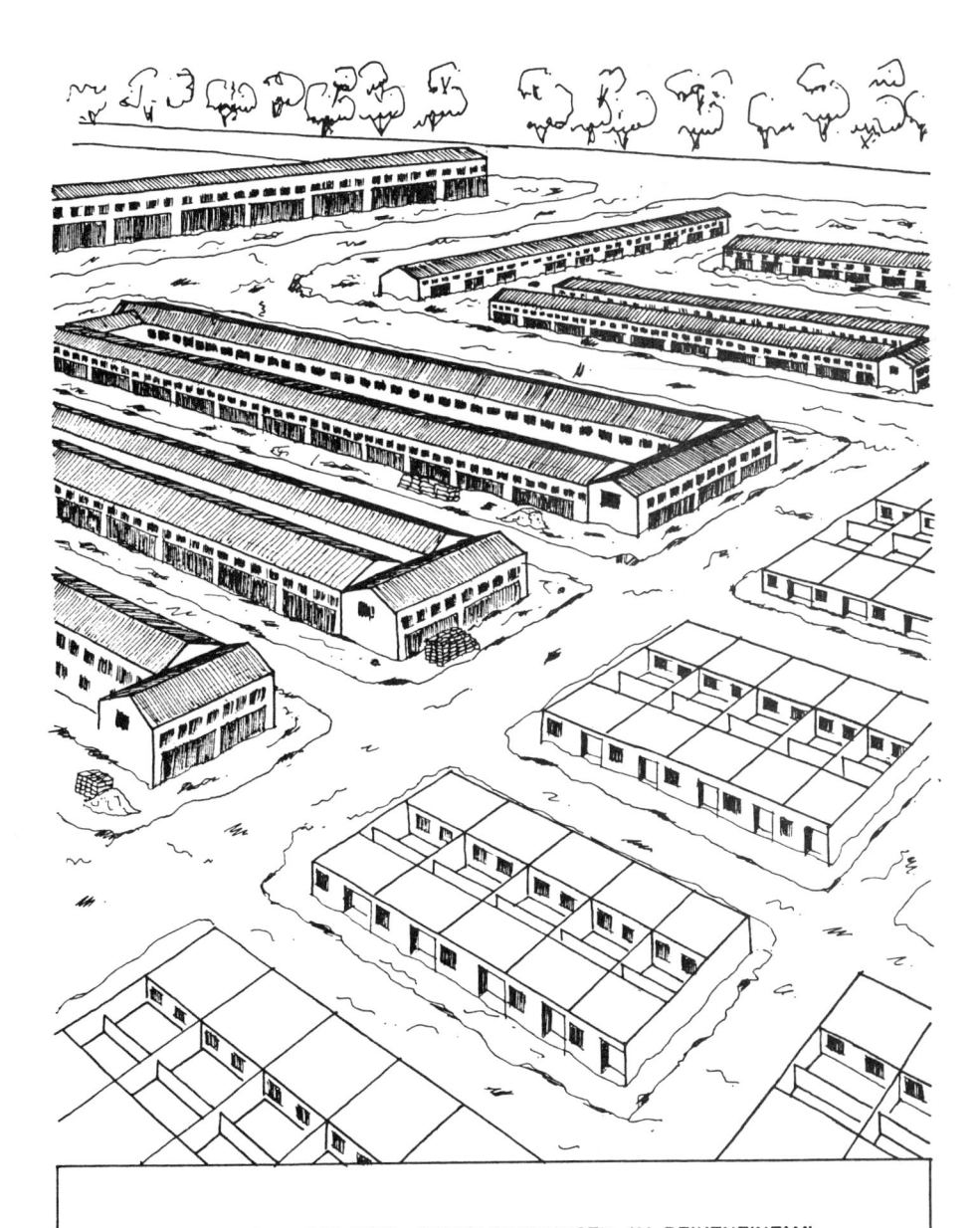

Bnp MODERNE SLUMS BZW. SOZIALWOHNUNGEN IM REIHENEINFAMI-LIENHAUSSTIL FÜR NIEDRIGSTE EINKOMMENSSCHICHTEN
TUGURIOS MODERNOS O BIEN VIVIENDAS UNIFAMILIARES SOCIALES PARA HABITANTES DE MUY BAJOS RECURSOS

BAZ/IBC < 0.8

Die unter Bmg bzw. Bng (Einheitliche Gesamtüberbauung mittlerer bzw. niederer Ausnutzung) beschriebenen staatlichen oder halbstaatlichen Organisationen (vor allem I.C.T. und C.V.P.)[1] nehmen sich in jüngster Zeit auch den Bewohnern der Slums an. Ehemalige Invasionssiedlungen wie beispielsweise das Barrio "Las Colinas" werden zu Modellen bzw. "Musterbeispielen" städtebaulicher Erneuerung umgewandelt. Andere moderne Slums werden in kürzester Zeit aus Backstein und Eternit errichtet, wie z.B. das Barrio "Las Lomas", wo 900 Wohnungen auf einem völlig vegetationslosen Lehmabhang stehen. Aber die Bebauungen sind eintönig, trostlos und zeigen wenig architektonische Genialität. Der ständige Administrationswechsel[2], aber mehr noch der ständige Wechsel der verantwortlichen Architekten[3], lässt Projekte entstehen, die jegliche architektonische Erziehung und Kultur vermissen lassen, aber aus Zeitmangel trotzdem ausgeführt werden. Natürlich werden auch interessante Bebauungen erstellt[4], das sind aber Eintagsfliegen, Ausnahmen, welche die Regel bestätigen. Meist fehlt es in der Planungsphase an wichtigen Grundinformationen. Kaum jemand nimmt sich die Mühe, Grundlagenforschung zu betreiben. Deshalb werden sowohl die städtischen wie auch die ländlichen Lebensgewohnheiten völlig verkannt, weil man sich über die Realitäten hinwegsetzt, so dass sich weder Städter noch landflüchtige Campesinos in diesen Häusern zurechtfinden geschweige denn wohl

---

1) = Instituto de Crédito Territorial und Caja de la Vivienda Popular

2) Die Schlüsselstellen der Administration wechseln mindestens alle 4 Jahre mit der Wahl des neuen Staatspräsidenten, der alle wichtigen Posten mit seinen Gefolgsleuten neu besetzt.

3) Die meist jungen, unerfahrenen Architekten betrachten ihre Anstellung bei einer öffentlichen sozialen Institution nur als Uebergangslösung bis zum Antritt einer lukrativeren Stelle in einem Privatunternehmen. Sie sind deshalb an ihrer Arbeit nur wenig interessiert, weil die berufliche Motivation fehlt.

4) Manchmal werden sogar berühmte Architekten für besonders interessante Projekte verpflichtet. Die komplizierte, sture und unbewegliche Staatsbürokratie, welche ein normales Fortschreiten der Arbeiten verhindert und geniale Ideen abmurkst, lässt diese aber nach kurzer Mitarbeit ihre Dienste wieder quittieren.

fühlen können. Die produzierte Architektur ist folglich oft nur die Materialisierung theoretischer Stereotypen, im formalen wie im konstruktiven Bereich und keine den besonderen Umständen der Invasoren (Armut, Unbildung, Naturverbundenheit, schlechte Vorbereitung auf städtisches Leben) angepasste geniale architektonische Lösung.

Charakteristiken: Unter dem Druck des grossen Bedarfs an Wohnraum für unterste soziale Schichten (Slum -Bewohner) sind auf dem Zeichentisch geplante, stereotype Siedlungen entstanden mit zusammengebauten, meist nur aus einem etwa 6 mal $3\frac{1}{2}$ Meter grossen Raum bestehenden, kistenförmigen Häusern. Der Grundriss dieser Bebauungen entspricht meist dem kolonialen Quadratraster, ohne Rücksicht zu nehmen auf die komplizierten Geländeformen. Die Dächer sind in der Regel Betonflachdächer oder wenig geneigte, mit Eternit gedeckte Satteldächer. Gärten sind keine vorhanden, nur gegen die Strasse zu ist ein das Trottoir integrierender Freiraum gelassen, der meist nach Jahren noch nicht bepflanzt ist, so dass solche Siedlungen den trostlosen Anschein eines Backstein- bzw. Betonhaufens erwecken.
Oft ist die Grundkonstruktion stark genug, so dass noch ein Stockwerk aufgebaut werden könnte; aber aus finanziellen Gründen wird meist darauf verzichtet.
Vielfach ist in solchen Bebauungen Wasser vorhanden; die restliche Infrastruktur muss aber von den Bewohnern selbst erstellt werden.
Die Häuser werden gegen eine relativ niedere Initialquote abgegeben, oder das nötige Baumaterial kann mit Vergünstigung gekauft werden. Die verbleibenden Schulden müssen in monatlichen Raten über Jahrzehnte hinweg abgezahlt werden.
Sozial sind diese Siedlungen sehr einheitlich. Die Bewohner gehören der Unterschicht (E1) an und stammen grösstenteils aus Invasions-Slums. Die dort freiwerdenden Plätze werden sofort wieder von neuen Invasoren in Beschlag genommen, sehr oft von nahen Verwandten.
So haben solche Sozialprogramme einen Bumerangeffekt: Je mehr Sozialwohnungen für niederste Einkommensschichten gebaut werden, desto grösser ist der Anreiz für Campesinos, in der Stadt ihr

Glück zu versuchen. Und dadurch schliesst sich der Teufelskreis.
Denn je mehr arme Invasoren in die Stadt strömen, desto geringer
sind die pro Kopf Steuereinnahmen des Spezialdistrikts Bogotá.
Mit weniger Kapital müssen demnach immer mehr unrentable Sozialwohnungen gebaut werden.

Die Modernen Slums unterscheiden sich von anderen miserablen Sozialwohnungen des Typs Bng (Einheitliche Gesamtüberbauung niederer Ausnutzung), etwa von den 500 vom I.C.T.[1] erstellten Einfamilienhäusern im Barrio "Roma", dadurch, dass sie sehr klein
sind, fast durchwegs aus einem einzigen Raum bestehen, der einer
vielköpfigen Familie Unterschlupf bieten muss und dass sie keine
zusätzlichen Intimsbereiche wie Gärtchen oder Innenhöfe aufweisen.

4.148 Bne Ländliche Slums (Stil Campesino)

Entstehung: ab ca. 1950 bis Gegenwart
BAZ: $< 0,3$
Geschosszahl: 1

Wie bereits beim Typ Bns (Invasions- bzw. evolutionierte Slums)
beschrieben, hat sich vor allem im Norden im Bereich des ehemaligen heute eingemeindeten Dorfes Suba, aber auch im äussersten
Süden in Richtung des Dorfes Usme ein Tugurio-Typ entwickelt,
der nicht durchwegs mit Tugurios des Typs Bns identisch ist. Die
hier beschriebenen Slums-Bebauungen haben sich fast durchwegs aus
dem in der Savanne verbreiteten Campesinohaus entwickelt. Die
entsprechenden Bebauungen sind nicht eigentliche Invasionssiedlungen, sondern müssen eher als Bebauungen eines in Stadtnähe
vermehrt angesiedelten Landproletariats bezeichnet werden.

Obschon diese Siedlungen in ländlichen Verhältnissen vorkommen,
müssen sie den städtischen Siedlungskomponenten zugerechnet werden, weil sie sich auf Stadtboden befinden und sozial auch dazu

---

[1] Instituto de Crédito Territorial

B n c LAENDLICHE SLUMS (STIL CAMPESINO)
TUGURIOS TIPO CASA CAMPESINO

BAZ/IBC < 0.3

gehören, und weil sie in rein ländlichen Verhältnissen in dieser speziellen Form kaum vorkommen.

Charakteristiken: Im Gegensatz zu denInvasions- bzw. evolutionierten Slums (Typ Bns) sind die Ländlichen Slums (Stil Campesino) nicht in "ökologischen Nischen" [1] entstanden, sondern auf landwirtschaftlichem Nutzland. Wie die Behausungen der Campesinos, sind diese Häuser auch sehr klein, bestehen des öftern nur aus einem allerdings grösseren Raum und sind immer mit dauerhaften Materialien wie Backstein oder Zementstein gebaut. Die Küche befindet sich meist in einer separaten Hütte im Garten. Als Dachbedeckung wird verwendet, was gerade zur Stelle ist oder am einfachsten bezogen werden kann: Bleche, Welleternit, Dachziegel und dergleichen. Da die Hauswände eher selten mit Mörtel verputzt und gestrichen sind und oft verschiedene Backsteinsorten verwendet werden, die sehr unsorgfältig aufeinandergebaut sind, machen solche Bebauungen von der Strasse her auch einen sehr verlotterten Eindruck.

Die Häuser sind meist einstöckig. Am auffallendsten sind die grossen, oft durch Naturhecken eingezäunten Freiflächen, die ein Mehrfaches der Fläche des Hausgrundrisses ausmachen. Darauf werden Kleintiere und einzelne Kühe gehalten, Gemüse gezogen und teils sogar kleine Aeckerchen mit Mais- und Kartoffelpflanzungen u.a.m. angelegt.

Die Bewohner der Ländlichen Slums sind weitgehend Selbstversorger. Die Männer arbeiten etwa als Bauhandlanger oder Maurer in der Stadt, während die Frauen das kleine Anwesen besorgen.

An Infrastruktur ist meist Elektrizität vorhanden. Wasser wird in eigenen Ziehbrunnen gewonnen. Andere Gemeinschaftsanlagen sind nicht gefragt. Die Naturstrassen brauchen in der Ebene nur sehr wenig Unterhalt.

Die soziale Struktur dieser Bebauungen ist recht einheitlich. Der Sozialstatus schwankt zwischen Unterschicht (E1) und unterer Mittelschicht (E3). Die Leute machen keinen elenden, verwahr-

---

[1] Sandner G. 1971, S. 317 und Beschreibung unter Typ Bns

losten Eindruck. Sie sind ruhige, anständige Campesinos geblieben, die auf redliche Art versuchen, ihren Kindern ein angenehmeres Los zu verschaffen. So können erst ihre Nachkommen als Städter bezeichnet werden, üben diese doch mehrheitlich nur noch städtische Berufe aus und sind in billigere Quartiere der unteren Mittelschicht (E3) gezogen.

4.2 ÜBERSICHT ÜBER DIE NEUSTEN VORHANDENEN PLANUNGSUNTERLAGEN (INSOFERN FÜR DIE AUFZEICHNUNG DER GLIEDERUNG NACH BEBAUUNGSTYPEN VON BEDEUTUNG)

Durch das Gesetzdekret No. 3640 vom 17. Dezember 1959 wird die Stadt Bogotá zum Spezialdistrikt (Distrito Especial) erhoben durch Annektierung der Gemeinden Bosa, Engativá, Fontibón, Suba, Usaquén und Usme.
Von 1974 an funktionieren politisch 18 Distriktskreise (Alcaldías Menores). Der Distrikt hat somit folgende Ausmasse:

4.21 Statistische Grundinformation

4.211 Administrative Kreise des Spezialdistrikts Bogotá

Bogotá D.E. Stadtkreise	Fläche 1972 (in Hektaren)		
	Total	Bebaut	Unbebaut
1. Antonio Nariño	450	450	-
2. Barrios Unidos	1200	1200	-
3. Bosa	8200	975	7225
4. Ciudad Kennedy	3400	2200	1200
5. Chapinero	4500	1150	3350
6. Engativá	3300	2350	950
7. Fontibón	3000	2300	700
8. La Candelaria	170	170	-
9. Mártires	600	600	-
10. Puente Aranda	1600	1600	-
11. Rafael Uribe	1200	1200	-
12. San Cristóbal	4900	1900	3000
13. Santa Fe	2860	660	2200
14. Suba	9700	4500	5200
15. Teusaquillo	1350	1350	-
16. Tunjuelito	1850	1850	-
17. Usaquén	5800	3300	2500
18. Usme	104620	250	104370
TOTAL	158700	28005	130695

Quelle 16 : vgl. Anuario Estadístico, S. 7

4.212 Plan der Verwaltungskreise des Spezialdistrikts Bogotá

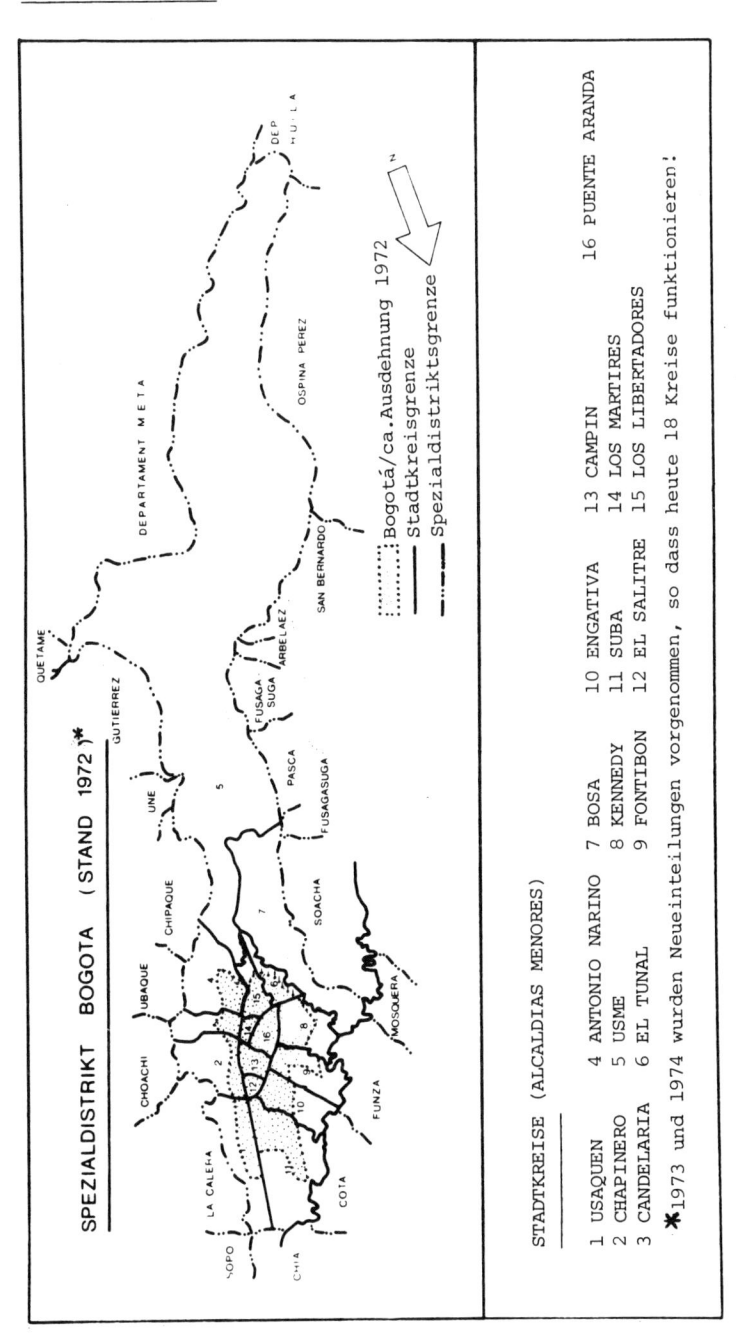

SPEZIALDISTRIKT BOGOTA (STAND 1972)*

Bogotá/ca.Ausdehnung 1972
Stadtkreisgrenze
Spezialdistriktsgrenze

STADTKREISE (ALCALDIAS MENORES)

1 USAQUEN   4 ANTONIO NARINO   7 BOSA   10 ENGATIVA   13 CAMPIN   16 PUENTE ARANDA
2 CHAPINERO   5 USME   8 KENNEDY   11 SUBA   14 LOS MARTIRES
3 CANDELARIA   6 EL TUNAL   9 FONTIBON   12 EL SALITRE 15 LOS LIBERTADORES

*1973 und 1974 wurden Neueinteilungen vorgenommen, so dass heute 18 Kreise funktionieren!

4.213 Stadt Bogotá

Prognose für 1980 und 1990, Hochrechnung basierend auf den Daten von 1972

		1972	1980	1990
BEVOELKERUNG	Bogotá D.E. (in Millionen)	3,3	5,4	8.9
	Ø Familiengrösse (in Personen)	5,7	5,4	5,2

		1970-75	1975-80	1980-85	1985-90
BEVOELKERUNGS-ZUNAHME (in Personen)	Zuwanderung (Neto)	477200	672700	829400	1024400
	natürliche Zunahme (Neto)	569300	712600	703500	821300
	Total	1046500	1385300	1532000	1845700

	Kol. Pesos	1972	1980	1990
EINKOMMEN (% d. Familien mit betr. Einkommen)	0 - 2000[1]	54	47	35
	2 - 5000	29	28	30
	5000 +	17	35	35
FLAECHE DER STADT (in Hektaren)	bebaute Fläche	16400	26000	46700
	unbebaute Fläche	990	6300	9900
	Total	17390	32300	56600

Quelle 17: vgl. Plan de Estructura, S.17

---

1) 2000 Kol. Pesos = ca. 90 US $ (1972)

4.22 Mitarbeit der UNO bei der Erstellung eines Strukturplanes bzw. Richtplanes für 1980

Die enorme jährliche Bevölkerungszunahme (ca. $\frac{1}{2}$ Million), vor allem bedingt durch die massive Zuwanderung (45%) von Campesinos aus den benachbarten Departamenten Cundinamarca, Boyacá und Tolima (meist junge Leute ohne finanzielle Mittel), die Tatsache, dass 40% der Bogotaner Familien (mit durchschnittlich 2 Arbeitskräften) weniger als 1500 Kol. Pesos (= ca. 65 US$/1972) monatliches Einkommen besitzen, die institutionalisierte Trennung der sozialen Schichten (segregacion), welche die Stadt in einen Nordteil mit einer Bevölkerung mit hohen Einkommen und Bebauungen mit niedriger Ausnützungsziffer[1] und einen Südteil mit einer Bevölkerung mit niederen Einkommen und Bebauungen mit hoher Ausnützungsziffer trennt, was zur Folge hat, dass die Dienstleistungen der Stadt zu Ungunsten der Armen verteilt werden, und das alarmierende Anwachsen der Arbeitslosigkeit und Unterbeschäftigung bewirken, dass sich die Lebensbedingungen für die grosse Mehrheit der Bogotaner beständig verschlechtern, da die Nachfrage für Dienstleistungen der Stadt und für billige Wohnungen fortwährend ansteigt, die Steuereinnahmen dagegen abnehmen.

Die Stadt befindet sich in einer Krise.

Deshalb hat die kolumbianische Regierung 1971 die UNO um Mitarbeit bei der Finanzierung einer Studie, welche planerische Richtlinien für das Wachstum Bogotás bis zum Jahre 1990 festlegen sollte.

---

[1] ad Ausnützungsziffer vgl. 4.231: Definitionen und 4.2321: Wohnungsdichte.
Die Begriffe Ausnützungsziffer und Wohnungsdichte werden in der Bogotaner Planungsliteratur stark strapaziert. Mit der Festlegung der Dichte wird nicht die eigentliche Ausnützung einer Bauzone erfasst, sondern nur die zahlenmässige Aufteilung in Wohneinheiten. Zudem werden etwa die möglichen Stockwerke vorgeschrieben. Oft entscheidet aber die Verwaltung von Fall zu Fall, welche Gebäudehöhe zugelassen wird. Der Bogotaner Begriff der "Wohnungsdichte" und der in dieser Studie verwendete Begriff der "Brutto-Ausnützungsziffer" sind also in keiner Weise identisch!

Als Resultat dieser Bemühungen veröffentlichte das DAPD im Juni 1974 einen Strukturplan für Bogotá[1], zusammen mit einem Ergänzungsband[2], der eine kurze Beschreibung des Ist-Zustandes enthält, die generellen Entwicklungstendenzen verdeutlicht und eine Zusammenfassung der wichtigsten vorgeschlagenen Massnahmen der Studie bringt.

Zudem werden eine Anzahl Technische Beilagen[3] publiziert, von denen aber keine genauere Auskunft über die formale Gliederung Bogotás geben kann. Für die vorliegende Studie einzig brauchbar war die Planbeilage "Plan de Estructura para 1980"[4], welche die planerischen Richtlinien für die Jahre 1974 - 1980 festhält, woraus in etwa eine Vorstellung über den Ist-Zustand der Stadt gewonnen werden konnte. Die Formalkategorien der Bebauungen sind jedoch sehr grob; es werden nur gerade die Historische Zone, die City und die Wohngebiete insgesamt unterschieden. Erst bei den Wohnreservezonen werden zusätzlich eine niedere, mittlere und hohe Wohndichte unterschieden.[5]

Das zeigt deutlich, dass keine detaillierten Untersuchungen über die formale Gliederung der Stadt angestellt worden sind, dass also in Bogotá bei der Planung die nackten Tatsachen arg vernachlässigt werden. Dass tatsächlich Wunschbildern nachgejagt wird, beweist auch, dass der heutige Zustand bei weitem nicht dem Leitbild entspricht, das für die Jahre 1975 - 1980 aufgestellt worden ist.

---

1) Plan de Estructura para Bogotá 1974, fase II
2) El Futuro de Bogotá 1974. (Es handelt sich um die aus dem Englischen ins Spanische übersetzte Schrift "The Future of Bogotá", herausgegeben in London durch Oldacres & Co. Ltda. Als Verantwortliche zeichnen berühmte Planungsbüros wie Llewelyn-Davies Weeks Forestier-Walker & Bor, Kates Peat Marwick & Co., Cooper & Lybrand u.a.)
3) Plan de Estructura para Bogotá 1974, fase II, S. 6
4) Plan de Estructura para 1980 (Museo del Desarrollo Urbano de Bogotá)
5) = Densidad Alta - Densidad Media - Densidad Baja
(Der in der kolumbianischen Planung verwendete Begriff der Wohndichte entspricht allerdings nicht dem etwa in der Schweiz gebräuchlichen Begriff der Bruttoausnützung - vgl. Definitionen unter 4.231 u. Bem. auf der Vorderseite.)

4.23 Uebersicht über einige Begriffe, welche in der kolumbianischen Stadtplanung seit 1974 verwendet werden

Im Dekret No. 159[1] vom 18. Februar 1974 legt die Legislative des Spezialdistrikts Bogotá die Verwendung des Stadtgebietes (uso del terreno) fest. Die kolumbianischen Begriffe werden hier nur insofern aufgeführt, als sie für die Aufzeichnung der formalen Gliederung Bogotás von Bedeutung sind oder Unterschiede zu dem in dieser Studie verwendeten Begriffssystem aufweisen.

4.231 Definitionen

Einige Definitionen wurden in der vorliegenden Studie abgeändert oder ergänzt, weil die Ergebnisse nicht nur ins planerische Konzept Bogotás passen sollten, sondern weil die Möglichkeit bestehen sollte, diese auch mit schweizerischen Verhältnissen zu vergleichen. Manchmal waren die Definitionen für die Arbeit auch nicht zweckmässig und mussten deshalb den praktischen Möglichkeiten angepasst werden.

Alle Unterschiede werden mit U bezeichnet.

AUSSENFASSADE (fachada exterior)
= Aufriss eines Gebäudes, der von aussen sichtbar ist.

BAULINIE (línea de demarcación)
= Grenze zwischen Lote und öffentlicher Zone.
(Die privaten Vorgärten zählen zur öffentlichen Zone.)

BRUTTO-BAULAND (área bruta)
= Totalfläche des Geländes, das zur Ueberbauung vorgesehen ist.[2]

---
[1] Nuevas Normas de Urbanismo para Bogotá 1969, Decreto No. 159, S. 5-36
[2] In der vorliegenden Studie mit F_1 gleichzusetzen: Totalfläche des Bauareals inklusive Verkehrsfläche.

CALLE = Strasse bzw. Gasse, die mehr oder weniger in wet-östlicher Richtung verläuft.

CARRERA = Strasse bzw. Gasse, die mehr oder weniger in nord-südlicher Richtung verläuft.

CITY (centro) = Hauptzentrum bzw. Hauptgeschäftszentrum der Stadt.

DICHTE (densidad) = Anzahl Häuser bzw. Wohneinheiten bzw. Bewohner pro Wohnareal.

EINFAMILIENHAUS (vivienda unifamiliar)

FREIGELAENDE (área libre)
= Summe der verbleibenden Fläche des Grundstücks nach Abzug der Grundrissflächen der Bauten. Innenhöfe (patios) werden nicht als Freigelände gewertet.

FREISTEHENDES GEBAEUDE (edificio aislado)
= Gebäude, das auf allen Seiten von Freigelände umgeben ist.

GEBAEUDE (edificio)= Baukonstruktion mit temporalem oder permanentem Charakter zu Wohnzwecken oder anderem Gebrauch.

GEBAEUDEREIHEN (edificios en serie)
= Aehnliche Gebäude, welche sich über mehrere Lote erstrecken und seitlich aneinandergebaut sind.

U:In der vorliegenden Studie sind solche Gebäudereihen in verschiedenen Typen erfasst, wie etwa in:

- Moderne Stadtkernbebauung (Bhm u. Bmm)
- Hochhausbebauung (Bhh)
- Einheitliche Gesamtüberbauung (Bmg u.Bng)
- Moderne Slums (Bnp)

GEMEINSCHAFTSGELAENDE (áreas comunales)
= Freigelände in einheitlichen Gesamtüberbauungen, das der Besitzer- bzw. Mietergemeinschaft gehört.

GEMEINSCHAFTSZONE (zona comunal)
= Freigelände (gedeckt oder ungedeckt) für den gemeinschaftlichen Gebrauch.

GESAMTUEBERBAUUNG (agrupación o conjunto)
= Architektonisches Werk mit einheitlicher Planung von mindestens 3 Einheiten für den gleichen Gebrauch (Wohnhäuser oder Geschäftshäuser etc.), das auch Zonen für

den Gemeinschaftsgebrauch (áreas comunales) einschliesst.

U: Im vorliegenden Plan der formalen Gliederung Bogotás sind Bebauungen, die sich über mindestens ein halbes Hausviertel (manzana) erstrecken, als Einheitliche Gesamtüberbauung erfasst.

GRUNDSTUECKS-BEBAUUNGSINDEX bzw. NETTO-AUSNUETZUNGSZIFFER (índice predial de construcción)

= Quotient resultierend aus der Division der der bebauten Fläche ($\sum S$) durch das Lote (Baugrundstück).

U: In der vorliegenden Studie wurde aus praktischen Gründen eine Kombination von der Brutto- bzw. der Netto-Ausnützungsziffer (índice bruto y neto de construcción) verwendet.

Grosjean (vgl. Quelle 1) arbeitet in schweizerischen Verhältnissen mit folgender Ausnützungsziffer:

$$BAZ = \frac{\sum S}{F_1}$$

BAZ = Brutto-Ausnützungsziffer

$\sum S$ = Summe der genützten Stockwerksflächen innerhalb eines Areals, ohne Estriche, Keller, Garagen usw.

F_1 = Totalfläche des Areals, inkl. Verkehrsfläche (= Brutto-Bauland).

Bei der Bestimmung der Bogotaner Bebauungstypen wurde folgende Ausnützungsziffer verwendet:

$$BAZ = \frac{\sum S}{F_2}$$

BAZ = Kombination zwischen Brutto- und Netto-Ausnützungsziffer (s. Unterschied bei F)

$\sum S$ = Summe der genützten Stockwerksflächen innerhalb eines Areals, exkl. Flachdächer1)

F_2 = Totalfläche des Areals exkl. Verkehrsfläche, aber inkl. Vorgärten mit integriertem Trottoir.2)

---

1) Estriche und Keller gibt es in Bogotá praktisch nicht. Die Garagen sind meist im Hauptgebäudeteil integriert, so dass sie bei der Berechnung der BAZ mitgezählt werden.

2) Diese Kombination zwischen F_1 und F_2 drängte sich aus folgenden Gründen auf:
   - Die verschiedenen Bogotaner Strassentypen weisen in der Breite sehr grosse Unterschiede auf (6,5 bis 125 Meter;

GRUENZONEN (áreas o zonas verdes)
= Freigelände für die Oeffentlichkeit zur Erholung, Verschönerung oder Auflockerung der Bebauungen der Stadt.

HAEUSERVIERTEL (manzana)
= Kleineinheit einer Bauzone, allseitig begrenzt durch öffentliche Zonen.

KONSTRUKTIONSFLAECHE (área construída)
= Summe der genutzten Stockwerksflächen innerhalb eines Areals (exkl. Flachdach)[1].

LAENDLICHE ZONE (zona rural)
= Zone zwischen der Stadtgrenze (perímetro urbano) und der Grenze des Bogotaner Spezialdistrikts (límite del Distrito Especial de Bogotá).

LOTE bzw. BAUGRUNDSTUECK
= Terrain, begrenzt durch Nachbargrundstücke, mit mindestens einem Zugang zu öffentlicher Zone (inkl. Vorgarten mit integriertem Trottoir).

LOTIFIKATION (loteo)
= Einteilung einer Bauzone in Lote bzw. Baugrundstücke.

MODELL-LOTE (lote modelo)
= Unteilbares Baugrundstück. (In einer Manzana dürfen z.B. nicht mehr Wohneinheiten[2] erstellt werden, als die Fläche F_2 durch das Modell-Lote teilbar ist.)

MEHRFAMILIENHAUS (vivienda multifamiliar)
= Gebäude mit mindestens drei unabhängigen Wohnungen.

---

denn die Avenidas und Autopistas schliessen z.T. sehr breite Grünzonen ein.) Es wäre praktisch unmöglich gewesen, den Anteil an Verkehrsfläche für jede Manzana festzulegen (vgl. auch Arbeitsmethode).
- Seit 1974 schliessen die Bebauungen private Vorgärten mit integriertem Trottoir ein, so dass die Ausnützung verglichen mit älteren Bebauungen eindeutig niedriger ist. Zudem sind in den ausgewerteten Plänen im Massstab 1:2 000 (Katasterpläne) die Manzanagrenzen inkl. Vorgärten deutlich markiert und drängten sich als praktische Grenze bei den Flächenberechnungen direkt auf.

1) In der vorliegenden Studie etwa mit S gleichzusetzen:Summe der genützten Stockwerksflächen innerhalb eines Areals.
2) Wohneinheit = Baukörper in den Ausmassen, wie er maximal auf einem Lote errichtet werden kann.

NETTO-BAUGRUNDSTUECKSINDEX (índice neto de construcción)
= Quotient resultierend aus der Division der
Konstruktionsfläche (Σ S) durch das Netto-Urbanisierungsgelände.

NETTO-GRUNDSTUECK (área neta predial)
= Netto-Urbanisierungsgelände abzüglich
Quartierstrassen (= Strassen, welche Supermanzanas begrenzen) 6. Grades (= V-5).

NETTO-BAULAND   (area neto urbanizable)
= Brutto-Bauland abzüglich Hauptstrassen
1. bis 5. Grades (= V-0 bis V-4).

QUARTIER (barrio) = Einheit bzw. Gesamtheit von einigen kleineren oder grösseren Häuservierteln (manzanas oder supermanzanas) auf einem Areal von ungefähr 16 Hektaren (400 x 400 Meter).

RELOTIFIKATION (reloteo)
= Modifizierung der Grösse oder Form eines
Lote (Baugrundstücks).

SCHUTZGEBIET (zona de reserva)
= Naturschutzzone, in der das ökologische
Gleichgewicht erhalten werden soll.

SCHUTZZONE (zona de conservación)
= Zone mit historisch oder architektonisch
bedeutungsvollem Baubestand, die Schutzbestimmungen unterliegt. Modifikationen
dürfen nur mit besonderer Bewilligung des
DAPD vorgenommen werden.

SEKTOR (sector) = Einheit bzw. Gesamtheit einiger Barrios
auf einem Areal von ungefähr 100 Hektaren
(1 km x 1 km).

STRASSE bzw. GASSE (via)
= Oeffentliche Zone für Fahrzeug- oder Personenverkehr.

-VIA ARTERIA = Hauptverkehrsstrassen des
Strassennetzes

-VIAS V-0,V-1,V-2,V-3,V-4 = Innerstädtische
Hauptstrassen an den Sektorengrenzen für
Massivverkehr

-VIA V-5 = Quartierstrasse (local principal)
innerhalb der Sektoren an den Grenzen der
Supermanzanas

-VIA V-6 = Zweitrangige Quartierstrasse

-VIA V-7 = Fussgängerstrasse, auf der nur
zeitweise Fahrzeugverkehr zugelassen ist

                    -VIA V-8 = Ausschliessliche Fussgänger-
                     strasse bzw. Fussweg.

SUPERHAEUSERVIERTEL (supermanzana)
           = Grössere Einheit einer Bauzone, begrenzt durch
             Quartierstrassen (V-5) oder Strassen höherer
             Ordnung.

TRANSVERSAL   = Strasse bzw. Gasse, welche Carreras kreuzt,
                ohne parallel zu diesen zu verlaufen.

URBANISIERUNG (urbanización)
           = Einteilung von Baugelände in Zonen für priva-
             te Bebauungen und Zonen für öffentliche Be-
             bauungen, in Uebereinstimmung mit den gelten-
             den Gesetzesnormen.

URBANIST (urbanizador)
           = Jede natürliche oder juristische Person, wel-
             che in ihrem eigenen Namen oder im Auftrag
             des Besitzers eines Baugeländes Bauland in
             Lote unterteilt oder unterteilen lässt, um die-
             se, im Einklang mit den geltenden Gesetzesnor-
             men, für die Ueberbauung vorzubereiten.

VORGARTEN (antejardín)
           =Privates Freigelände zwischen Strasse und Bau-
             linie (Strassenfront der Bauten), in dem das
             Trottoir integriert ist.

VERWENDUNG (uso)
           = Festgelegte Bestimmung eines Terrains, Gebäu-
             des oder von Teilen derselben.

WOHNUNGSDICHTE (densidad de vivienda)
           = Anzahl Wohnungen pro Areal.

WOHNZONE (zona residencial)
           = Zone, in der das Wohnen überwiegende Funktion
             hat.

ZONE (zona)   = In der Zoneneinteilung festgelegtes Gebiet, in
                dem bestimmte Baunormen gelten, um bie Bauty-
                pen und den Gebrauch des Bauterrains festzu-
                legen, um städtebauliche Charakteristiken zu
                erhalten und um die Wohndichte zu regulieren.
                (vgl. Plan der strukturellen Gliederung Bo-
                gotás)

ZONENEINTEILUNG (zonificación)
           = Einteilung des Spezialdistrikts Bogotá für
             planerische Zwecke. (vgl. Zone)

ZUSAMMENGEBAUTE GEBAEUDE (edificaciones continuos)
           = Gebäude, die seitlich mit anderen Gebäuden zu-
             sammenhängen. (Mit Ausnahme der Villenbebauung

ist das bei den Bebauungstypen Bogotás fast durchwegs der Fall.)

ZWEIFAMILIENHAUS (vivienda bifamiliar)

4.232 Generelle Verfügungen für Wohnzonen

4.2321 Wohnungsdichte (densidad de vivienda)
(Diese bezieht sich durchwegs auf das Netto-Grundstück)

ZONEN NIEDERER DICHTE (zonas de densidad baja)
In Zonen niederer Dichte dürfen nicht mehr als 50 Wohneinheiten[1] pro Hektare gebaut werden (= 50 Häuser à ca. 14,14 x 14,14 Meter).

ZONEN MITTLERER DICHTE (zonas de densidad media)
In Zonen mittlerer Dichte dürfen nicht mehr als 100 Wohneinheiten pro Hektare gebaut werden (= 100 Häuser à ca. 10 x 10 Meter).

ZONEN HOHER DICHTE (zonas de densidad alta)
In Zonen hoher Dichte dürfen nicht mehr als 150 Wohneinheiten pro Hektare gebaut werden (= 150 Häuser à ca. 8,16 x 8,16 Meter).

CITY (zona central principal) u. SEKUNDAERZONEN (zonas secundarias)
In der City und in Sekundärzonen wird eine höhere Wohnungsdichte zugelassen. (vgl. Erklärungen im Kapitel der funktionalen Gliederung Bogotás).

4.2322 Netto-Bebauungsindex[2] (índice neto de construcción)

Der Netto-Bebauungsindex für Wohnzonen liegt durchschnittlich zwischen 0,75 und 1,5.

---

1) Der Begriff der "Wohneinheit" ist meist identisch mit "Haus". Neuerdings wird darunter aber auch "Apartament" oder "Wohnung" verstanden. Deshalb kann der Begriff der "Wohnungsdichte" nur eine vage Vorstellung von der effektiven Ausnützung des Baugrundes geben.

2) vgl. Begriff: Netto-Bauland

4.2323 Grundstücks-Bebauungsindex bzw. Netto-Ausnützungsziffer (indice predial de construcción)[1]

Die Netto-Ausnützungsziffer für Wohnzonen liegt durchschnittlich zwischen 1,3 und 2,7.

Die in dieser Studie verwendete BAZ (Brutto-Ausnützungsziffer) ist durchschnittlich etwa um 0,1 Indexpunkte höher als die kolumbianische Netto-Ausnützungsziffer und die von Grosjean verwendete Brutto-Ausnützungsziffer, weil ja die Verkehrsfläche mit Ausnahme der Vorgärten mit integriertem Trottoir nicht in der Totalfläche des Bauareals (F_2) enthalten ist.

(Sowohl Grosjeans Netto-Ausnützungsziffer (a) wie auch seine Brutto-Ausnützungsziffer (BAZ) waren bei der Charakterisierung der Bogotaner Siedlungskomplexe nicht zweckmässig, da sie in der Ermittlung viel zu aufwendig sind.)

4.24 Schema des Urbanisierungsvorgangs

Aus den definierten Begriffen wird einigermassen ersichtlich, wie kompliziert (und deshalb schlecht kontrollierbar) der Urbanisierungsvorgang in Bogotá ist. Zudem hat die Stadt gegenwärtig jährlich mit etwa 60% Pirat-Urbanisierungen fertig zu werden. Mittels Dekreten können bestehende Baugesetze von einem Tag auf den anderen aufgehoben oder abgeändert werden. Einerseits wird dadurch die Stadtverwaltung reaktionsfähiger, andererseits weiss ein Liegenschaftsbesitzer nie genau, ob ihm nicht morgen ein Hochhaus vor die Nase gesetzt wird.

---

[1] vgl. Begriff: Netto-Grundstück

Der URBANISIERUNGSVORGANG kann etwa folgendermassen dargestellt werden (Zusammenfassung des Inhalts verschiedener Dekrete):

```
┌─────────────────────────────┐
│ NORMAL-URBANISIERUNG        │
│ (urbanizaciones normales)   │
└─────────────────────────────┘
```
- MINIMALE DICHTE   (Spezialregelung)
  (densidad mínima)
- NIEDERE DICHTE   (50 Wohneinheiten pro ha)
  (densidad baja)
- MITTLERE DICHTE   (100 Wohneinheiten pro ha)
  (densidad media)
- HOHE DICHTE   (150 Wohneinheiten pro ha)
  (densidad alta)
- DICHTE IN CITY UND   (Spezialregelung)
  SEKUNDAERZONEN
  (densidad zona cen-
  tral principal y
  zonas secundarias)

```
┌─────────────────────────────┐
│ SCHWARZ- bzw. PIRAT-        │
│ URBANISIERUNG               │
│ (urbanizaciones piratas     │
│ o clandestinas)             │
└─────────────────────────────┘
```
- LEGALISIERT
  (legalizado)
- NICHT LEGALISIERT   LEGALISIERUNG MOEGLICH
  (sin legalización)
                                  LEGALISIERUNG NICHT MOEGLICH[1])
                                  (weil Bebauung
                                  - ausserhalb der Stadtgrenze
                                    in der ländlichen Zone
                                  - in der Grünzone
                                  - in Schutzgebiet oder
                                  - in überschwemmungsgefähr-
                                     detem Gebiet gelegen)

---

1) Nuevas Normas de Urbanismo para Bogotá 1969, Plan S. 37

4.3 ARBEITSVERFAHREN

Nachdem nach Fahrten kreuz und quer durch Bogotá und nach dem Studium der einschlägigen Literatur empirisch 21 Bebauungstypen unterschieden werden konnten, musste ein möglichst rationeller Weg gefunden werden, die Bebauungen Bogotás, die sich über eine Fläche von über 300 Quadratkilometern erstrecken, den betreffenden Bebauungstypen zuzuordnen.

4.31 Arbeitsgrundlagen

Von vornherein mussten reine Feldaufnahmen ausgeschlossen werden, da die Stadt zu gross ist. Luftbilder, Katasterpläne und gezielte Feldkontrollen in Grenzfällen bzw. unklaren Situationen boten sich als Arbeitsgrundlagen an.

4.311 Luftbilder

Das IGAC (Instituto Geográfico Agustín Codazzi) besitzt eine umfangreiche Sammlung von Luftbildern der Stadt Bogotá.[1]

Verzeichnis der Luftbilder von Bogotá (IGAC)[2]

Art des Luftbildes	Anzahl vorhandene Luftbilder	Massstäbe	Aufnahmejahre
Schrägaufnahmen (fotografías oblicuas)	ca. 350	—	1965-1978
Senkrechtaufnahmen (fotografías verticales)	ca. 10000	1:4000 bis 1:10000	1965-1978

---

1) s. Auswahl von Luftbildern im Anhang
2) vgl. Quelle 20 und Quelle 21

Während die Schrägaufnahmen sich gut eigneten, um spezielle Kategorien einer Bebauung wie Baustil, Form, ungefähres Alter, Hausverband (Reihenhäuser, einzelstehende Häuser, Art der Grundstücksausnützung etc.) und die Zahl der Stockwerke festzustellen, waren die Senkrechtaufnahmen besonders aussagekräftig beim Eruieren der Grundrisse und bei der Abschätzung der Basis-Brutto-Ausnützungsziffer.[1]

Von den Schrägaufnahmen wurden alle ausgewertet, während die Senkrechtaufnahmen nur benützt wurden, wenn keine Katasterpläne jüngeren Datums vorhanden waren oder wenn keine aussagekräftig auswertbaren Schrägaufnahmen existierten.

4.312 Katasterpläne und Basis-BAZ-Schablonen

Im IGAC steht ebenfalls gutes Karten- und Planmaterial zur Verfügung.

Verzeichnis der Karten und Pläne des Spezialdistrikts Bogotá (IGAC)

Karte bzw. Plan	Anzahl Blätter für das Stadtgebiet	Massstab	Erscheinungsjahr
Physikal. Karte des Dep. Cundinamarca	---	1:300 000	1976
Stadtplan von Bogotá	1	1: 25 000	1976 + 1978
Stadtpläne von Bogotá	4	1: 10 000	1960(?)
Stadtpläne von Bogotá	15	1: 5 000	1960(?)
Katasterpläne von Bogotá	ca. 230	1: 2 000	1958 - 1967 u. jünger

---

[1] vgl. 4.32

Als Grundlage für die kartographische Darstellung der formalen-, funktionalen- und strukturellen Gliederung Bogotás dienten die Stadtpläne im Massstab 1:25 000 der Jahre 1976 und 1978. Obschon diese Blätter ein unhandliches Grossformat aufweisen (70 x 100 cm), bieten sie den Vorteil, dass die Ergebnisse direkt mit Blättern etwa aus dem Atlas der Schweiz (ebenfalls im Massstab 1: 25 000) verglichen werden können.[1]

Die Stadtpläne im Massstab 1:10 000 und 1:5 000 dienten einzig der Groborientierung innerhalb des Stadtgebietes, während etwa 180 Katasterpläne im Massstab 1:2 000 im Detail untersucht und ausgewertet wurden. Sie enthalten neben einer Menge anderer Information die Grundlagen für die nähere Bestimmung der Bebauungstypen (Reihenhäuser, einzelstehende Häuser, Art der Grundstücksausnützung etc.) als Kontrolle und oder Ergänzung der Luftbildinformation, aber vor allem die für die Berechnung der Basis-BAZ notwendigen Ausmasse der G (Grundfläche aller Gebäudeteile) und der F_2 (Totalfläche des Areals bzw. Baugrundstücks exklusive Verkehrsfläche aber inklusive Trottoirs oder Vorgärten mit integriertem Trottoir).

Für die praktische Arbeit mit Luftbildern und Katasterplänen wurden eine Anzahl Basis-BAZ-Schablonen angefertigt, mit deren Hilfe das Abschätzen der Basis-BAZ stark erleichtert wurde.

Hier eine Auswahl der zweckmässigsten Basis-BAZ-Schablonen mit Brutto-Ausnützungsziffern von ca. 0,04 bis ca. 0,84.

---

[1] vgl. ATLAS DER SCHWEIZ, Redaktion: Eidgenössische Technische Hochschule, Zürich.
(z.B. Blätter 43, Bern und 46, Zürich etc.)

Basis-BAZ-Schablone I

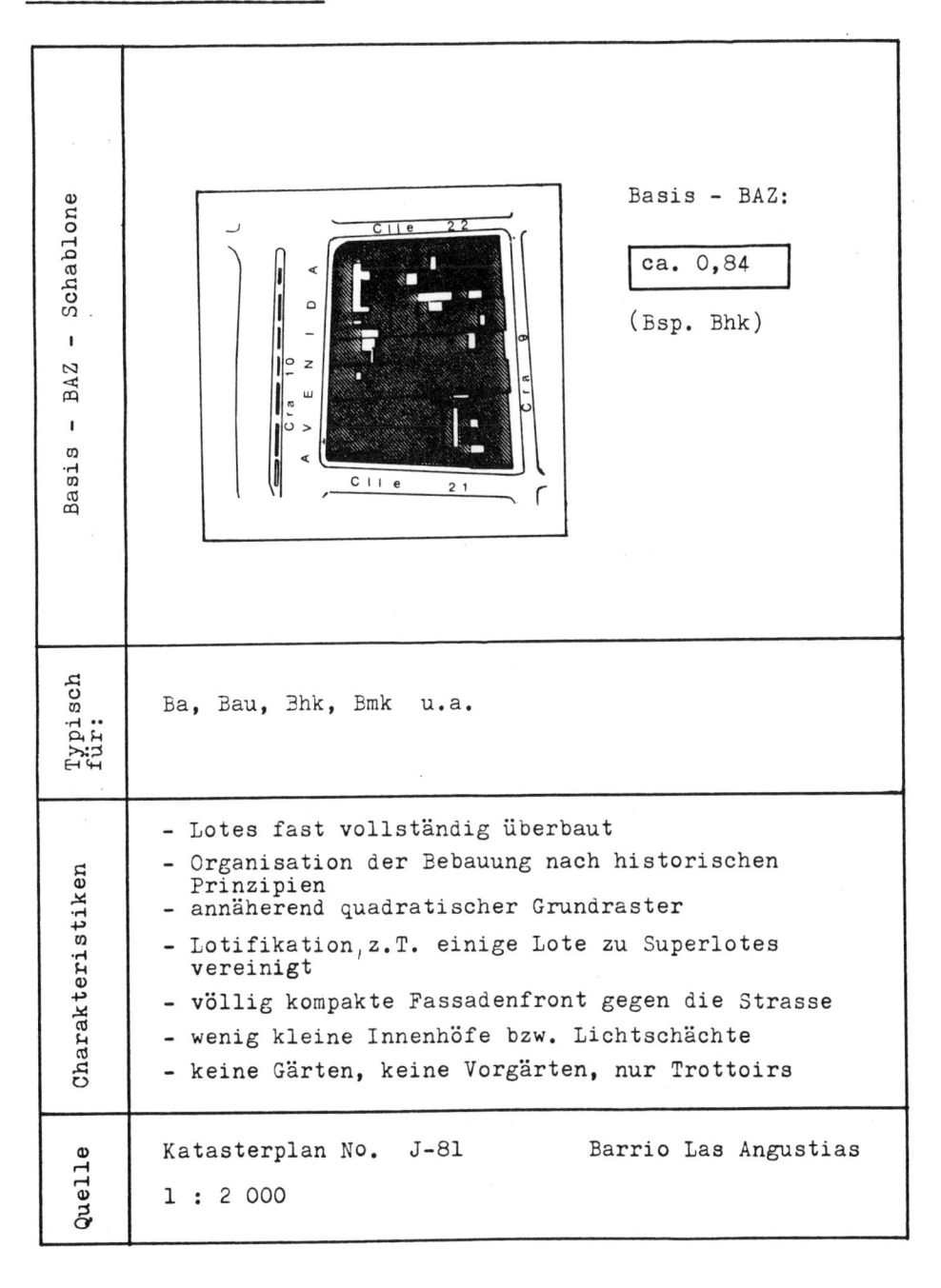

Basis – BAZ – Schablone	Basis - BAZ: ca. 0,84 (Bsp. Bhk)
Typisch für:	Ba, Bau, Bhk, Bmk u.a.
Charakteristiken	- Lotes fast vollständig überbaut - Organisation der Bebauung nach historischen Prinzipien - annähernd quadratischer Grundraster - Lotifikation, z.T. einige Lote zu Superlotes vereinigt - völlig kompakte Fassadenfront gegen die Strasse - wenig kleine Innenhöfe bzw. Lichtschächte - keine Gärten, keine Vorgärten, nur Trottoirs
Quelle	Katasterplan No. J-81 Barrio Las Angustias 1 : 2 000

Basis-BAZ-Schablone II

Basis – BAZ – Schablone	Basis – BAZ: **ca. 0,77** (Bsp. Bhm)
Typisch für:	Ba, Bau, Bhk, Bhh, Bmq, Bmm, Bme
Charakteristiken	- Organisation der Bebauung nach historischen Prinzipien - annähernd quadratischer Grundraster - Lotifikation - kompakte Fassadenfront gegen die Strasse zu (Bei modernen Typen (etwa Bhm, Bhh) besteht die kompakte Häuserfront nur in den unteren Stockwerken, während oben die Baukörper deutlich voneinander abgesetzt sind.) - kleine Innenhöfe (patios), selten Hintergärten, keine Vorgärten, nur Trottoirs
Quelle	Katasterplan No. J-81 Barrio Las Nieves 1 : 2 000

Basis BAZ-Schablone III und IV

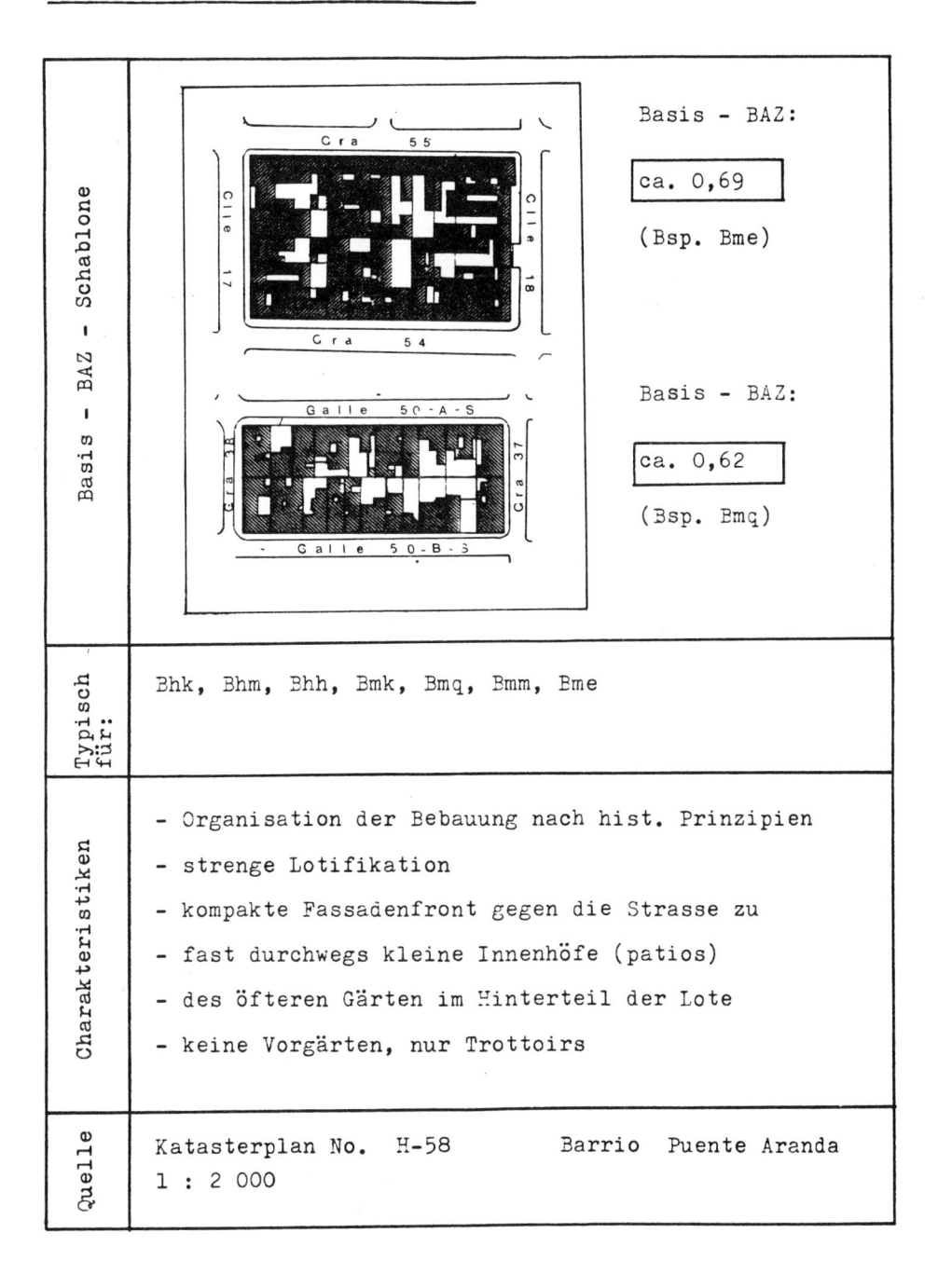

Basis – BAZ – Schablone	*[cadastral plan showing Cra 55 / Cra 54 / Clle 17 / Clle 18 block and Calle 50-A-S / Calle 50-B-S / Cra 37 block]*	Basis – BAZ: ca. 0,69 (Bsp. Bme) Basis – BAZ: ca. 0,62 (Bsp. Bmq)
Typisch für:	Bhk, Bhm, Bhh, Bmk, Bmq, Bmm, Bme	
Charakteristiken	- Organisation der Bebauung nach hist. Prinzipien - strenge Lotifikation - kompakte Fassadenfront gegen die Strasse zu - fast durchwegs kleine Innenhöfe (patios) - des öfteren Gärten im Hinterteil der Lote - keine Vorgärten, nur Trottoirs	
Quelle	Katasterplan No. H-58 Barrio Puente Aranda 1 : 2 000	

Basis-BAZ-Schablone V

Basis - BAZ - Schablone		Basis-BAZ: ca. 0,53 (Bsp. Bmq)
Typisch	Bmq, Bnq u.a.	
Charakteristiken	- Organisation der Bebauung aus dem historischen quadratischen Grundraster herausgelöst, im Prinzip aber beibehalten - strenge Lotifikation - kompakte Häuserfront gegen die Strasse zu - z.T. recht grosse Gärten auf der Rückseite des Lote, mit hoher Mauer deutlich voneinander abgetrennt - keine Vorgärten, nur Trottoirs	
Quelle	Katasterplan No. L-27 1 : 2 000	Barrio Santa Lucia

Basis-BAZ-Schablone VI

Basis - BAZ - Schablone	a) b) Basis - BAZ: ca.0,37 (0,45 ohne punkt. Fläche) b) Basis - BAZ: ca.0,31 (0,37 ohne punkt. Fläche) (Bsp. Bme)
Typisch für:	Bme, Bne
Charakteristiken	- Organisation der Bebauung aus dem historischen quadratischen Grundraster herausgelöst, im Prinzip aber nur Abwandlung davon - regelmässige Lotifikation - kompakte Häuserfront gegen die Strasse zu - kleine Vorgärten mit integriertem Trottoir - grössere Gärten auf der Rückseite, mit hoher Mauer voneinander abgetrennt - variable Baugrundrisse
Quelle	Katasterplan No. L-6 Barrio Venecia 1: 2 000

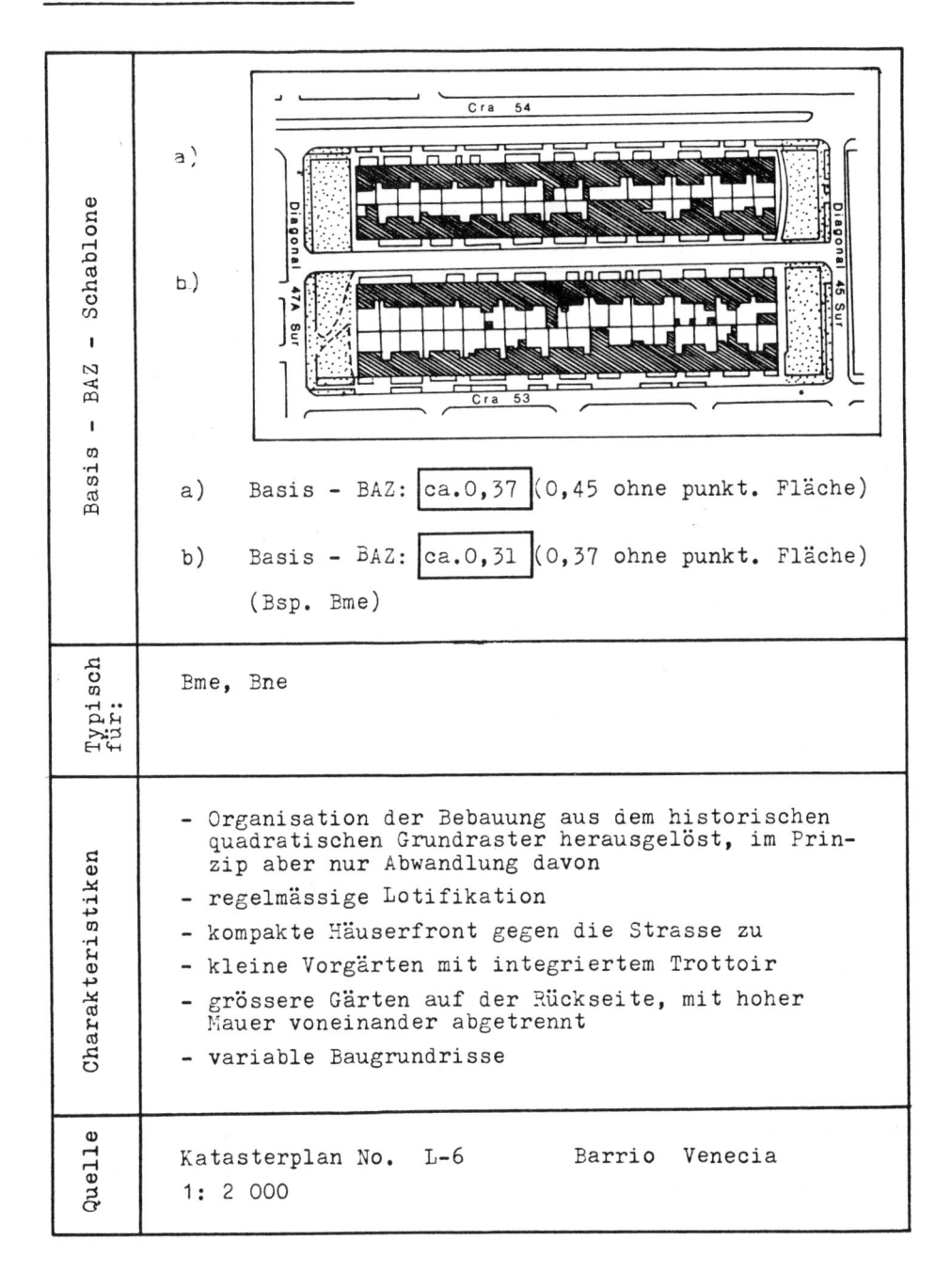

Basis-BAZ- Schablone VII

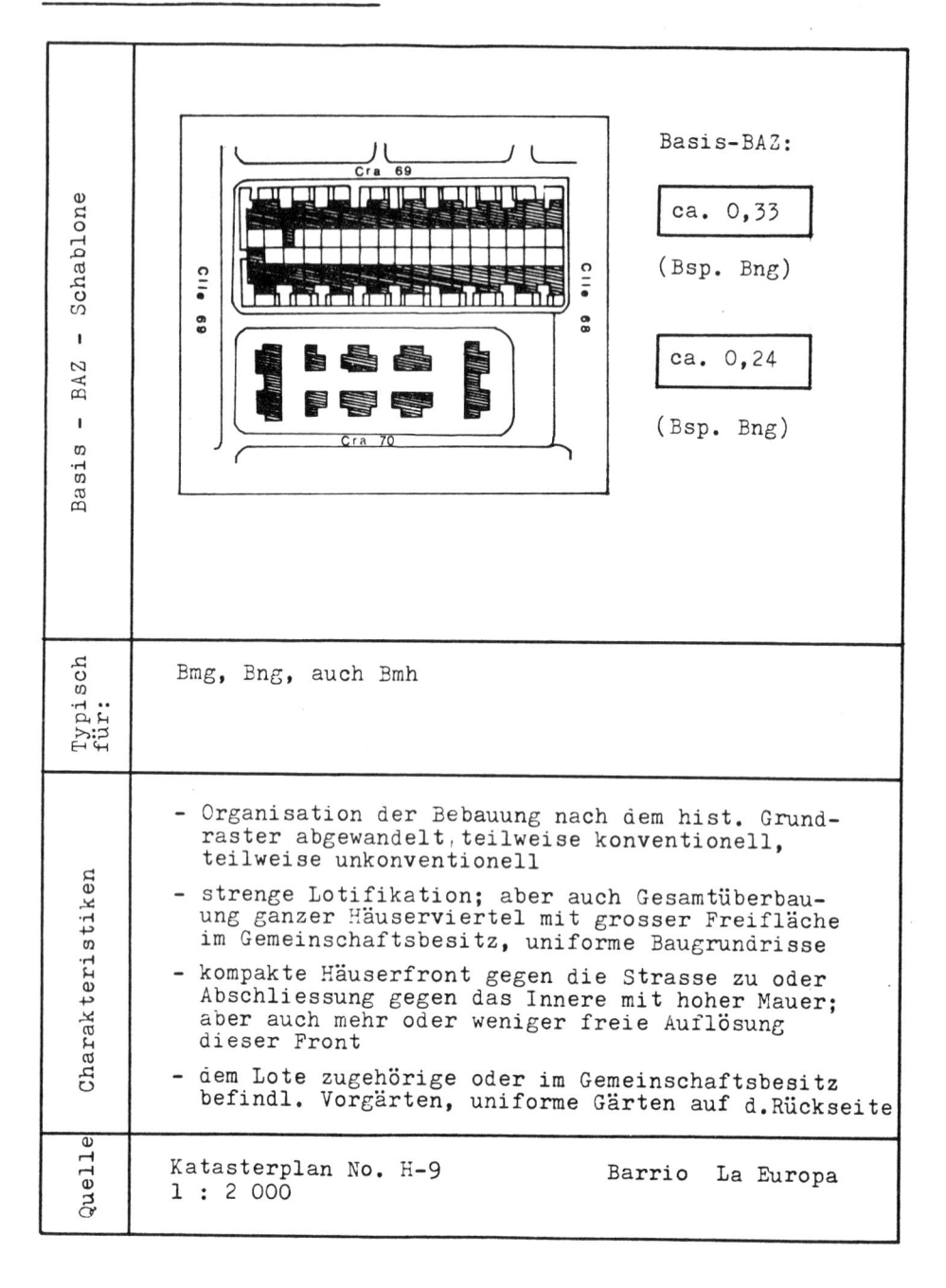

Basis - BAZ - Schablone	Basis-BAZ: ca. 0,33 (Bsp. Bng) ca. 0,24 (Bsp. Bng)
Typisch für:	Bmg, Bng, auch Bmh
Charakteristiken	- Organisation der Bebauung nach dem hist. Grundraster abgewandelt, teilweise konventionell, teilweise unkonventionell - strenge Lotifikation; aber auch Gesamtüberbauung ganzer Häuserviertel mit grosser Freifläche im Gemeinschaftsbesitz, uniforme Baugrundrisse - kompakte Häuserfront gegen die Strasse zu oder Abschliessung gegen das Innere mit hoher Mauer; aber auch mehr oder weniger freie Auflösung dieser Front - dem Lote zugehörige oder im Gemeinschaftsbesitz befindl. Vorgärten, uniforme Gärten auf d. Rückseite
Quelle	Katasterplan No. H-9 Barrio La Europa 1 : 2 000

Basis-BAZ-Schablone VIII, IX und X
___

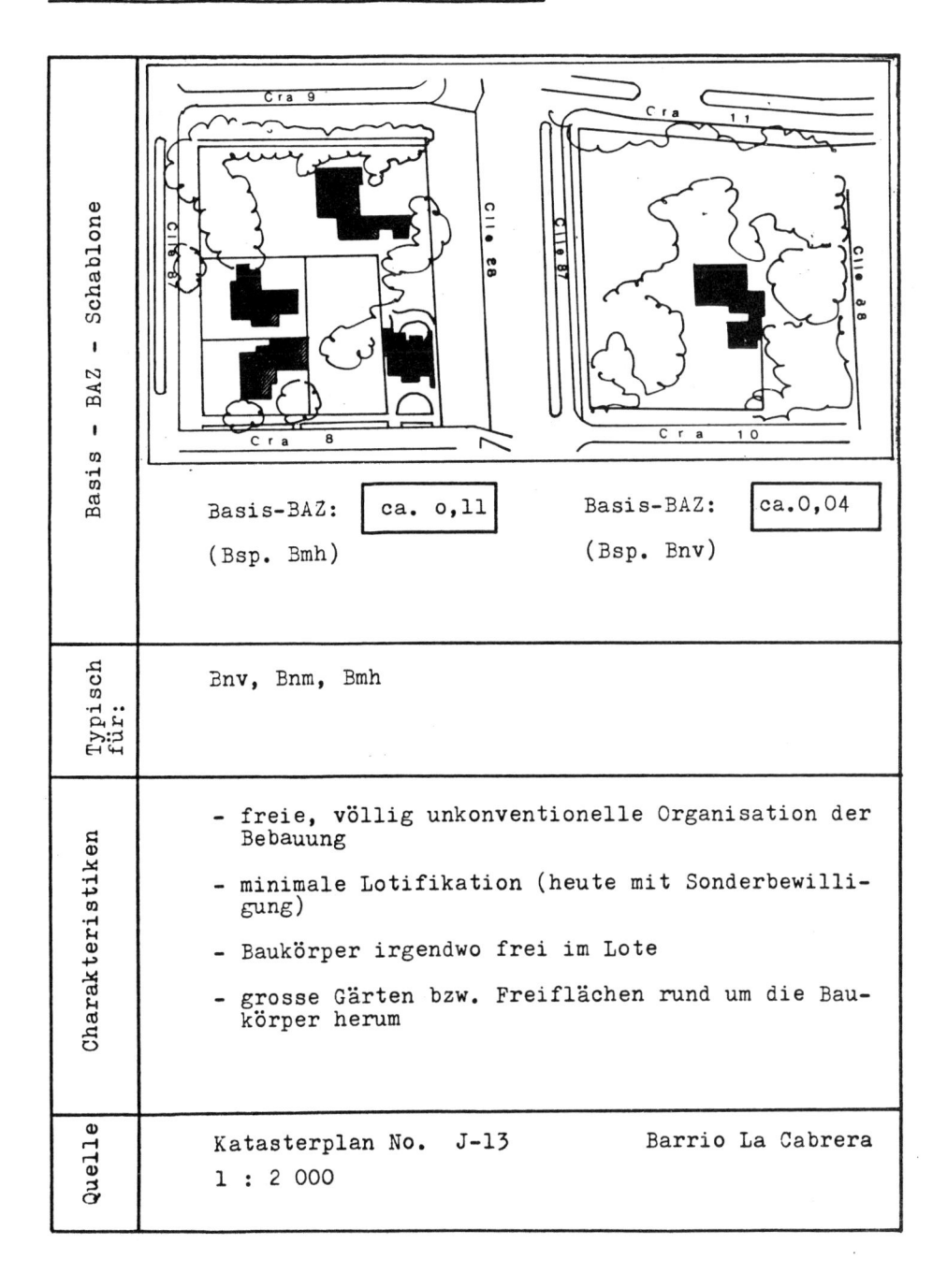

Basis – BAZ – Schablone	Basis-BAZ: ca. 0,11 (Bsp. Bmh) Basis-BAZ: ca. 0,04 (Bsp. Bnv)
Typisch für:	Bnv, Bnm, Bmh
Charakteristiken	- freie, völlig unkonventionelle Organisation der Bebauung - minimale Lotifikation (heute mit Sonderbewilligung) - Baukörper irgendwo frei im Lote - grosse Gärten bzw. Freiflächen rund um die Baukörper herum
Quelle	Katasterplan No. J-13 Barrio La Cabrera 1 : 2 000

4.32 Zuordnung der Bogotaner Bebauungen zu Bebauungstypen

Bei der Zuordnung der Bogotaner Bebauungen zu Bebauungstypen mussten sowohl kolumbianische wie auch schweizerische Normen berücksichtigt werden, um einen Vergleich der Städte-Gliederung zu ermöglichen.
So wurde bereits darauf hingewiesen, dass die Verkehrsflächen Bogotas zu unterschiedliche Ausmasse aufweisen, als dass sie bei der Ermittlung der Brutto-Ausnützung hätten mitgezählt werden können. Zudem wurde bereits festgehalten, dass der kolumbianische Begriff der Wohnungsdichte recht komplex ist und nur ungenügende Auskunft über die effektive Ausnützung einer Bauzone geben kann. Deshalb wurde im Prinzip die Brutto-Ausnützung nach schweizerischen Normen berechnet (vgl. 4.231 : Definitionen).

4.321 Arbeitsmethode bei der Erstellung des Arbeitsplanes[1] der formalen Gliederung Bogotas

Um sich mit wesentlichen Unterscheidungsmerkmalen der Bebauungen vertraut zu machen, wurden zu Beginn eine Reihe von Luftbildern stereoskopisch betrachtet und ausgewertet. Die notwendige Untersuchung von x-tausend Luftfotos bedingte aber eine rationellere Methode. Es zeigte sich, dass ein Filmstreifenbetrachter (d.h. eine Lupe mit 3-facher Vergrösserung) genügte, um die Bogotaner Bebauungen den verschiedenen Typen zuzuordnen.

Als kleinste Zuordnungseinheit wurde das Häuserviertel (manzana) untersucht. Wiesen mehr als 50% der Häuser einer solchen Kleineinheit die charakteristischen Merkmale eines bestimmten Bebauungstyps auf, wurde dieser Typ kartiert. Wo weniger als 50% der Häuser die gleichen Typmerkmale zeigten, wurde entweder die grösste vorhandene Bebauung eingezeichnet oder versucht, das Revier einem benachbarten Bebauungstypkomplex anzugliedern.

---

1)= Ergebnis der Feldarbeit

Der Zuordnungsvorgang spielte sich etwa folgendermassen ab:
Zuerst wurde anhand des Katasterplans - oder bei jüngeren Ueberbauungen anhand des betreffenden Senkrechtluftfotos - unter Zuhilfenahme der Basis-BAZ-Schablonen die ungefähre Basis-Ausnützungsziffer[1] eines Häuserviertels und die Organisation[2] der Bebauung festgestellt. Danach konnte mittels Schrägluftaufnahme die durchschnittliche Gebäudehöhe ermittelt werden, was erlaubte, zusammen mit den zuerst gemachten Feststellungen die Bruttoausnützungsziffer der betreffenden Betaung abzuschätzen. Die Luftfotos erlaubten zudem die Zuordnung der Häuser zu einem bestimmten vorherrschenden Baustil (was die ungefähre Datierung der Bebauung ermöglichte) und zu einer bestimmten Bauorganisation (Reihenhäuser, freistehende Häuser, Gesamtplanungen etc.), was schlussendlich die Zuweisung zu einem klar definierten Bebauungstyp ermöglichte.
Aus regelmässigen Kontrollfahrten wurden die so ermittelten Resultate vor allem an den Grenzen unterschiedlicher Bebauungen überprüft und Informationslücken geschlossen.

4.322 Arbeitsmethode bei der Erstellung des endgültigen Planes der formalen Gliederung Bogotas

Ziel der Kartierung der formalen Gliederung musste sein, die recht komplexe Situation in eine lesbare graphische Darstellung umzusetzen. Es wurden folgende Grundsätze angewendet:

a) Aus Kostengründen wurde für den Originalplan eine reine schwarz-weiss Darstellung auf Transparentpapier gewählt, was eine Vervielfältigung im Heliographieverfahren ermöglicht hätte.[3]

b) Als Planunterlage wurde ein auf Transparentpapier übertragenes Foto des Stadtplanes von 1977 benützt, so dass auf dem Originalplan der formalen Gliederung jedes Häuserviertel, das

---

1) = Ausnützungsziffer, berechnet aus der Fläche der Baugrundstücke und der Grundrissfläche der Gebäude

2) = Grundrissform des Häuserviertels und der einzelnen Häuser, Art der Grundstücksausnützung usw.

3) Die Originalpläne im Massstab 1:25 000 befinden sich im Besitz des Autors.

vollständige Strassennetz sowie die umfangreiche Schriftinformation herausgelesen werden kann.

c) Die unterschiedliche Art der Ausnützung wurde auf dem Originalplan durch verschiedene graphische Mittel deutlich getrennt. So erscheint die historische Bebauung in zwei unterschiedlichen Grautönen, die Bebauung hoher Ausnützung in drei verschiedenen Quadratgitterrastern, die Bebauung mittlerer Ausnützung in fünf verschiedenen Punktrastern (Industriebebauung mittlerer Ausnützung in Raster aus grossen Kreisen) und die Bebauung niederer Ausnützung in drei verschiedenen Strichrastern (Industriebebauung niederer Ausnützung in Raster aus kleinen Kreisen). Mit zwei unterschiedlichen Quadratrastern wurde ausserdem die Tugurio-Bebauung deutlich abgehoben. Zudem wurden einheitliche Gesamtüberbauungen durch kräftige Umrandung hervorgehoben und der Standort von Wolkenkratzern durch auffallende Zeichengebung markiert.[1]

d) Um die Tendenzen in der Verteilung der Bebauungstypen innerhalb des Siedlungskomplexes hervorzuheben und um die Lesbarkeit des Originalplanes zu erleichtern, wurden kleinere inselhafte Bebauungen mit weniger als 0,75 qcm (= ca. 4,7 Hektaren) durch benachbarte Bebauungstypen ersetzt, wobei von verschiedenen Nachbartypen derjenige kartiert wurde, der im betreffenden Stadtteil am deutlichsten einer vorhandenen Tendenz entsprach. So wurden beispielsweise in den Quartieren des Chico die alten und neuen Villenbebauungen durch Eliminierung anderer inselhaft auftretender Typen vergrössert.[1]

e) Das Strassennetz zeigt nur die wichtigsten Hauptverbindungen. Damit die Verkehrsträger wirklich als Orientierungshilfe dienen können, wurden die hervorgehobenen Strassen auf dem Originalplan stark verbreitert dargestellt. (Das Strassennetz ist übrigens auf allen drei Plänen identisch abgebildet, um den Vergleich untereinander zu erleichtern.)[1]

4.4 VERSTÄDTETER RAUM BOGOTA D.E. [2]

Grosjean definiert den Verstädterten Raum folgendermassen:[3]

"Ein Raum, in welchem formal städtische Bebauung dominiert und funktional die wirtschaftlichen Aktivitäten des sekundären und tertiären Sektors allgemeine Priorität haben. In den Raum sind

---

1) Die Originalpläne im Massstab 1:25 000 befinden sich im Besitz des Autors.

2) = Distrito Especial (Spezialdistrikt Bogotá)

3) Grosjean Georges 1975, S. 137

aber auch Flächen anderen Charakters eingeschlossen, wie auch
die für städtische Bebauung und Industrie .... erforderlichen Erweiterungsreserven."
Diese Definition trifft auf den Spezialdistrikt Bogotá zu.

4.41 Abgrenzung und Grundsätzliches des Spezialdistrikts Bogotá

Die Stadt Bogotá liegt auf 2 600 Metern ü.M. (Sternwarte). Der
Spezialdistrikt reicht aber im Süden auf über 3 000 Meter ü.M.
hinaus. Von der Totalfläche des Spezialdistrikts von 1 587 km^2
befinden sich 722 km^2 bzw. 45,5% in der Kalten Zone (Tierra Fría)
und 865 km^2 bzw. 54,5% sind Oedland (Tierra del Páramo).
Während sich die Stadt zum grössten Teil in der flachen Savanne
ausbreitet, erstrecken sich doch heute Bebauungen im Nordwesten
in den Cerros de Niza bis auf 2 800 Meter ü.M., in den Quartieren
Santa Ana Oriental, Las Acacias etc. im Nordosten und Osten bis
auf 2 700 Meter ü.M. und im Südosten in den Elendsquartieren um
die Passstrasse nach Villavicencio herum bis auf über 3 000 Meter
ü.M. hinauf. Aber das Gelände der in die Hügel und Hänge hineingebauten Agglomerationen weist nur selten Hangneigungen von über
40% auf. Die Reliefenergie ist fast durchwegs klein, die Relieffeingliederung gering (nur in Ausnahmefällen - etwa in Slums-Bebauungen - von Bedeutung!).
Da sich die Stadt in einem von Randgebirgen umgebenen Hochlandbecken ausbreitet, sind im Umkreis von 15-40 km grosse Trinkwasserreserven vorhanden (Stauseen: La Regadera, El Hato, Muña, Pantanoredondo, Neusa etc.)
Nachbargemeinden und -departamente vgl. Plan "Spezialdistrikt
Bogotá (Stand 1972)".

Die naturräumliche Eignung des Spezialdistrikts als Verstädteter
Raum kann demnach für tropische Verhältnisse als geradezu ideal
bezeichnet werden.

Mindestens 250 km^2 (1975) sind zusammenhängend städtisch bebaut, und der Raum fasst heute rund 6 Millionen Einwohner.

<u>Kulturräumlich</u> ist demnach wohl eine Grenze erreicht (vgl. Flächenschema). Das haben auch hohe Stadtfunktionäre eingesehen, wenn der Oberbürgermeister erklärt, dass die Regierung nicht beabsichtige, weitere Gemeinden in den Spezialdistrikt einzugliedern und damit die Ausdehnung der Hauptstadt sprungweise zu vergrössern, wie etwa 1954 (vgl. Gesetzesdekret No. 3640).[1]

---

[1] vgl. Rede des Oberbürgermeisters in: "El Tiempo", Tageszeitung Bogotas, 23. Mai 1980, S. 3-A

4.42 Flächenschema des verstädterten Raumes Bogotá D. E. (- S)

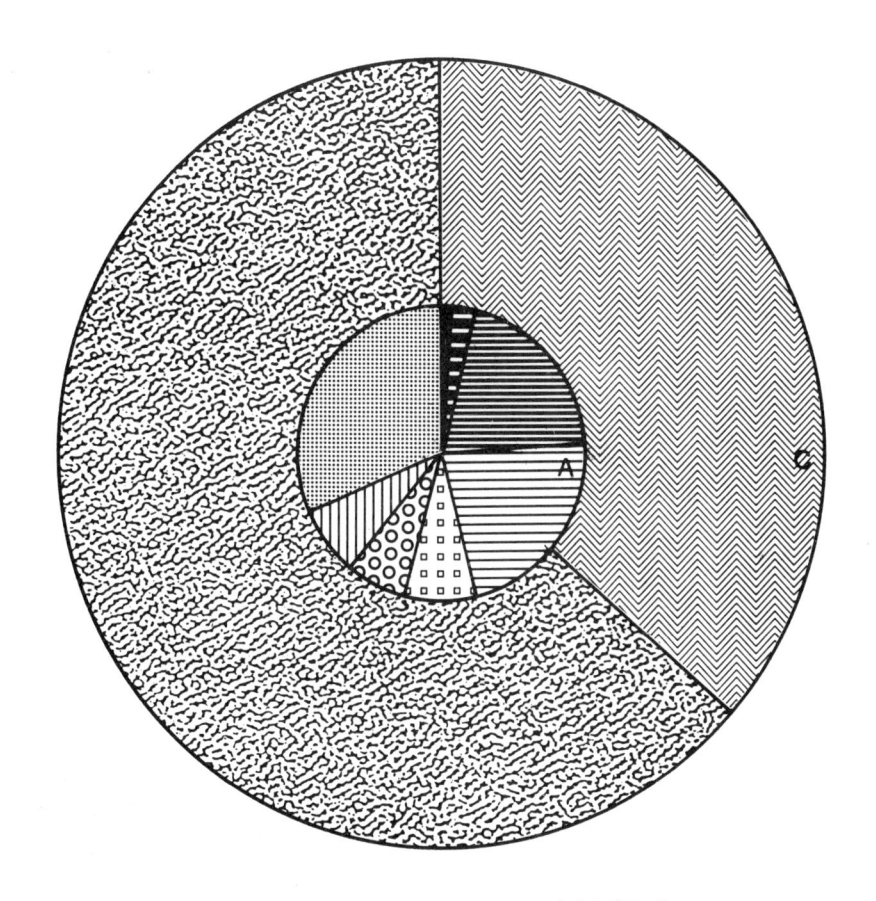

A : SIEDLUNGSFLAECHE IM ZENTRUM DES RAUMTYPS S (14,27%)
B : SIEDLUNGSFLAECHE IN DEN UEBRIGEN GEMEINDEN DES RAUMTYPS S (UNRELEVANT)
C : LANDSCHAFTSFLAECHEN IM RAUMTYP S (85,73%)

SIEDLUNGSKOMPONENTEN
STAETISCHE BEBAUUNG
    ALTSTADTBEBAUUNG
    HOHE AUSNUETZUNG
    MITTLERE AUSNUETZUNG
    NIEDERE AUSNUETZUNG
    SLUMBEBAUUNG
    INDUSTRIEFLAECHEN

GROSSFLAECHIGE OEFFENTLICHE BAUTEN UND ANLAGEN
UEBRIGES SIEDLUNGSGEBIET

LANDSCHAFTSKOMPONENTEN
    LANDWIRTSCHAFTLICHE KULTURFLAECHE
    UEBRIGE FLAECHEN (GEWAESSER, NATUERLICHE VEGETATION UEBER 3000 METER ü.M.

4.421 - Daten zum Flächenschema des verstädterten Raumes Bogotá D.E.[1)]

SIEDLUNGSKOMPONENTEN	Fläche[2)] km^2	Stadtgeb. %	Distrikt %
Altstadtbebauung	1,56	0,69	
hohe Ausnützung	5,63	2,48	
mittlere Ausnützung	46,56	20,56	
niedere Ausnützung	49,31	21,77	
Slumsbebauung	18,00	7,95	
Industrieflächen	16,07	7,10	
Grfl. öffentl. Bauten u. Anlagen	17,81	7,86	
Uebriges Siedlungsgebiet	71,56	31,59	
Total Stadtgebiet	226,5	100	14,27

LANDSCHAFTSKOMPONENTEN	Fläche km^2	Landsch. %	
Landwirtsch. Kulturfläche	495,5	36,42	
Uebrige Flächen	865,0	63,58	
Total Landschaft	1.360,5	100	85,73
Total Spezialdistrikt Bogotá	1.587,0		100

---

1) Quellen: - Grosjean Georges 1975, S. 53
- Karten der formalen und funktionalen Gliederung Bogotás 1980.
- IDU, Esquema Informativo del Distrito Especial de Bogotá, Escala 1:125 000, Octubre 1974

2) Bei allen Flächen sind die Verkehrsflächen zugerechnet!

4.5 SCHEMATISIERENDE INTERPRETATION DER GLIEDERUNG NACH BEBAUUNGSTYPEN

Das doch recht komplexe Bebauungsgefüge Bogotas soll in der Folge analysiert und in einer schematischen graphischen Darstellung vereinfacht wiedergegeben werden.[1]

4.51 Historische Bebauung

Diese ist heute fast ausschliesslich auf die ältesten Kerne von Bogotá, Bosa, Fontibón, Engativá, Suba und Usaquén beschränkt. Mit 1,56 km^2 macht sie nur 0,69% der Siedlungsfläche der Hauptstadt aus. Einzig im Zentrum Bogotas sind etwa 0,31 km^2 bzw. ca. 20% der Historischen Bebauung (=Ba/Altstadtbebauung) geschützt. Der Rest muss immer mehr modernen Bebauungen weichen.

4.52 Aeltere, konventionelle Stadtkern- und Quartierbebauung

Aeltere, konventionelle Stadtkernbebauung hoher Ausnutzung hat sich nur noch inselhaft in den Sektoren 02, 03, 04, 06 und 08 erhalten (zusammenhängende Bebauungen von ca. 0,06 - 0,2 km^2). Aeltere, konventionelle Stadtkernbebauung mittlerer Ausnützung findet sich anschliessend an den Kern der City in grösserer Ausdehnung vor allem noch in den Sektoren 03/04 und 06 (zusammenhängende Bebauungen von ca. 0,3 - 1,1 km^2) und in kleineren Bebauungen auch in den Sektoren 01, 03, 05 und 08.

Aeltere, konventionelle Quartierbebauung kommt in grossem Ausmasse im Norden in den Sektoren 07, 18, 32 und 31 zwischen Avenida Caracas und Avenida Ciudad de Quito und im Süden im Sektor 36 vor. (Bebauungen von bis zu ca. 2,5 km^2), während kleinere Flächen dieses Typs noch in den Sektoren 19, 33, 47, 51 und 52 im Norden und 10, 21, 23, 24, 38, 42, 44 und 63 im Süden auftreten.

Auffallend ist, dass sich diese älteren, konventionellen Bebau-

---

[1] vgl. 4.6 : Schema der formalen Gliederung Bogotas

ungen, aus den Stadterweiterungen bis 1910 und 1930 stammend, vor allem ausserhalb der City bis heute grösstenteils erhalten haben.[1]

4.53 Mit Wolkenkratzern durchsetzte moderne Stadtkern- und Hochhausbebauung

Die Hochhausbebauung hat sich des Zentrums der City fast vollständig bemächtigt (Sektor 02 und teilweise 03) und zieht sich in inselhaften Bebauungen im Raume Carrera 7a im Norden bis über die Calle 100 hinaus. Im Zentrum zeigt diese Bebauung eine zusammenhängende Fläche von ca. 1,1 km^2, während die gleichen Bebauungen im Raume Carrera 7a nur noch Ausmasse von 0,5 - 0,3 km^2 aufweisen.

Die moderne Stadtkernbebauung schliesst sich halbkreisförmig um die Hochhausbebauung des City-Zentrums und greift im Norden entlang der Avenida Caracas in Form einer aufgelockerten bandmässigen Erweiterung der City bis über die Calle 90 hinaus. Die grösste zusammenhängende Bebauung in den Sektoren 02 und 06 weist eine Fläche von ca. 1 km^2 auf.

Die rund 30 Wolkenkratzer stehen vor allem innerhalb der Hochhausbebauung, vereinzelt aber auch in der modernen Stadtkernbebauung und nur ausnahmsweise in der älteren, konventionellen Stadtkernbebauung hoher Ausnutzung.

4.54 Differenzierte, moderne Quartierbebauung mit Mehrfamilienblöcken und z.T. Hochhäusern

Diese Bebauung ist im Norden vor allem östlich der Carrera 13 bis zur Calle 92 entstanden, noch nördlicher davon auch entlang wichtiger Hauptverkehrsadern, z.B. an der Calle 100, der Avenida 15 und im Barrio Santa Ana (Sektoren 33, 55 und 56).

---

1) vgl. 2.4 Flächenwachstum Bogotás im Laufe der Geschichte

Zwischen der Avenida Caracas und der Avenida Ciudad de Quito
(vor allem im westlichen Teil der Sektoren 07 und 18) sind weitere solche Bebauungen entstanden. Zudem findet man differenzierte, moderne Quartierbebauung mit Mehrfamilienblöcken und z.T.
Hochhäusern anschliessend an die Bebauungen der City im Süden
(Sektoren 82, 12 und 23).

Weiter entfernt vom Zentrum ist dieser Typ fast nur in Spezial-
überbauungen anzutreffen, wie z.B. in den Quartieren Paulo VI
(Zone 30), Centro Antonio Nariño (Zone 16), Quiroga (Westteil
der Zone 51), Santacoloma (Westlich der Zone 57), in den Grossüberbauungen der verschiedenen Teile der Ciudad Kennedy (Sektoren
40 und 41) und in der Ueberbauung Timiza (Sektor 39).

4.55 Differenzierte Reiheneinfamilienhausbebauung

Die grösste fast zusammenhängende Bebauung mit differenzierten
Reiheneinfamilienhäusern mittlerer Ausnutzung schiebt sich südlich der City als Kreissegment zwischen das Hauptindustriegebiet
im Westen und die Tuguriobebauung im Südosten (Sektoren 27, 13,
12, 23, 24, 11, 22 und westliche Teile von 10 und 09).

Gegen den Stadtrand zu im Süden schliesst sich daran ein weiteres Kreissegment, in dem allerdings die differenzierte Reiheneinfamilienhausbebauung niederer Ausnutzung leicht überwiegt.

Weitere solche Bebauungen mittlerer Ausnutzung befinden sich in
den Sektoren 54, 32, 18 und 19, mehrheitlich zwischen Avenida
Caracas und Avenida Ciudad de Quito, umgeben von alter, konven-
tioneller und differenzierter, moderner Quartierbebauung.

Weitere Ballungen dieses Typs mittlerer Ausnutzung, umgeben von
Bebauungen niederer Ausnutzung, befinden sich in Fontibón (Sektor 45), in den Quartieren zwischen dem Lago des Clubs de los Lagartos und der Autopista Eldorado (Sektoren 47, 48, 51 und 52)
und in den Quartieren Rionegro und Rincón de los Andes (Sektor 53).
Im Norden schliesst sich ein breites Kreissegment von differen-

zierten Reiheneinfamilienhausbebauungen niederer Ausnutzung an
die innerstädtischen Bebauungen Bogotas an, die gegen Westen zu
mit Bebauungen mittlerer Ausnutzung stark durchbrochen ist und
gegen Süden zu immer schmaler wird.

Die differenzierte Reiheneinfamilienhausbebauung mittlerer und
niederer Ausnutzung ist somit einer der kennzeichnendsten Bebauungstypen Bogotas.

4.56 Einheitliche Gesamtüberbauung

Dieser Typ erstreckt sich heute über weite Flächen der seit den
sechziger Jahren entstandenen Agglomerationen. Am häufigsten
tritt er in Bebauungen niderer Ausnutzung auf, seltener in solchen mittlerer Ausnutzung.

(Die differenzierte, moderne Quartierbebauung mit Mehrfamilienblöcken und z.T. Hochhäusern wurde meist nicht als einheitliche
Gesamtüberbauung ausgeschieden, da im Luftbild bei diesem Bebauungstyp der Unterschied zwischen Gesamtplanung und Teilplanung
bzw. differenzierter Ueberbauung nur schwer zu eruieren war.
Sehr oft müssen allerdings solche Siedlungen als Gesamtplanungen
angesprochen werden.)

Auch die einheitliche Gesamtüberbauung ist zu einem der charakteristischsten Bebauungstypen Bogotas geworden.

4.57 Slum - Bebauung

Effektive Slums machen in Bogotá schätzungsweise nur etwa 0,04%
der städtischen Bebauungen aus. Sie wurden deshalb nicht besonders ausgeschieden.[1]

Unter dem Begriff der Slumsbebauung werden demnach alle Quartiere
der untersten sozialen Schichten[2] erfasst, welche aus Invasionen

---

1) = vgl. Bemerkungen unter 4.146
2) = vgl. Plan der strukturellen Gliederung Bogotas 1973

stammen, sich progressiv weiterentwickeln und verdichten. Die Bewohner steigen im Laufe der Jahre von der sozio-ökonomischen Schicht 1 über 2 in die Schicht 3 auf, sofern sich die Siedlungen optimal entwickelt haben.[1] Diese soziale Mobilität wirkt sich auf die Verteilung der verschiedenartigen Bebauungen Bogotas aus; denn alle Slumbebauungen treten ausnahmslos am Rande der Stadt auf. Innerstädtische Slums, wie sie Bähr[2] in seinem Idealschema der lateinamerikanischen Grossstadt aufzeigt, gibt es in Bogotá kaum, wegen des oben beschriebenen Phänomens der progressiven Weiterentwicklung. Deshalb wandelt sich mit dem Wachstum der Stadt auch der Charakter einstiger Slum-Quartiere, so dass sie etwa unter den im Süden Bogotas vorkommenden Typ der differenzierten Einfamilienhausbebauung niederer Ausnutzung fallen, sobald sich die Siedlungen nicht mehr am Stadtrand befinden.

Die grössten zusammenhängenden Slum-Bebauungen (bis zu 7,5 km^2 Fläche) befinden sich im steilen Gelände der Passstrasse nach Villavicencio in ökologischen Nischen bis über 3 000 Meter ü.M. hinauf (Sektoren 20, 09, 10, 04 und 01), ferner am Südrand der Stadt (Sektoren 35 und 36), am äussersten Rande von Bosa (Sektor 63; z.T. könnten auch die im Sektor 44 als differenzierte Reiheneinfamilienhaus-Bebauung südlichen Typs ausgeschiedenen Quartiere teilweise als Slum-Bebauungen bezeichnet werden!), am westlichen Rande von Engativá (Sektor 50), auf ausgedehnten Flächen Subas (Sektor 59) und in den Ausläufern der bewaldeten Hügel im Osten der Stadt (Sektoren 61, 33, 19 und 01).

---

1) Arias Jairo 1974, S. 15
2) Bähr Jürgen 1976, S. 127

4.58 Villenbebauung

Die Wohnviertel der Oberschicht haben sich in Bogotá zwischen 1930 und 1950 aus der Altstadt in die Quartiere Teusaquillo und Magdalena (Sektor 07) verlagert, von dort in den fünfziger und sechziger Jahren in den Chico (Sektor 55), wo heute noch neben zahlreichen einzelnen Villen ganze Villenbebauungen von allerdings sehr kleinen Ausmassen ausgeschieden werden können.
Seit 1960 hat sich die Verlagerung auf der Verschiebungsachse gegen Norden zu nach Santa Ana Oriental und Santa Barbara (Zone 56) weiter vollzogen.

Heute häufen sich Villenquartiere im Raume des Country Clubs (Sektor 57) und noch weiter nördlich und nordwestlich davon (Sektoren 61 und 60).

Als jüngste Tendenz von Villenbebauungen kann die wilde Besiedlung der im Nordosten und Südosten von Suba (Sektoren 58 und 59) gelegenen Hügel bezeichnet werden.

4.59 Industriebebauung

Die Industriebebauung ist bei der funktionalen Gliederung näher beschrieben. Sie wird aber auch hier angeführt, weil die grossen Ansammlungen von Industriebauten etwa entlang der Bahnlinie nach Westen (Sektoren 15, 14, 29, 28, 46 und 42) mit einer zusammenhängenden Fläche von ca. 6,5 km^2, die Bebauungen an der Ausfahrtsstrasse nach Girardot (Zonen 37, 39, 34 und 63), im Westteil Fontibons (Zone 45) und in der Nähe des Flughafens Eldorado auch formal unterschieden werden können.

Zudem trennt der Industriesektor in Fortsetzung der City die Stadt deutlich in einen Nord- und Südteil, in denen die gleichen Bebauungstypen recht unterschiedliches Aussehen aufweisen können.[1]

---

1) vgl. Zeichnungen unter 4.1 : Bebauungstypen Bogotas

4.6 SCHEMA DER GLIEDERUNG NACH BEBAUUNGSTYPEN

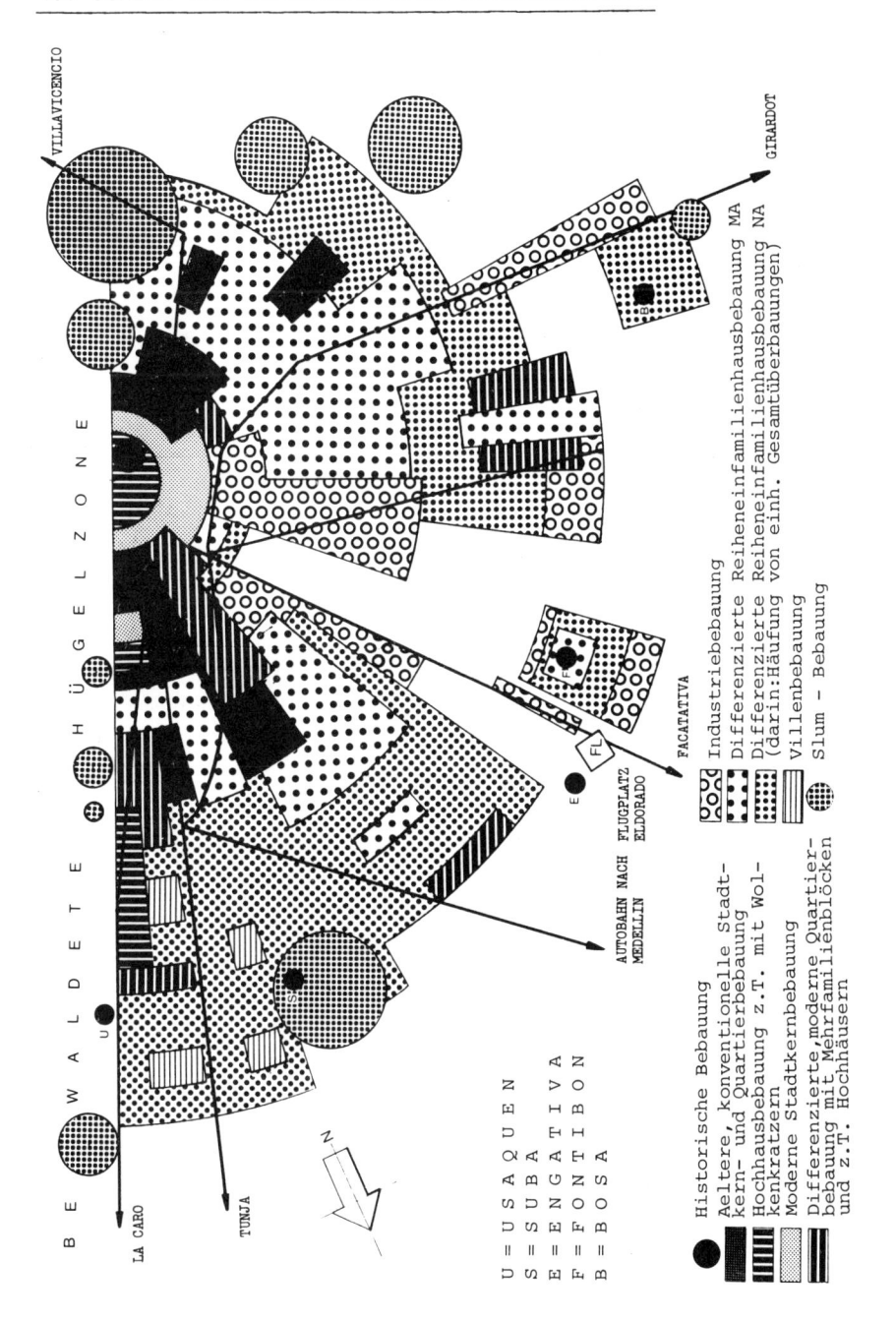

4.7 SCHLUSSBEMERKUNGEN ZU DER GLIEDERUNG NACH BEBAUUNGSTYPEN

Die spanischen Eroberer bauten ihre Städte nach römischem Vorbild.[1] Auch bei ungeeigneter topographischer Lage wurde ein Schachbrettgrundriss verwendet. Dieser Idealplan der spanischen Kolonialstadt bildet noch heute, allerdings mit beträchtlichen Abwandlungen, das Grundmuster der Stadt Bogotá. Die Verteilung der Grundstücke an die Einwohner bedingte ein soziales Kern-Rand-Gefälle, das auch in der Physiognomie deutlich in Erscheinung trat.[1]

Heute kann ebenfalls ein solches Kern-Rand-Gefälle festgestellt werden, doch tritt es nur im formalen Bereich auf, während sozial teils einfachere (Reichtum im Norden - Armut im Süden), teils kompliziertere Verhältnisse vorliegen. Die innerstädtischen Slum-Bebauungen, innerhalb der HISTORISCHEN BEBAUUNG gelegen, bestätigen nur die Regel, dass sich die eigentlichen SLUMBEBAUUNGEN vor allem in ökologischen Nischen an der Stadtperipherie befinden.

Im Schema der Gliederung nach Bebauungstypen wurde die halbkreisförmige Anordnung der einzelnen Hauptbebauungen bewusst hervorgehoben, weil in Bogotá diese Art von Stadterweiterung von den topographischen Verhältnissen her als gegeben betrachtet werden kann. Doch lässt sich kaum verkennen, dass dieses Ordnungsmuster von zwei weiteren sich gegenseitig überlagernden Mustern ergänzt wird, nämlich von einer Gliederung nach Sektoren und einer zellenförmigen Stadterweiterung.[3]

Die <u>halbkreisförmige Anordnung</u> zeigt stark verallgemeinert folgende Regelhaftigkeit:
Nur im ehemaligen kolonialen Zentrum konnte sich um den Haupt-

---

1) Bähr Jürgen 1976, S. 125/126
2) vgl. Plan der Strukturellen Gliederung 1973
3) Bähr Jürgen 1976, S. 128

platz mit Kathedrale und Regierungsgebäuden eine zusammenhängende
HISTORISCHE BEBAUUNG erhalten. Vor allem im Norden und Nordwesten
daran anschliessend setzte die moderne Citybildung nach nordamerikanischem Vorbild ein, bestehend aus einer MIT WOLKENKRATZERN
DURCHSETZTEN HOCHHAUSBEBAUUNG. Als weiteres Halbkreissegment
können MODERNE STADTKERNBEBAUUNGEN und AELTERE, KONVENTIONELLE
STADTKERN- UND QUARTIERBEBAUUNGEN ausgeschieden werden. Daran
anschliessend folgt ein vor allem im Süden sehr breites Halbkreissegment mit DIFFEPENZIERTER REIHENEINFAMILIENHAUSBEBAUUNG
MITTLERER AUSNUTZUNG, das durch ein vor allem im reicheren Norden
sehr breites Halbkreissegment mit gleicher Bebauung aber NIEDERER
AUSNUTZUNG abgelöst wird, in dem eine Häufung von EINHEITLICHEN
GESAMTUEBERBAUUNGEN festgestellt werden kann. Als für Bogotá charakteristisch kann demnach in Bezug auf die Ausnutzung ein Kern-Rand-Gefälle festgestellt werden, indem im Zentrum durchwegs eine hohe, gegen die Peripherie zu aber meist nur eine mittlere
bis schlussendlich niedere Ausnutzung auftritt.

Dieses halbkreisförmige Ordnungsschema wird von einer jüngeren,
eher <u>sektoralen Gliederung</u> überlagert bzw. abgelöst.[1] So hat
sich die INDUSTRIEBEBAUUNG entlang der Eisenbahnlinie nach Westen, der Ausfallstrasse nach Girardot und der Verbindungsstrasse
zum Flughafen konzentriert und trennt somit die Stadt in einen
auch in formaler Hinsicht deutlich unterscheidbaren reichen Nordteil und armen Südteil. Als Sektoren erhalten geblieben sind zudem einige AELTERE, KONVENTIONELLE STADTKERN- UND QUARTIERBEBAUUNGEN, die z.T. einen schutzwürdigen Baubestand aufweisen. Entlang der Carrera 7a im Norden zeichnen sich durch HOCHHAUSBEBAUUNGEN bzw. MODERNE STADTKERNBEBAUUNGEN zwei Nebenzentren ab, welche die Tendenz bestätigen, dass sich die Verwaltungssitze wichtiger vor allem internationaler Industriezweige aus der City heraus nach Norden verlagern. Im gleichen Raum bestehen sektorweise
DIFFERENZIERTE, MODERNE QUARTIERBEBAUUNGEN MIT MEHRFAMILIENBLÖCKEN

---

1) Bähr Jürgen 1976, S. 129

UND z.T. HOCHHäUSERN, in welchen die soziale Oberschicht[1] Schutz vor den überall in den Einfamilienhausbebauungen operierenden Raubbanden sucht. Das ist auch einer der Gründe, warum sich die VILLENBEBAUUNG immer weiter in die leicht abzusichernden Hügelzonen des Nordens verlagert.

Stellenweise wird die halbkreisförmige Anordnung und die darüber lagernde Sektorengliederung besonders in den Aussenvierteln und den ins Stadtgebiet eingegliederten ehemaligen Dörfern Suba, Fontibon und Bosa durch zellenförmige Stadterweiterungen modifiziert[2], die sich von einem Zentrum aus radial nach allen Seiten hin ausdehnen, sei es durch Niederreissen von Bebauungen mit niederer Ausnutzung oder durch Verslumung von bestehendem Baubestand. Zu diesen zellenförmigen Stadterweiterungen gehören vor allem die Slums innerhalb der HISTORISCHEN BEBAUUNG und die SLUMBEBAUUNGEN an der Peripherie der Stadt. Dazu zu zählen sind auch Stadterweiterungen mit DIFFERENZIERTER REIHENEINFAMILIENHAUSBEBAUUNG MITTLERER UND NIEDERER AUSNUTZUNG und vor allem DIFFERENZIERTE, MODERNE QUARTIERBEBAUUNG MIT MEHRFAMILIENBLöCKEN UND z.T. HOCHHäUSERN, wie sie beispielsweise in den Quartieren Quirigua und Kennedy auftreten.

---

1) vgl. Plan der Strukturellen Gliederung 1973
2) Bähr Jürgen 1976, S. 130

FUNKTIONALE GLIEDERUNG 5 BOGOTAS

5. FUNKTIONALE GLIEDERUNG BOGOTAS

Die funktionalen Komponenten, die hier den Nutzungen der Gebäude und Anlagen im Ist-Zustand entsprechen, dürfen nicht verwechselt werden mit planerischen Zonen und Flächen, wie sie etwa im Zonenplan Bogotas 1975-1980 ausgeschieden sind[1]; denn es handelt sich hier um juristisch gesicherte Flächen, die einen Soll-Zustand beinhalten, funktional aber etwas anderes darstellen. So treten beispielsweise Wohnzonen verschiedener Dichte, Industriezonen und Institutionszonen auf, die sich in Wirklichkeit als Wiese präsentieren. Diese Gebiete werden im genannten Zonenplan denn auch als "noch nicht entwickelte Zonen" (Zonas sin desarrollar) bezeichnet.

Um Verwechslungen bei Begriffen mit verschiedenen Inhalten zu vermeiden, werden deshalb meist nicht Zonen oder Flächen unterschieden, sondern Bebauungen und Anlagen.[2]
Es werden folgende Kategorien von Bebauungen und Anlagen unterschieden:

- Historische Bebauung
  Diese wurde speziell ausgeschieden, weil sie sich nicht nur formal, sondern - innerhalb der City gelegen - auch funktional deutlich von anderen Bebauungen unterscheidet.

- Wohnbebauung verschiedener Nutzungsintensität

- Gemischte Wohn-, Geschäfts- und Gewerbebebauung verschiedener Nutzungsintensität
  Auf das Ausscheiden einer reinen Geschäfts- und Gewerbebebauung wurde verzichtet, da kein auswertbares Material vorlag.

- Industriebebauung, Industrieanlagen
  Wenn es sich nicht allein um Industriegebäude handelt, sondern um Komplexe von Industriegebäuden, Lagerplätzen, Industriegeleisen, Umschlagsanlagen, Aufbereitungs- und Wasch-

---

1) = vgl. Zonenplan 1975-1980 (und Anhang in Quelle 18:"El Futuro de Bogotá")
2)   Grosjean Georges 1975, S. 53/54

anlagen etc., wird von Industrieanlagen gesprochen.[1]
Flächenmässig wurden nur vier Industriebebauungen bzw.
Industrieanlagen unterschieden: <u>Bergbauindustrie</u>[2], <u>Fertigungs- bzw. Verarbeitungsindustrie</u>[3], <u>grosse Materiallager</u>[4] und <u>grosse Reparaturwerkstätten</u>[5].

- Bauten und Anlagen der Dienstleistungen
  In der kolumbianischen Planung wird der Begriff "Areas Institucionales" (und "Areas Militares") verwendet, dessen Inhalt etwa der offiziellen schweizerischen Bezeichnung "öffentliche Bauten und Anlagen" entspricht. Im Gegensatz zur planerischen Bezeichnung in der Schweiz, drückt jedoch der kolumbianische Begriff deutlich aus, dass es sowohl funktional wie planerisch weitgehend irrelevant ist, ob z.B. eine Universität vom Staat bzw. der Oeffentlichkeit betrieben wird oder privat, was in Bogotá eher zutrifft. Die kolumbia-

---

1) Grosjean Georges 1975, S. 53/54

2) Diese reduziert sich in Bogotá fast ausschliesslich auf den Tagbau, d.h. auf den Abbau von Lehm, Kalkstein und Bruchsteinen.

3) Funktional lässt sich im besonderen die Fertigindustrie nach Fabrikationszweigen weiter aufgliedern.
   Es wurde versucht, bei der Aufgliederung nach Wirtschaftsgruppen sowohl internationale, kolumbianische und schweizerische Normen zu berücksichtigen, um den Vergleich der funktionalen Gliederung verschiedener Städte zu erleichtern. Da das flächenmässige Aufzeichnen der verschiedenen Wirtschaftsgruppen auf dem Stadtplan im Massstab 1:25 000 unmöglich war, wurde diese Information pro Planungssektor verarbeitet.

4) Auch im Hauptindustriegebiet westlich der City häufen sich reine Materiallager, die sich funktional von ganzen Industrieanlagen deutlich unterscheiden, so dass sich in Bogotá eine Abgrenzung aufdrängte.

5) Bogotá, mit seiner ungünstigen Verkehrslage inmitten der Kordilleren, ist fast ausschliesslich auf den Strassentransport angewiesen. Der Schienentransport hat lokal (und auch national!) keine Bedeutung. Der öffentliche Verkehr beschränkt sich auf Bus, Kleinbus, Taxi. Grosse Reparaturwerkstätten und im besonderen Autoreparaturwerkstätten prägen deshalb das Bild gewisser Quartiere. Sie wurden deshalb auch besonders ausgeschieden.

nische Bezeichnung "Areas Constitucionales" kann deshalb
in deutscher Sprache besser mit "Bauten und Anlagen der
Dienstleistungen" erfasst werden. Diese Bezeichnung schlägt
auch Grosjean vor[1], um Zonen mit Ist-Zustand von planerischen Wunschzonen - wie sie gerade in Bogotá sehr oft nur
auf dem Papier existieren - zu unterscheiden. Die funktionale Kategorie der Bauten und Anlagen der Dienstleistungen
wurde folgendermassen dargestellt:

Einmal wurden grosse Bebauungen mit Bauten und Anlagen der
Dienstleistungen als <u>Institutions-Flächen</u> (=öffentliche
und private Bauten und Anlagen, Militärareale) ausgewiesen.
Eine weitere Unterteilung dieser Kategorie war aus Gründen
des Masstabes (1:25 000) nur pro Planungssektor möglich.
Zudem wurden Unterkategorien nur gebildet, wenn sie für das
Erfassen der funktionalen Gliederung Bogotas von Bedeutung
waren, um die Lesbarkeit der Plan-Information zu erleichtern.[2]

Es wurden folgende Unterkategorien gebildet:

Bauten und Anlagen für Dienstleistungen

Bauten und Anlagen des Bildungswesens (Schulen und Universitäten)

Bauten und Anlagen der Erholung[3] und Kommunikation (Kinos, Theater und Museen)

Bauten und Anlagen der privaten Verwaltungsdienste (Banken [4]

Bauten und Anlagen der Kirchen

Bauten und Anlagen des Gesundheitswesens (Spitäler, Kliniken und Sanitätsposten)

---

1) Grosjean Georges 1975, S. 54

2) Da Bogotas Verwaltung zentralistisch organisiert ist und
die verschiedenen Stadtkreise (Alcaldías Menores) nahezu
bedeutungslos sind, erübrigte es sich, die Verteilung z.B.
der öffentlichen Verwaltungsdienste über das Stadtgebiet
speziell aufzuzeigen. Fast alle öffentlichen Verwaltungsdienste liegen irgendwo im Zentrum. (Die alltäglichen langen Kolonnen von Wartenden beweisen zur Genüge, dass diese
dezentralisiert werden müssten!)
Weitere Unterkategorien der privaten Verwaltungsdienste wie
Versicherungen und Geschäftssitze grosser Unternehmen wurden

- Bauten und Anlagen des Verkehrs
Sie gehören innerhalb des Stadtgebietes grundsätzlich zur Siedlung[1], werden aber hier nicht besonders untersucht, da sie eine Spezialstudie bedingen, welche den Rahmen dieser Arbeit sprengen würde. Einige Bauten und Anlagen des Verkehrs wurden allerdings anderswo erfasst:
Die Gehsteige, integrierender Bestandteil der Häuserviertel, gehören besitzmässig zu den Baugrundstücken. (Aus praktischen Gründen konnten leider die übrigen Verkehrsanlagen, welche zur Erschliessung der Liegenschaften dienen, nicht mitberücksichtigt werden. Trotzdem wurde mit Bruttoausnützungsziffern (BAZ) und nicht mit Nettoausnützungsziffern gerechnet.)[2] Bahnhöfe und Flugplatzanlagen sind als Institutionsflächen ausgeschieden.

- Bauten und Anlagen des Tourismus
Der Tourismus bildet einen einheitlichen Komplex und müsste ebenfalls in einer Spezialstudie behandelt werden.[1] Im übrigen gibt es in Bogotá sehr wenig Bauten und Anlagen des Tourismus, die funktional eine besondere Kategorie bilden und nicht ohne weiteres der Wohnbebauung oder der Gewerbebebauung zugeordnet werden können, da der Stadttourismus in Kolumbien bisher nur sehr rudimentär entwickelt ist.

---

       ebenfalls nicht speziell ausgeschieden, da sie sich mehrheitlich in der City befinden, wo die zur Verfügung stehende Kartenfläche für graphische Information ohnehin sehr knapp ist. Zudem spielen die genannten privaten Dienstleistungen in der funktionalen Gliederung Bogotas nur eine zweitrangige Rolle.

3) Grosse Sportanlagen sind sowohl in der formalen wie der funktionalen Gliederung Bogotas erfasst und werden als "Grosse Parks und geplante Freiflächen" ausgewiesen, weil die vielen Privatclubs z.T. riesige Terrains besitzen, welche als Grünzonengürtel zwischen verschiedenen Stadtteilen in Erscheinung treten. Die öffentliche Verwaltung stellt dagegen nur wenige Sportanlagen zur Verfügung.

4) Sie spielen im Alltag des Bogotaners eine wichtige Rolle, da der Bargeldverkehr grösstenteils vom Check-System verdrängt worden ist. Die Banken wurden deshalb als einziges privates Dienstleistungsinstitut besonders erfasst.

1) Grosjean Georges 1975, S. 55

2) vgl. 4.231: Definitionen zur Formalen Bebauung Bogotas

5.1 GRUNDINFORMATION ZUR FUNKTIONALEN GLIEDERUNG BOGOTAS

Im Gegensatz zur formalen Gliederung konnte beim Studium der funktionalen Gliederung Bogotas auf ein umfangreiches Arbeitsmaterial zurückgegriffen werden. Allerdings handelt es sich vor allem um unveröffentlichte Unterlagen, die mühsam und unter grossem zeitlichen Aufwand in den Büros der verschiedensten Verwaltungen zusammengesucht werden mussten.

Am ergiebigsten waren die Arbeiten des DAPD (Departamento Administrativo de Planeación Distrital), wo der Verfasser freundlicherweise nicht nur in der Bibliothek, sondern auch in den verschiedenen Abteilungen der Distriktplanung ungehinderten Zutritt hatte, um die zahlreichen schubladisierten oder in Studie befindlichen Arbeiten zu konsultieren.

5.11 Ausnützungsgrad der Bebauungen und Anlagen

Beim Studium der formalen Gliederung Bogotas wurde anhand von Luftbildern die Brutto-Ausnützungsziffer der verschiedenen Bebauungen festgestellt, so dass drei bzw. vier Kategorien der Brutto-Ausnützung gebildet werden konnten:

- Bebauung hoher Ausnützung mit einer Bruttoausnützungsziffer von mehr als 2,2

- Bebauung mittlerer Ausnützung mit einer Bruttoausnützungsziffer von 0,8 bis 2,2

- Bebauung niederer Ausnützung mit einer Bruttoausnützungsziffer von weniger als 0,8

- Zudem wurde die Historische Bebauung besonders ausgeschieden, da sie sich inbezug auf die Grundlagen zur Berechnung der Bruttoausnützung stark von anderen Bebauungen unterscheidet. Die Bruttoausnützungsziffer von 0,8 bis 1,6 entspricht in etwa der Bebauung mittlerer Ausnützung.

Die vier Kategorien der Bruttoausnützung konnten vom Plan der formalen Gliederung Bogotas direkt auf den Plan der funktionalen Gliederung übertragen werden, um nicht nur den Ausnützungsgrad der Wohnbebauung und der gemischten Wohn-, Geschäfts- und Gewerbebebauung zu zeigen, sondern auch denjenigen der Industriebebauung und Industrieanlagen sowie der Bauten und Anlagen der Dienstleistungen und der Militärareale.

5.12 Flächenmässige Darstellung der funktionalen Gliederung

In Anbetracht der Grösse der Stadt musste darauf verzichtet werden, die funktionale Gliederung in eigenen Feldaufnahmen zu erfassen. Die Arbeit beschränkte sich deshalb auf das Zusammentragen und Sichten bereits vorhandenen Materials, auf gezielte Kontrollen sei es direkt in der Stadt oder auf geeigneten, schräg aufgenommenen Luftfotos.

Folgende Quellen wurden speziell kontrolliert und ausgeschöpft:

Quelle 17: Strukturplan, Fase II, 1974. Auch wenn darin nur Planungszonen festgelegt werden, konnten doch daraus Vorstellungen über den Ist-Zustand gewonnen werden.

Quelle 20: Luftfotos/Schrägaufnahmen, 1965-1978.

Quelle 26: Arealnutzung (usos del suelo) in Bogotá, 1980.

Quelle 3: Anatomie der Stadt Bogotá, ESCALA, 1978.

Gute Dienste leisteten die Karten aus der "Anatomía de Bogotá". Aber die funktionalen Kriterien der Arealnutzung weichen von Stadtkreis zu Stadtkreis voneinander ab, so dass ein Vergleich der Ergebnisse verunmöglicht wurde. Trotzdem diente diese Studie vor allem zu Kontrollzwecken, da die Daten scheinbar äusserst seriös aufgenommen worden waren.

Die Information des DAPD über funktionale Aspekte wurde von Architekten, welche in den verschiedenen Planungssektoren der Stadt tätig sind, zusammengetragen. Leider entspricht diese Information auf Plänen im Massstab 1:10 000 z.T. einem gewissen Wunschdenken, so dass vor allem die Areale der Industriebebauungen und -anlagen und der Bauten und Anlagen der Dienstleistungen durch detailliertere Information ergänzt werden mussten, um ein genaueres Bild der Wirklichkeit geben zu können.

5.13 Detailinformation pro Planungssektor

Für die Gesamtinformation über die formale Gliederung Bogotas standen die Publikationen des DANE (Departamento Administrativo Nacional de Estadística) zur Verfügung:

<u>Quelle 16</u>:) Statistische Jahrbücher des Spezialdistrikts Bogotá,
<u>Quelle 25</u>:) 1975 und 1976.
           Allerdings erscheinen darin keine Detailinformationen über Stadtkreise, Planungssektoren oder gar Quartiere. Deshalb mussten <u>unveröffentlichte Studien</u> verwendet werden:

<u>Quelle 27</u>: Inventar der Dienstleistungen in den Bogotaner Quartieren nach Verwaltungskreisen, (1979?).
Daraus konnte die Detailinformation über Bauten und Anlagen der Dienstleistungen pro Quartier herausgelesen und pro Planungssektor verarbeitet werden.

<u>Quelle 28</u>: Grad der Umweltbelästigung der Industrie in Bogotá, DAPD, División Desarrollo Físico, 1980.

<u>Quelle 29</u>: Verzeichnis der Code Nummern der Wirtschafts- und Industriegruppen. (vgl. 5.21)

<u>Quelle 33</u>: Lokalisierung der Industrie in Bogotá, DAPD, División Desarrollo Físico, 1980.

Anhand dieser Quellen konnte nicht nur die Verteilung der Wirtschaftsgruppen[1] auf die verschiedenen Planungssektoren festgestellt werden, sondern es konnte auch der Versuch unternommen werden, die günstige oder ungünstige Lage der Industrie innerhalb des Siedlungskomplexes festzustellen, in dem der Grad der Umweltbelästigung von neun Wirtschaftsgruppen bzw. verschiedener Industriegruppen errechnet wurde.[2]

---

1)   Definition: Wirtschaftsgruppe=Gruppe von Industrien, die vergleichbare Erzeugnisse herstellen und ähnliche Produktionsbedingungen aufweisen.

2)   vgl. 5.2 und 5.3

Quelle 34: Grad der Umweltbelästigung von Geschäfts- und Gewerbebetrieben, DAPD, División Desarrollo Físico, 1980.

Diese Studie hätte es erlaubt, auch die flächenmässig ausgewiesene gemischte Wohn-, Geschäfts- und Gewerbebebauung näher unter die Lupe zu nehmen. Da keine Arbeiten über die Lokalisierung der verschiedenen Gruppen von Geschäfts- und Gewerbebetrieben vorliegen, musste leider auf diese Untersuchung verzichtet werden.

5.131 Inventar der Bauten und Anlagen der Dienstleistungen pro Planungssektor

Legende: A = Zonen Nummer (Número de la Zona)

B = Schulen und Universitäten (Colegios y Universidades)

C = Kinos, Theater und Museen (Cines, Teatros y Museos)

D = Banken (Bancos)

E = Kirchen (Iglesias)

F = Spitäler, Kliniken und Sanitätsposten
(Hospitales, Clínicas y Centros de Salud)

G = Industriezentren oder Fabriken
(Centros Industriales o Fábricas)

H = Einwohner (Población)

I = Fläche in Hektaren (Area en Héctareas)

K = Bevölkerungsdichte pro Hektare
(Población relativa por Hectárea)

L = Herdstellen (Hogares)

M = Personen pro Herdstelle (Personas por Hogar)

Quelle 27: Inventario de servicios para los barrios de Bogotá por Alcaldías Menores, Unveröffentlichte Studie, (1979?).

A	B	C	D	E	F	G	H	I	K	L	M
01	17	6	0	4	4	2	24.982	119,5	209,1	4.232	5,90
02	22	25	26	7	2	0	23.577	139,5	169,0	3.964	5,95
03	33	11	12	6	0	0	8.088	110,5	73,2	1.430	6,66
04	29	1	1	10	9	2	114.517	294,0	389,5	18.780	6,10
05	42	4	5	7	10	0	121.753	387,5	314,2	21.119	5,77
06	18	2	2	5	7	3	57.169	164,0	348,6	9.694	5,90
07	33	3	4	7	11	0	44.285	189,5	233,7	7.228	6,13
08	18	10	26	5	3	3	28.507	185,5	153,7	4.918	5,80
09	9	0	0	2	2	8	27.088	139,5	194,2	4.002	6,77
10	15	0	0	1	1	10	26.392	131,0	201,5	4.520	5,84
11	7	0	0	2	0	1	28.154	91,0	309,4	4.347	6,48
12	7	0	0	1	2	0	18.180	79,5	228,7	2.994	6,07
13	19	0	0	3	0	1	56.928	278,5	204,4	9.246	6,16
14	3	0	6	0	1	36	8.244	181,5	45,4	1.399	5,89
15	5	2	13	1	1	56	7.349	205,5	35,8	1.285	5,72
16	7	1	4	2	2	11	23.947	217,0	110,4	3.950	6,06
17	4	2	2	2	1	0	4.669	(17,5)	266,8	761	6,14
18	44	3	5	7	8	0	59.664	261,5	228,2	10.062	5,93
19	32	7	9	8	12	0	22.479	146,0	154,0	3.505	6,41
20	34	3	0	10	4	9	202.353	795,0	254,5	33.074	6,12
21	19	0	0	4	1	1	61.880	307,0	201,6	10.240	6,04
22	9	0	0	4	2	0	17.185	102,0	168,5	2.866	6,00
23	21	1	3	2	1	2	57.183	155,0	368,9	9.643	5,93
24	22	3	0	7	5	0	88.710	156,5	566,8	14.404	6,16
25	24	0	1	2	0	0	(120.106)	(280,5)	(428,2)	20.743	5.79

A	B	C	D	E	F	G	H	I	K	L	M
26	35	2	0	6	2	3	86.382	362,0	238,6	13.601	6,35
27	18	1	2	6	6	4	93.031	252,5	368,4	15.410	6,04
28	4	0	2	1	0	38	8.825	127,5	69,2	1.496	5,90
29	3	0	10	2	2	59	17.736	196,0	90,5	2.992	5,93
30	9	1	1	3	0	0	22.650	262,5	86,3	3.652	6,20
31	39	4	1	8	6	1	92.830	316,5	293,3	20.188	4,60
32	57	2	5	10	4	0	87.953	240,0	366,5	14.772	5,95
33	53	13	24	7	11	1	51.512	257,5	200,1	8.591	6,00
34	2	0	0	1	0	41	8.154	33,5	243,4	1.133	7,20
35	13	1	0	3	6	9	87.914	327,5	268,4	12.463	7,05
36	21	0	0	7	3	3	95.882	430,0	223,0	16.972	5,65
37	22	0	0	10	5	15	140.848	357,5	394,0	24.754	5,69
38	3	0	0	2	0	16	30.911	199,0	155,3	3.848	8,03
39	18	1	0	4	0	0	39.037	445,0	887,7	5.821	6,71
40	12	0	0	0	0	0	14.916	298,5	50,0	1.891	7,89
41	37	2	4	7	6	0	118.500	430,0	275,6	13.342	8,88
42	10	0	0	2	1	2	20.876	510,0	41,0	3.216	6,49
43	---	KEINE	---	ANGABEN		---	---	---	---	---	---
44	10	3	0	2	2	6	(32.410)	162,5	199,5	10.587	3,06
45	45	1	0	4	4	45	162.110	956,0	169,6	20.888	7,76
46	3	0	2	1	0	56	15.290	370,5	41,3	1.905	8,03
47	43	1	3	4	2	3	75.231	297,5	252,9	12.455	6,04
48	19	1	0	4	3	4	86.388	366,0	236,0	13.189	6,55
49	---	KEINE	---	ANGABEN		---	---	---	---	---	---
(50)	2	1	0	0	1	0	4.598	120,0	38,3	231	19,90

A	B	C	D	E	F	G	H	I	K	L	M
51	40	2	3	10	4	1	129.333	465,0	278,1	19.746	6,55
52	49	1	1	7	4	12	100.100	335,5	298,1	25.922	3,86
53	19	1	4	3	3	2	45.845	332,5	137,9	7.433	6,17
54	17	2	2	4	4	4	51.910	159,0	326,5	8.524	6,09
55	62	2	15	7	2	0	53.191	636,0	83,6	7.904	6,73
56	9	1	1	4	1	0	24.738	(427,0)	57,9	3.334	7,42
57	26	1	3	6	0	3	18.905	374,5	50,5	2.538	7,45
58	21	0	3	5	1	2	41.317	550,5	75,1	5.718	7,23
59	12	0	0	1	0	10	3.647	38,0	96,0	553	6,59
60	12	0	0	2	0	0	13.674	589,0	23,2	1.222	1,19
61	42	0	0	9	4	9	39.041	1.074,5	36,3	4.848	8,05
62	---	KEINE	ANGABEN	---	---	---	---	---	---	---	---
63	---	KEINE	ANGABEN	---	---	---	---	---	---	---	---
..											
..											
(75)	1	0	0	1	0	0	1.725	10,0	172,5	291	5,93
..											
?	107	16	8	19	17	40	---	---	---	---	---
TOTAL	1.398[1]	144	213	281	193	534	3.170.799	20.540,5	154,37	519.842	6,10

Quellen 16,25,27

---

[1] öffentliche Schulen: 561
   private Schulen : 772
   Universitäten : 65

? keine Zonenzuteilung möglich, weil keine Quartier Nr.!

5.132 Inventar der Industriebetriebe pro Wirtschaftsgruppe und Sektor

Nr. ABKÜRZUNG / SEKTOR Nr. ⇨ WIRTSCHAFTSGRUPPE	1 ME METALLERZEUGUNGS-INDUSTRIE Industrias Básicas	2 AM APPARATE- UND MASCHINENBAUINDUSTRIE Maquinaria	3 GB GLAS- UND BAUSTOFF-INDUSTRIE Vidrio y demás Minerales no Metálicos	4 OC OELRAFFINERIE- UND CHEMISCHE INDUSTRIE Petróleos y Químicos	5 PD PAPIERINDUSTRIE UND DRUCKEREIGEWERBE Papel e Imprenta	6 HV HOLZVERARBEITUNGS-INDUSTRIE Maderas, Corcho y Muebles	7 KI KLEINFERTIGUNGSINDUSTRIE Otras Industrias Manufactureras	8 NG NAHRUNGS- UND GENUSS-MITTELINDUSTRIE Alimentos, Bebidas y Tabacos	9 TB TEXTIL- UND BEKLEIDUNGSINDUSTRIE Textiles, Cuero y Calzado
01	0	2	0	0	1	0	0	2	0
02	0	20	9	13	23	3	5	17	51
03	0	9	5	3	21	2	2	12	13
04	0	5	2	3	2	1	0	1	8
05	2	51	3	13	19	2	4	25	27
06	3	37	3	8	14	3	11	17	26
07	0	7	0	2	4	1	0	6	6
08	0	11	1	4	3	0	1	7	3
10	0	2	1	0	0	1	0	0	0
11	0	0	1	1	0	0	1	0	3
12	0	2	1	1	0	1	0	0	3
13	0	3	0	2	0	0	2	1	2

SEKTOR Nr.	1 ME	2 AM	3 GB	4 OC	5 PD	6 HV	7 Ki	8 NG	9 TB
14	3	119	8	42	29	8	18	40	74
15	2	53	7	31	24	2	7	51	46
16	0	1	0	0	0	0	1	2	7
17	0	1	0	0	0	0	0	0	1
18	0	3	2	4	0	1	0	8	9
19	0	8	0	3	2	2	1	3	3
21	0	0	2	0	0	0	0	0	1
22	0	0	0	0	0	0	0	0	1
23	0	1	0	0	0	2	0	5	11
24	0	1	0	0	0	0	0	1	3
25	1	2	0	2	0	0	1	0	6
26	0	0	0	0	0	0	1	0	1
27	0	8	0	2	1	0	1	5	3
28	1	15	0	15	7	0	2	8	15
29	1	30	0	16	2	2	1	7	10
30	0	0	0	0	0	1	0	0	1
31	0	3	0	0	0	9	1	0	2
32	1	5	2	2	0	1	1	9	4
33	1	2	3	2	3	1	1	7	17
34	0	5	0	2	0	0	0	0	0
37	0	2	1	2	0	0	0	1	4
38	0	3	0	0	0	0	0	0	0
39	0	1	0	0	0	0	0	0	0
42	0	8	0	3	1	2	1	1	4

SEKTOR Nr.	1 ME	2 AM	3 GB	4 OC	5 PD	6 HV	7 KI	8 NG	9 TB
43	0	2	0	0	0	2	1	1	0
44	0	2	0	0	0	0	0	0	0
45	0	2	1	3	0	2	0	3	1
46	2	21	2	8	5	2	0	10	12
47	0	4	2	0	0	0	0	2	0
48	0	1	0	0	1	1	0	0	0
51	0	0	0	0	0	5	0	0	1
52	0	5	1	1	0	2	5	11	10
53	0	2	1	0	0	1	0	2	2
54	0	1	0	1	0	0	0	1	4
55	0	0	1	0	0	0	0	3	5
56	0	0	0	0	0	0	0	1	2
57	0	0	0	1	0	0	0	0	0
58	1	1	1	0	0	0	0	0	0
59	0	0	0	0	0	0	0	4	0
61	0	0	2	0	1	0	0	0	0
82	0	12	3	1	1	0	3	6	4
TOTAL [1]	18	473	65	191	164	60	72	280	406
Ø AR PRO BE [2]	72,5	70,5	82,4	107,6	63,6	82,6	39,3	64,3	74,2

Quellen 29,33,35

1) Total Betriebe pro Wirtschaftsgruppe
2) Durchschnittliche Zahl der beschäftigten Arbeitskräfte pro Betrieb der Gruppe

5.2 INDUSTRIEBEBAUUNG, INDUSTRIEANLAGEN

Für den Plan der formalen Gliederung Bogotas wurden Formalkategorien der Industrie insofern gebildet, als eine ganze Bebauung auf dem Luftbild untrüglich als Industriebebauung erkannt werden konnte. Grundsätzlich liesse sich formal eine durch Zusammenfassung verschiedener kleiner Gebäude, Aufstockung und Umbau gewonnene, ineinadergeschachtelte, ältere Industriebebauung von einer moderneren, aus zweckmässigen grossen Fabrikationshallen bestehenden jüngeren unterscheiden. Einfachheitshalber wurde aber nur eine Industriebebauung mittlerer und niederer Ausnützung unterschieden, da funktionale und strukturelle Merkmale bei der Beurteilung der Industrie aussagekräftiger sind.

Grosjean[1] schlägt in seiner Publikation "Raumtypisierung nach geographischen Gesichtspunkten als Grundlage der Raumplanung auf höherer Stufe" vor, auch die Industrie in Typen zu erfassen, d.h. gewisse Formalkategorien mit charakteristischen funktionalen und strukturellen Merkmalen zu verbinden. Diese Idee konnte für Bogotá nur teilweise übernommen werden.

Wenn z.B. die "Bergbauindustrie", "Grosse Materiallager" und "Grosse Reparaturwerkstätten" von den Bebauungen und Anlagen der "Fertigungsindustrie" getrennt erscheinen, wurden dabei sowohl formale, funktionale und strukturelle Merkmale geltend gemacht.
Aber es erschien wenig zweckmässig (weil zu viele Kombinationen von charakteristischen Merkmalen auftreten, um eine überschaubare Auswahl wichtiger Typen treffen zu können), Begriffe wie "störende oder wenig störende Industrie", "Schwere, Mittelschwere oder Leichte Industrie", "Gross-, Mittel- und Kleinindustrie", oder Faktoren wie "Grösse der Anlagen", "Rohstoffbedarf" etc. gesamthaft in eine Typisierung der Industrie einzubeziehen.

Die Zahl der Beschäftigten pro Betrieb spielt in Bogotá keine ausschlaggebende Rolle bei einer solchen Typisierung, weil durchschnittlich fast nur kleinere Mittelbetriebe auftreten, was folgende Tabelle zeigt:

---

1) Grosjean Georges 1975, S. 84-89

WIRTSCHAFTS-GRUPPE	1 ME	2 AM	3 GB	4 OC	5 PD	6 HV	7 KI	8 NG	9 TB
ANZAHL BETRIEBE	18	473	65	191	164	60	72	280	406
TOTAL BESCHAEFTIGTE ARBEITSK.	1305	33361	5359	20546	10436	4958	2831	17998	30118
Ø ZAHL DER BESCHAEFTIGTEN ARBEITSKRAEFTE PRO BETRIEB	72,5	70,5	82,4	107,6	63,6	82,6	39,3	64,3	74,2

Quellen 33,35

(In schweizerischen Verhältnissen können folgende Gruppen gebildet werden:[1]

    Grossindustrie   : Betriebe mit > 500 Beschäftigten
    Mittlere Industrie: Betriebe mit 50-499 Beschäftigten
    Kleine Industrie : Betriebe mit < 50 Beschäftigten)

Diese Grössenverhältnisse können ohne weiteres auch in Kolumbien zur Anwendung kommen.

Auch die Grösse der Anlagen ist bei den mehrheitlich kleinen Mittelbetrieben Bogotas nicht von grosser Bedeutung und somit auch nicht die davon direkt abhängige Menge sowie das Gewicht der benötigten Rohstoffe und der Umfang der hergestellten Fabrikate. Deshalb konnte ebenfalls darauf verzichtet werden, "Schwere", "Mittelschwere" oder "Leichte Industrie" flächenmässig auszuweisen.

Dagegen wurde der Begriff "störende Industrie bei der Aufzeichnung der funktionalen Gliederung Bogotas als derart wichtig empfunden, dass der Versuch gemacht wurde, den prozentualen Anteil der verschiedenen Wirtschafts- bzw. Industriegruppen an der gesamten Umweltbelästigung der Industrie zu errechnen und

---

[1] Grosjean Georges 1975, S. 85

graphisch darzustellen, um daraus Schlüsse über den günstigen
oder weniger günstigen Standort der einzelnen Industrien inbezug auf die Wohnbebauung ziehen zu können.

Grosjean versteht unter störender Industrie "Betriebe, welche
Lärm, Rauch, Abgase oder nicht klärbare Abwässer, dauernd oder
zeitweilig grossen Verkehr erzeugen, oder auch Betriebe, deren
Anblick durch die Art der Gebäude und Anlagen, Deponien von Material und Abfällen und dergleichen in der Landschaft oder in
der Wohnsiedlung als Fremdkörper wirken."

Da die Toleranzgrenzen der störenden Immissionen in Bogotá kürzlich in einer unveröffentlichten Studie [1] des DAPD festgestellt
worden sind und kurz vor Abschluss dieser Untersuchung auch eine
ebenfalls unveröffentlichte Arbeit über die Lokalisierung der
Industrie in Bogotá[2] vorlag, konnte der oben beschriebene Versuch unternommen werden.

---

[1] vgl. Grad der Umweltbelästigung der Industrien Bogotas,
DAPD 1980 (Quelle 28)
[2] vgl. Lokalisierung der Industrie in Bogota,
DAPD 1980 (Quelle 33)

5.21 Prozentualer Anteil der Wirtschaftsgruppen an der gesamten Umweltbelästigung

Wirtschaftsgruppe		NG	TB	HV	PD	OC	GB	ME	AM	Wirtsch.Gr. KI	Gesamtanteil jeder Belästigungsart an der gesamten Umweltbelästigung
Internationaler CODE der Industriegruppen	Gewichtungsfaktor pro Belästigungsart	311, 312, 313, 314	321, 322, 323, 324	331, 332	341, 342	351, 352, 353, 354, 355, 356	361, 362, 369	371, 372	381, 382, 383, 384, 385	390	
		8	9	6	5	4	3	1	2	7	
Starke Umweltbelästigung	40	9,1	6,7	0	16,7	0,5	0	0	4,6	0	39,1%
Risikoreiche und gefährliche Industrien	25	0	0	0	0	7,2	3,5	0	0	0	3,4%
Starke Rauch- und Abgasentwicklung	20	18,2	93,3	66,7	66,6	30,8	41,4	33,3	36,7	100	52,1%
Chemische Wasserverschmutzung	10	0	0	0	0	12,3	0	0	0	0	1,2%
Organische Wasserverschmutzung	5	72,7	6,7	33,3	16,7	49,2	55,1	66,7	58,7	0	4,2%
Anteil der Wirtschaftsgruppen an der gesamten Umweltbelästigung (in %)		8,62	7,73	10,26	10,43	12,05	12,98	15,12	14,17	8,64	100

Art der Umweltbelästigung: B/WG (in %)

⊠ Umweltbelästigung mindestens bei der Hälfte der betreffenden Industriegruppen vorhanden
⊠ Umweltbelästigung bei weniger als der Hälfte der betreffenden Industriegruppen vorhanden
☐ Inbezug auf die angegebene Belästigungsart keine Umweltbelästigung vorhanden

1) = Wirtschaftsgruppen des DANE
2) = vom DAPD verwendete Internationale Industrieklassifikation (s. CODE der Industriegruppen)
3) = Anteil jeder Belästigungsart an der gesamten Umweltbelästigung pro Wirtschaftsgruppe
4) = empirische Werte

5.211 Klassifikation der Wirtschafts- und Industriegruppen und Zahl der Erwerbstätigen pro Industriegruppe

CODE-Nr.	WIRTSCHAFTS-GRUPPE		FABRIKATIONSZWEIG	ERWERBSTÄTIGE
311-312	NG	8	Nahrungsmittelproduktion (ohne Getränke)	12.156
313		8	Getränkeindustrie	5.245
314		8	Tabakindustrie	597
			NG Total	17.998
321	TB	9	Textilindustrie	15.711
322		9	Bekleidungsindustrie (ohne Schuhfabrikation)	10.140
323		9	Herstellung von Leder, Lederprodukten, Kunstleder und Fellen (ohne Schuhe u. Bekleid.)	1.968
324		9	Schuhindustrie (ohne Gummi-, Plastik- u. Modellschuhfabrik.)	2.299
			TB Total	30.118
331	HV	6	Holzindustrie, Holz- und Korkverarbeitungsindustrie (ohne Möbelfabrikation)	1.557
332		6	Fabrikation von Holzmöbeln und Zubehör (ohne Metallmöbelfabrikation)	3.201
			HV Total	4.758
341	PD	5	Papier- und Papierprodukte	2.108
342		5	Druckereigewerbe und Verlagshäuser	8.328
			PD Total	10.436
351	OC	4	Fabrikation von Industriechemikalien	1.169
352		4	Fabrikation anderer chemischer Produkte	11.086
353		4	Ölraffinerien	12
354		4	Fabrikation von Produkten aus Öl- und Kohle-Derivaten	180

CODE-Nr.	WIRTSCHAFTS-GRUPPE		FABRIKATIONSZWEIG	ERWERBS-TÄTIGE
355		4	Fabrikation von Gummiprodukten	3.213
356		4	Fabrikat. von Plastikprodukten	4.886
			OC Total	20.546
361	GB	3	Fabrik. von Ton-, Steingut- und Porzellanwaren	393
362		3	Fabrik. von Glas und Glasprod.	1.791
369		3	Fabrik. von anderen nichtmetallischen Mineralprodukten (z.B. Baustoffe)	3.175
			GB Total	5.359
371	ME	1	Basisindustrien der Eisen- und Stahlproduktion	1.000
372		1	Basisindustrien der nicht eisenhaltigen Metalle	305
			ME Total	1.305
381	AM	2	Fabrikation von Metallprodukten (ohne Maschinen u. Apparate)	10.948
382		2	Fabrikation von nicht elektrischen Maschinen	6.333
383		2	Fabrik. von elektr. Maschinen, Apparaten u. elektr. Zubehör	6.318
384		2	Fabrikation von Transportfahzeugen und -material	8.445
385		2	Fabrik. von Berufs- u. Wissenschaftsausrüstungen u.v. Mess- u. Kontrollinstrumenten	1.317
			AM Total	33.361
390	KI	7	Sonstige Industrien	2.831
			KI Total	2.831

Quelle 35

5.22 Klassierung der Wirtschaftsgruppen nach Ausmass der Umweltbelästigung

Belästigungsgrad[1]	1	2	3	4	5	6	7	8	9
Wirtschaftsgruppe[2]	ME	AM	GB	OC	PD	HV	KI	NG	TB
Anteil an der gesamten Umweltbelästigung (in %)	15,12	14,17	12,98	12,05	10,43	10,26	8,64	8,62	7,73
Gradueller Unterschied in der Belästigung zwischen den Wirtschaftsgruppen (in %)	0,95	1,19	0,93	1,62	0,17	1,62	0,02	0,89	

Wirtschaftsgruppe	ME	AM	GB	OC	PD	HV	KI	NG	TB
Ausmass der Umweltbelästigung	SEHR HOCH		HOCH		MITTEL		NIEDRIG		
In Wohnzone duldbar	NEIN (= störende Industrie)						JA (= verträgl. Ind.)		

⇨ = Markierung der grössten graduellen Unterschiede zwischen zwei Wirtschaftsgruppen

1) 1 = optimale Umweltbelästigung
   9 = minimale   "

2) ME = Metallerzeugungsindustrie (1)
   AM = Apparate- und Maschinenbauind. (2)
   GB = Glas- und Baustoffindustrie (3)
   OC = Oelraffinerie- und Chemische Industrie (4)
   PD = Papierindustrie und Druckereigewerbe (5)
   HV = Holzverarbeitungsindustrie (6)
   KI = Kleinfertigungsindustrie (7)
   NG = Nahrungs- und Genussmittelindustrie (8)
   TB = Textil- und Bekleidungsindustrie (9)

5.3 SCHEMATISIERENDE INTERPRETATION DER FUNKTIONALEN GLIEDERUNG BOGOTAS

Während das Bebauungsgefüge Bogotas recht komplex erscheint, kann die funktionale Gliederung problemlos aus dem Plan herausgelesen werden. Trotzdem soll das Studienergebnis analysiert und die Resultate in schematischen graphischen Darstellungen vereinfacht festgehalten werden.

5.31 Historische Bebauung

Die Historische Bebauung hat sich in Funktion und Sozialstatus seit der Kolonialzeit stark gewandelt. Während früher die "plaza" mit Kathedrale, Regierungsgebäuden und Privathäusern der Noblen das Zentrum der Stadt bildete, ist heute die historische Bebauung Botogas an den Südrand der City gerückt, teils aus Platzmangel für moderne Verkehrsanlagen, teils weil die bestehenden Schutzbestimmungen keine Veränderungen bzw. keine Erhöhung der Bruttoausnützung erlauben.

Während der grösste Teil der geschützten Altstadt heute aus Institutionsbebauung besteht (Regierungsgebäude, Kirchen, Museen, Theater, Bibliotheken, Bildungsstätten etc.), hat sich östlich davon in der ungeschützten Altstadt gemischte Wohn-, Geschäfts- und Gewerbebebauung erhalten bzw. etabliert mit starkem Ueberwiegen von Kleingewerbe bzw. Kleinbetrieben (Druckereien und Betriebe der Textil- und Bekleidungs-, Nahrungs- und Genussmittel-, Apparate- und Maschinenbauindustrie).

5.32 Bebauung hoher, mittlerer und niederer Ausnützung

Die Bebauung hoher Ausnützung beschränkt sich fast ausschliesslich auf das Zentrum der City (Sektor 02 und daran anschliessend Teile der Sektoren 03, 06 und 05) und umfasst etwa 3 km^2 zusammenhängende Fläche. Nur im Norden greift diese Bebauung entlang der Avenida Caracas und der Avenida 7a über den Cityrand hinaus und schiebt sich dort inselhaft zwischen die Bebauung mittlerer und niederer Ausnützung. Meist handelt es sich um Geschäfts- und Gewerbebebauung oder um gemischte Wohn-, Geschäfts- und Gewerbe-

bebauung. Nur im Sektor 55, vermindert auch in den Sektoren 19 und 08 tritt reine Wohnbebauung hoher Ausnützung auf.
Die Bebauung mittlerer Ausnützung schliesst allseits direkt an die Bebauung hoher Ausnützung an und wächst entlang der Hauptverkehrsträger inselhaft in die Bebauung niederer Ausnützung hinein. Auch wenn es sich entlang der Strassen meist um gemischte Wohn-, Geschäfts- und Gewerbebebauung handelt, so hat diese Bebauung mittlerer Ausnützung doch vor allem Wohnfunktion.
Die Bautätigkeit im Innern der Stadt und der Inhalt der Gesetzesdekrete zeigen in jüngster Zeit eine Verdrängung der niedrigeren durch höhere Bebauungen. Die Bebauungen hoher Ausnützung entstehen meist in Form von Einzelgebäuden und verändern erst mit der Zeit das äussere Erscheinungsbild ganzer Häuserviertel oder gar Quartiere, während die Bebauungen mittlerer Ausnützung häufig als Gesamtplanungen in Form von "Differenzierter, moderner Quartierbebauung mit Mehrfamilienblöcken und z.T. Hochhäusern" entstehen.

5.321 Tendenzen in der Ausbreitung von Bebauung höherer Ausnützung

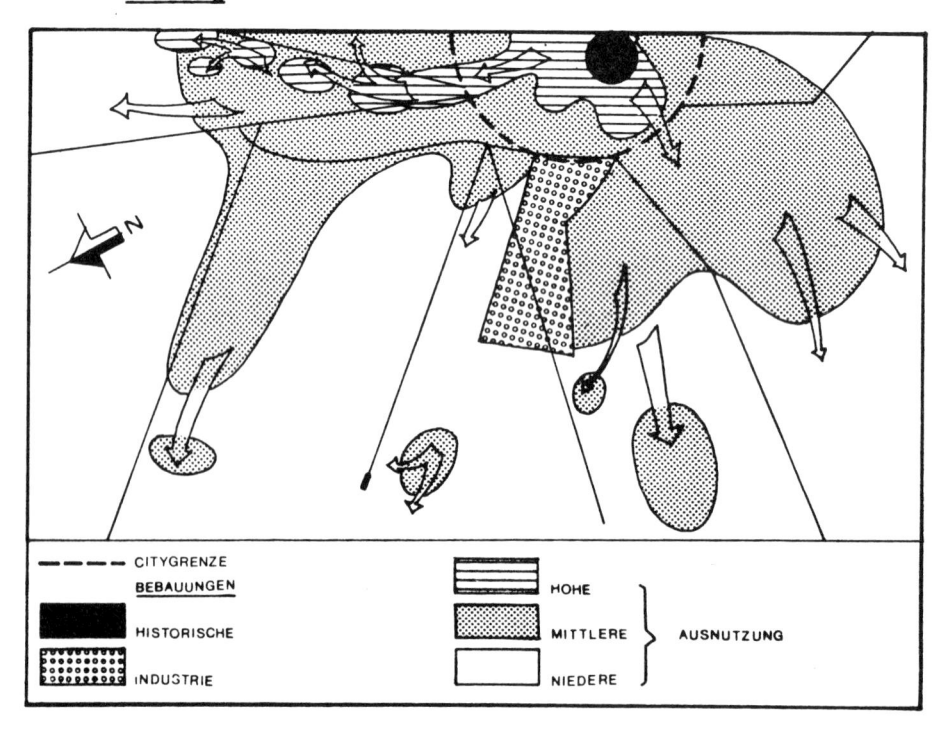

5.33 Gemischte Wohn-, Geschäfts- und Gewerbebebauung

Aus dem Plan der funktionalen Gliederung Bogotas kann die gemischte Wohn-, Geschäfts- und Gewerbebebauung mit Leichtigkeit herausgelesen werden. Eine reine Geschäfts- und Gewerbebebauung konnte mangels Unterlagen nicht ausgeschieden werden. In welchen Gebieten die Mischung von Geschäfts- und Wohnfunktion nur in geringem Masse auftritt, kann ungefähr aus dem Vergleich der Darstellungen der "Verteilung der Wohnbevölkerung auf die verschiedenen Stadtteile" (vgl. 5.331) und dem "Funktionierungsschema: Einzel- und Grosshandel, Gewerbe" (vgl. 5.332) erkannt werden.

5.331 Verteilung der Wohnbevölkerung auf die verschiedenen Stadtregionen

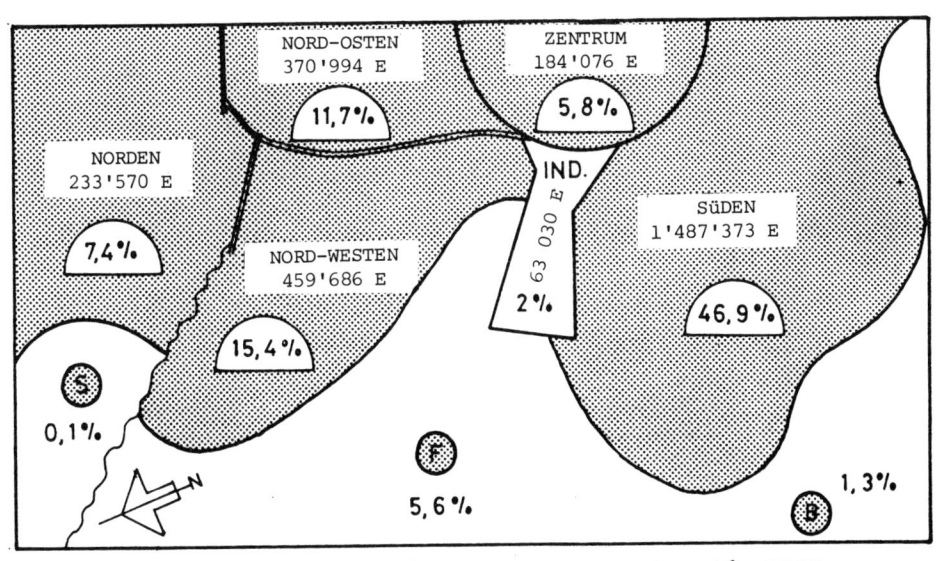

Daten: Censo de población 1973

STADTREGIONEN (Sektoren)
INDUSTRIE (14,15,28,29,42)
ZENTRUM (01,02,03,ein Drittel von 05,06,08); NORD-OSTEN (07,18,19, 32,33,54,55); NORD-WESTEN (16,17,30,31,47,48,50,51,die Hälfte von 52); NORDEN (die Hälfte von 52, 53,56,57,58,60,61,62?); SÜDEN (04, 09,10,11,12,13,20,21,22,23,24,25,26,27,35,36,37,39,40,41,82=Zweidrittel von 05); SUBA (59); FONTIBON (43?, 45, 46, 49?); BOSA(34, 44,63?); Grenzen im NORDEN: Avenida Ciudad de Quito, Avenida 100, Avenida 81.

5.332 Funktionierungsschema: Einzel- und Gross-Handel, Gewerbe

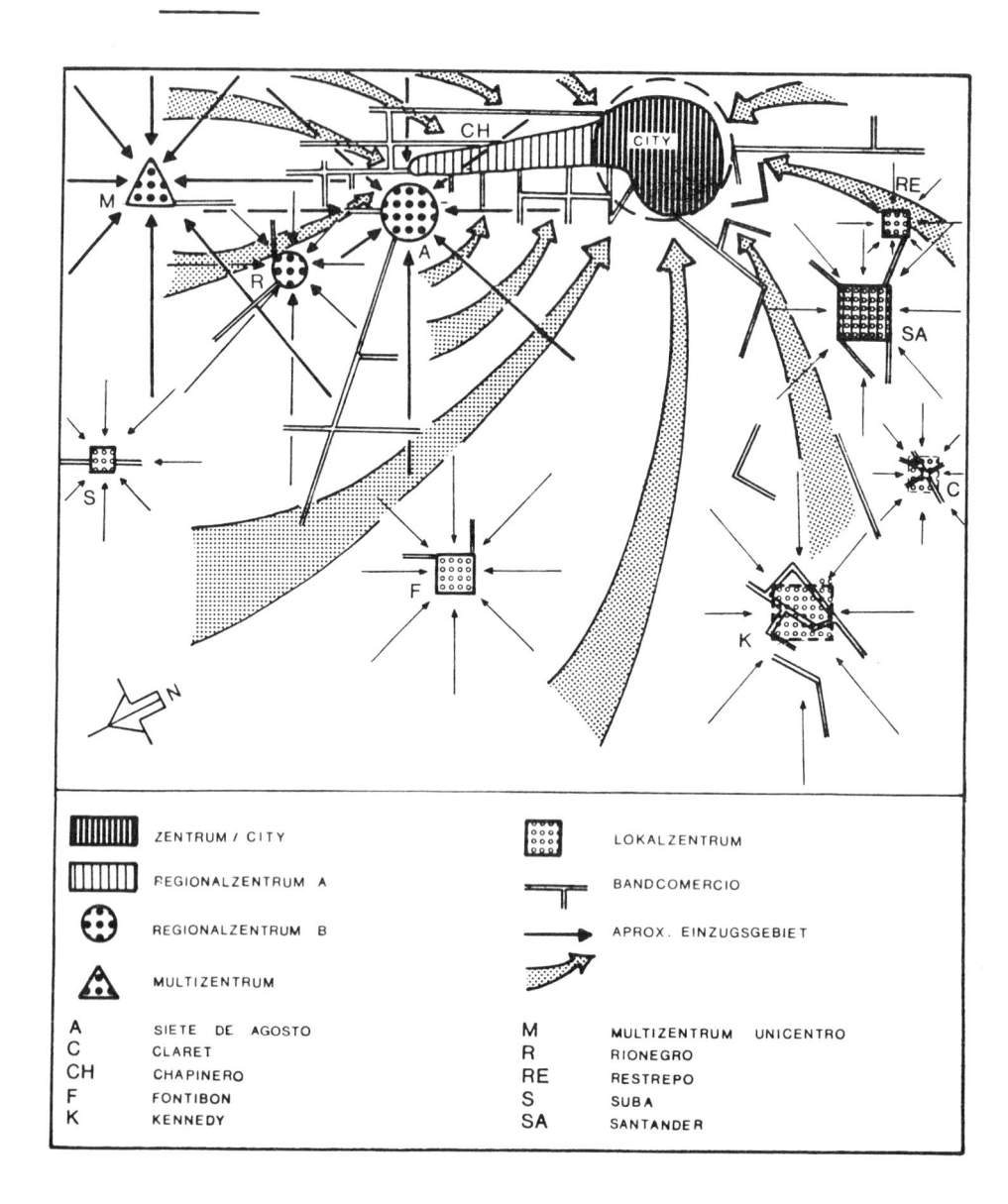

5.333 Erläuterungen zum Funktionierungsschema

Analysieren wir die funktionale Gliederung der Wohn, Geschäfts- und Gewerbebebauung, so kann eine Tendenz zur Dezentralisierung festgestellt werden.

Ursprünglich zeigte sich in Bogotá - wie in den meisten Grossstädten - dass die Wohn- und Versorgungsfunktionen im Laufe der Zeit immer mehr aus der Stadtmitte verdrängt wurden, dass sich neben und aus der Altstadt eine City bildete; denn mit der Ausbreitung der modernen Industrie in den dreissiger Jahren[1]) und der grossstädtischen Zivilisation hatten sich die Aufgaben und Funktionen der Hauptstadt Kolumbiens derart verdichtet und spezialisiert, dass dem Zentrum allmählich immer spezifischere Aufgaben und Funktionen zugewiesen wurden. Die Stadtmitte ist zum Sitz der Spitzeninstitutionen von Politik, Wirtschaft und Kultur geworden.

Nachdem anfangs vor allem die Wohnbevölkerung aus den Zentrallagen verdrängt wurde, folgen heute zum Teil auch die Geschäfte des Einzel- und Grosshandels, die sich einerseits des Absatzes wegen in die Nähe der Wohn- und Gewerbebebauungen begeben und andererseits den Institutionen der Verwaltung sowie Banken, Versicherungen, Geschäftssitzen Internationaler Grossbetriebe etc. weichen müssen.[2]

Dadurch ist es in Bogotá zur Bildung von Sekundärzentren bzw. Regionalzentren A und B gekommen, welche in starkem Masse die Funktionen der früheren Innenstadt übernehmen. Unter dem Begriff Regionalzentrum wird ein Sekundärzentrum verstanden, das die Auf-

---

1) Brücher Wolfgang 1976, S. 137

2) Als wichtigsten Grund für die Entleerung der Innenstadt muss in Bogotá die zunehmende Unsicherheit wegen Raubdiebstählen genannt werden; die Leute vermeiden wenn möglich - auch wegen der langen Zufahrtswege - den Einkauf im Zentrum und bevorzugen näher gelegene Sekundärzonen.

Aus dem gleichen Grunde sind heute bereits auch Skundärzentren wie z.B. die Regionalzentren Chapinero und Siete de Agosto verslumt, d.h. die alten Einzel- und Grosshandelsbetriebe werden aus Renditegründen nicht mehr modernisiert, so dass nur noch Käufer unterer Einkommensschichten dort einkaufen. Zudem macht sich sowohl auf gewissen Strassen des Zentrums wie in den alten Sekundärzentren ein unübersichtlicher Strassenkleinhandel breit, der den Passantenverkehr wegen der unangenehmen Aufdringlichkeit der Verkäufer stark belästigt.

gaben des alten Zentrums stellvertretend für eine bestimmte Stadtregion übernommen hat. Im Regionalzentrum A überwiegen Dienstleistungsbetriebe und Einzelhandel, während das Regionalzentrum B vorwiegend Grosshandelsbetriebe und Filialhandel für Gewerbetreibende bzw. Handwerker aufweist. In der Nähe der Regionalzentren Typus B haben sich denn auch viele Gewerbebetriebe angesiedelt.

Die Unterscheidung der Regionalzentren in einen Typus A und einen Typus B lässt sich vorderhand nicht statistisch, sondern nur empirisch nachweisen. Zudem weist auch der Typus B vermehrt Einzelhandel auf, der höchstwahrscheinlich durch den blühenden Filialhandel angezogen wird oder dadurch, dass Betriebe zwecks Umsatzsteigerung durch Umgehung des Zwischenhandels neben ihren Grosshandelssitzen auch Einzelhandelsgeschäfte eröffnen.

Die Dezentralisierung der zentralen Funktionen hat sich schrittweise vollzogen. Als erste Sekundärzentren bildeten sich die Regionalzentren Chapinero (Typus A) und Siete de Agosto (Typus B). Ab ca. 1930 folgten im Süden das Regionalzentrum Santander (Typus A), das zugleich auch als Lokalzentrum funktioniert, und im Norden das Regionalzentrum Rionegro (Typus B). Ab 1954 verwandelten sich die ehemaligen Dorfkerne von Suba und Fontibón in städtische Lokalzentren, welche in beschränktem Ausmasse zentrale Funktionen für den Lokalbereich übernahmen.

In jüngster Zeit - durch das unaufhaltsame Flächenwachstum Bogotas bedingt - breitet sich die gemischte Wohn-, Geschäfts- und Gewerbebebauung entlang der wichtigsten Verkehrsträger als Bandcomercio aus. Darunter verstehen wir Einzel- und Filialhandelsbetriebe, die sich längs einer Strasse aneinanderreihen, wobei die oberen Stockwerke und die Rückseite der Gebäude mehrheitlich Wohnfunktion zeigen Dieser Bandcomercio[1] - teilweise eine Fortsetzung der Tendenz der

---

1) ad Bandcomercio:
   Z.T. sind vor allem in den alten Regionalzentren noch Ueberreste von Bandcomercio festzustellen, d.h. Strassenzüge von aneinandergereihten Geschäften mit einheitlichem Warenangebot wie Schuhe, Eisenwaren, Elektrozubehör, Lederwaren etc. Es handelt sich hier wahrscheinlich um einen gedanklichen Nachlass der Idee der mittelalterlichen Handwerkerstrassen.

Bildung von Sekundärzentren - darf heute als Haupttyp der gemischten Wohn-, Geschäfts- und Gewerbebebauung bezeichnet werden, was auf der Karte der funktionalen Gliederung Bogotas augenscheinlich wird. Als Musterbeispiel darf die Carrera 15 gelten, welche zudem zu einem "Snobzentrum" geworden ist, wo die reichen Bogotaner zu weit übersetzten Preisen aus dem Ausland eingeflogene Markenartikel kaufen.

Als neue Tendenz zeigt sich die Bildung von Multizentren (z.B. das Unicentro), d.h. flächig angelegte gedeckte "Ladenstrassen" mit dazugehörigem Grossparkplatz, welche Funktionen der Lokal- und Regionalzentren vereinigen. Als hauptsächlichste Gründe, die zur Bildung solcher Zentren führen, können genannt werden:

- Dezentralisation (Zentrale Dienste müssen sich gezwungenermassen in die Nähe der Wohnsiedlungen verlegen)

- Sicherheitsfaktor (Die Ein- und Ausfahrt der Parkplätze ist durch ein Ticket-System streng kontrolliert, die Parkplätze und "Ladenstrassen" mit Wächtern und Fernsehkameras ständig überwacht, was für Bogotá mit seinen täglichen Ueberfällen und Autodiebstählen die einzige Gewähr für gefahrloses Einkaufen bietet.)

Neuerdings gehen auch grosse private Institutionen wie CAFAM[1] u. a. dazu über, Einkaufszentren in Form von Multizentren zu bauen, welche neben Einkaufsmöglichkeiten auch noch andere Funktionen übernehmen, indem sie z.B. öffentliche Dienste und Dienstleistungen, Dienstleistungen in Handel und Verkehr, Banken und Versicherungen anbieten.

Vergleichen wir die Verteilung der Wohnbevölkerung mit der Verteilung der Regionalzentren:

Die arme Südregion[2], mit 46,9% der gesamten Stadtbevölkerung, weist ein einziges Regionalzentrum Typus A auf (Santander), das zudem noch die Funktionen eines Lokalzentrums zu übernehmen hat. Die rund anderthalb Millionen Einwohner (1973!) sind demnach

---

1) CAJA DE COMPENSACION FAMILIAR = Familienausgleichskasse
2) vgl. Strukturelle Gliederung Bogotas

weitgehend auf die bis zu zwölf Kilometer entfernten zentralen Dienste, welche in der City verblieben sind, angewiesen. Demgegenüber weisen die 11,7% der Bewohner des Nord-Ostens die riesigen Regionalzentren Chapinero (Typus A) und Siete de Agosto (Typus B) auf, der Norden mit 7,4% der Bevölkerung das Regionalzentrum bzw. das Multizentrum "Unicentro" und das Regionalzentrum (Typus B) Rionegro, während die 15,4% der Bevölkerung der Bewohner des ebenfalls ärmeren Nord-Westens nur Bandcomercio im Nahbereich zur Verfügung haben.

5.34 Industriebebauung / Industrieanlagen[1]

Bogotá, in den Innertropen gelegen, hat den Vorteil, in einer klimatisch angenehmen Höhenzone von 2650 m.ü.M. zu liegen. Das bringt wohl klimatische Vorteile, hat aber die Ansätze zur Industrialisierung nicht motiviert, sondern die Lage inmitten der verkehrsfeindlichen Kordilleren hat diese im 19. Jhd. vorerst verhindert. Erst in den dreissiger Jahren vollzog sich der Übergang zur eigentlichen modernen Industrie.[2]

Brücher[3] gibt Schätzungen für 1967 an, welche den Stellenwert der Industrie innerhalb des Bogotaner Erwerbslebens zeigen: 30% der Erwerbstätigen entfielen damals auf Industrie und Handwerk, dagegen 62% auf den tertiären Sektor. Bei 95 000 Industriebeschäftigten (1969) bedeutete dies einen Industriebesatz von nur 44. Die neusten statistischen Angaben zeigen folgendes Bild:[4]

---

1) ganzes Kapitel s. detaillierte Angaben in Quelle 13

2) Weitere Faktoren, welche eine frühe Industrialisierung verhindert und welche Umstände diese eingeleitet haben s. bei Brücher W., S. 136 f

3) vgl. Quelle 13, S. 134/135

4) vgl. Anuario Estadístico 1975, S. 24

Berufstätige nach Beschäftigungsgruppen

ANGESTELLTE	HAUSANGESTELLTE	ARBEITER	PATRON + FREI-ERWERBENDE ARBEITER
475.942 (48,6%)	111.719 (11,4%)	138.427 (14,1%)	235.084 (24,1%)
TERTIÄRSEKTOR 587.661 (60%)		INDUSTRIE U. HANDWERK 373.511 (38,2%)	
ANDERE 17.459 (1,8%)			

Quelle 16 (1975)

Das Verhältnis hat sich demnach nicht wesentlich verändert und zeigt deutlich den Hauptstadt- bzw. Verwaltungsstadtcharakter Bogotás; die Industrie spielt aber im Bebauungsgefüge der Stadt eine nicht unwesentliche Rolle, vor allem als Belästigungsfaktor innerhalb der Wohnbebauung, so dass sie genauer untersucht werden muss.

Auffallend ist einmal, dass durchschnittlich fast nur kleinere Mittelbetriebe mit weniger als 100 Beschäftigten auftreten.[1] Natürlich kann ein Durchschnittswert nur eine Tendenz aufzeigen; dass aber kaum Grossbetriebe vorhanden sind, bestätigt auch Brücher[2], wenn er angibt, dass 1972 erst zwei Betriebe über 1000, mehr als die Hälfte dagegen weniger als 20 Beschäftigte hatten, was er auf einen starken Einfluss übriggebliebener handwerklicher Strukturen zurückführt. Die Zahl der Beschäftigten in Grossbetrieben halte sich allerdings die Waage mit der in Kleinst-, Klein- und Mittelbetrieben. Auffällig sei ferner die gleichmässige Branchenstreuung - durch den auf Bogotá beschränkten, allerdings grössten Absatzmarkt des Landes bedingt - und das starke Vertretensein von modernen Wachstumsindustrien wie Elektroindustrie, Fahrzeugbau, Chemie und Metallverarbeitung.

1) vgl. Tabelle unter 5.2
2) Brücher Wolfgang 1976, S. 136

5.341 Bergbauindustrie

Diese spielt in Bogotá nur eine unbedeutende Rolle und beschränkt sich auf Lehm-, Kalk- und Bruchsteinabbau. Auf dem Plan der funktionalen Gliederung sind die Standorte im äussersten Süden leicht zu erkennen.

5.342 Grosse Materiallager

Die z.T. grossflächigen Lagerplätze mit Umschlags- und Aufbereitungsanlagen erzeugen nicht nur vielfach grossen Verkehr durch den Zu- und Abtransport von Material, sondern der Anblick der oft unansehnlichen Zweckgebäude, der Materialdeponien und der Abfallhaufen wird in Wohnbebauungen meist als störend empfunden. Eine Häufung solcher Bebauungen zeigt sich im Hauptindustriegebiet und an der zum Flughafen führenden Avenida Eldorado Internacional.

Als Standortfaktoren zählen vor allem:

- direkter Anschluss ans Hauptstrassennetz
- Verbrauchernähe
- günstige Bodenpreise.

Während die beiden ersten Faktoren bei den genannten Hauptstandorten zutreffen, sind die Bodenpreise in diesen Gebieten in letzter Zeit derart stark gestiegen, dass das ein Ausweichen der grossen Materiallager in zentrumsfernere Gebiete zur Folge hat.

Die Lage der meisten grossen Materiallager kann nicht als ideal bezeichnet werden:

- Die Materiallager an der Renommier-Autobahn Eldorado machen einen unschönen, "unvorteilhaften" Eindruck,
- diejenigen im Hauptindustriegebiet nehmen beispielsweise stark umweltbelästigenden Industrien, die dorthin gehören, den Platz weg, so dass diese in Wohngebieten vorkommen.

5.343 Grosse Reparaturwerkstätten

Der häufigste hier erfasste Typ sind grosse Autoreparaturwerkstätten, welche als Standorte die Nähe der grossen Autoverkehrszentren bevorzugen. Die auffälligsten Anhäufungen befinden sich denn auch am Rande des Zentrums (Calle 6 im Sektor 05 und im Sektor 06) und am Rande der Regionalzentren Siete de Agosto (Sektor 32) und Rionegro (Sektor 31+53). Zudem häufen sich grosse Reparaturwerkstätten um die Busterminals der Avenida Jímenez (Sektor 06).

5.344 Statistische Angaben zu den Stadtregionen

STADTREGION	EINWOHNER ABSOLUT	%	FLÄCHE IN Ha ABSOLUT	%	BEVÖLKERUNGS-DICHTE (E/Ha)
INDUSTRIEREGION	63.030	2,0	1.220,5	7,2	51,6
ZENTRUM	184.076	5,8	848,2	5,0	217,0
RAUM BOSA	40.564	1,3	196,0	1,2	207,0
RAUM FONTIBON	177.400	5,6	1.326,5	7,8	133,7
NORD - OSTEN	370.994	11,7	1.889,5	11,2	196,3
SÜDEN	1.487.373	46,9	5.676,8	33,5	162,0
NORD - WESTEN	489.696	15,4	2.230,0	13,2	219,6
NORDEN	233.570	7,4	3.515,5	20,7	66,4
RAUM SUBA	3.647	0,1	38,0	0,2	96,0
T O T A L	3.170.799	100	16.940,5	100	Ø 149,9

Quellen 16, 27

5.345 Fertigungs- bzw. verarbeitende Industrie

Sie stellt den Hauptanteil an Industriebebauungen und Industrieanlagen, so dass formal zusammenhängende Industriegebiete entstehen. Das älteste und grösste zieht sich anschliessend an die City der Bahnlinie nach Westen und der Avenida Colon bzw. Calle 13 entlang und endet abrupt an den Viehweiden der Savanne. Es nimmt nur 7,2% der Fläche der Bebauungen Bogotas in Anspruch.[1] Die jüngeren Industrieachsen orientieren sich an der Hauptstrasse nach Girardot/Cali und westlich von Fontibón an der Ausfallstrasse nach Facatativa/Medellín. In keinem der Bogotaner Industriegebiete gibt es jedoch hochaufragende Industriebauten oder Hochkamine mit weithin sichtbaren Rauchfahnen oder grosse Industriekomplexe mit Abraumhaufen und dergleichen, da der Bergbau wenig entwickelt ist und die Erdölwirtschaft keine nennenswerten weiterverarbeitenden Industrien hat entstehen lassen. (Die Erdölderivate werden über Pipelines von der Raffinerie in Barrancabermeja am mittleren Magdalena nach Bogotá geliefert.) Während sich die alte Industriebebauung in der Nähe des Bahnhofs bzw. in der Nähe der Geleise konzentriert, orientieren sich die neueren Industriebebauungen an den wichtigsten Ausfallstrassen zu den Meerhäfen der Karibik und am Pazifik, da die kolumbianische Staatsbahn fast völlig vom LKW- und Bustransport verdrängt worden ist und der weitaus grösste Teil der Unternehmer Rohstoffe und Produkte heute auf der Strasse befördern lässt.[2]

---

1) vgl. Tabelle 5.345
2) Brücher Wolfgang 1976, S. 139

5.3451 Anteil der verschiedenen Stadtregionen an Industriebebauung mit unterschiedlichem Ausmass an Umweltsbelästigung

STADTREGION	AUSMASS DER UMWELSBELÄSTIGUNG							
	ME + AM SEHR HOCH		GB + OC HOCH		PD + HV MITTEL		KI + NG NIEDRIG	
	ANZ.BETR.	%	ANZ.BETR.	%	ANZ.BETR.	%	ANZ.BETR.	%
INDUSTRIEREGION	232	48,0	122	47,6	77	34,4	285	37,6
ZENTRUM	135	28,0	62	24,2	91	40,6	223	29,4
RAUM ROSA	7	1,5	2	0,8	0	0	0	0
RAUM FONTIBON	27	5,6	14	5,5	11	4,9	28	3,7
NORD - OSTEN	28	5,8	22	8,6	15	6,8	88	11,6
SÜDEN	35	7,2	25	9,8	9	4,0	79	10,4
NORD - WESTEN	13	2,7	3	1,2	18	8,0	31	4,1
NORDEN	6	1,2	6	2,3	3	1,3	20	2,7
RAUM SUBA	0	0	0	0	0	0	4	0,5
TOTAL ERFASSTE INDUSTRIEBETRIEBE	483	100	256	100	224	100	758	100

Quellen 16,28,29,33,34,35

Die Tabelle zeigt deutlich, dass sich die Fertigungs- bzw. die
verarbeitende Industrie nicht nur auf die in 5.346 genannten
Industriegebiete beschränkt, sondern dass sich Betriebe auch
ausserhalb der eigentlichen Industriebebauungen mitten in Wohngebieten befinden. Deshalb wurde die Berechnung des Ausmasses
der Umweltbelästigung der verschiedenen Wirtschaftsgruppen als
dringlich erkannt.

Rund 50% der Metallerzeugungsindustrie und der Apparate- und
Maschinenbauindustrie befinden sich (teils) in Wohngebieten
ausserhalb der Industriezonen. Die City, das am zweitdichtesten
bevölkerte Stadtgebiet[1] beherbergt allein 28% dieser sehr stark
umweltbelästigenden Industrie, was als alarmierend bezeichnet
werden muss.

Auch von den ebenfalls noch stark umweltbelästigenden Wirtschaftsgruppen der Glas- und Baustoffindustrie und der Oelraffinerie-
und Chemischen Industrie befinden sich nahezu 50% der Betriebe
ausserhalb der Industriezonen, davon 24,2% allein in der City
und 9,8% in der sehr dicht besiedelten südlichen Stadtregion. Dagegen trifft man 37,6% der nur in geringem Masse umweltbelästigenden Wirtschaftsgruppe der Kleinfertigungs-, der Nahrungs-
und Genussmittel- und der Textil- und Bekleidungsindustrie
platzversperrend in der Hauptindustriezone an.

Eine Verlegung der Industrien gewisser Wirtschaftsgruppen dürfte
in naher Zukunft unumgänglich sein, um die Wohnqualität verschiedener Quartiere zu verbessern und um dadurch der Entleerung und
Verödung gewisser Wohnbebauungen zuvorzukommen. Die Industrie-
planung orientiert sich aber lediglich an den bestehenden Industriezonen und beschränkt sich offensichtlich darauf, dort

---

1) Das Zentrum weist wegen seiner hohen Bevölkerungsdichte
nicht eigentlich City-Charakter auf, d.h. es ist nicht nur
ein Arbeitszentrum, das sich abends entleert, weil die Leute
ausserhalb wohnen. Einfachheitshalber wird aber das ganze
planerisch ausgeschiedene Zentrum der Stadt als City bezeichnet, obschon funktional nur gerade der Sektor 02 mit seinen
nächstgelegenen angrenzenden Gebieten der Definition entspricht, weil dort in den 25 Wolkenkratzern und der typi-
schen Hochhausbebauung der Wohnraum fast vollständig verdrängt worden ist.

die Beachtung der Umweltschutzgesetze zu überwachen[1], während sie den Ist-Zustand fast völlig vernachlässigt.

Dass der Vorschlag zur Verlegung des Standortes gewisser Industrien[2] nicht utopisch ist, zeigt die Tatsache, dass es in der tischebenen Savanne von Bogotá in absehbarer Zeit keinen Raummangel für Industrien geben wird. Mehr und mehr grössere Betriebe ziehen denn auch aus der Enge des Stadtinnern auf bisher rein agrarisch genutztes Gelände an der Peripherie, was das Beispiel des ältesten Grossbetriebes, der 1889 gegründeten "Bavaria"-Brauerei, zeigt, welche ihren Betrieb aus der Hochhausbebauung des Zentrums an die Avenida Boyaca am westlichen Stadtrand verlegt hat.[1]

Allerdings müsste bei einer allfälligen massiven Ansiedlung von störender Industrie in der Landwirtschaftszone die Bodenqualität genau untersucht werden, um nicht agrarisch wertvolle Böden im Nahbereich des grössten Absatzmarktes von Landwirtschaftsprodukten zu verschandeln.

Zudem müssten allfällige Grundwasserreservoirs festgestellt werden, um diese nicht mit Industrieabwässern zu verunreinigen. Auch wenn die Wasserversorgung Bogotas gegenwärtig noch genügt, wird die Stadt mit dem grössten Bevölkerungszuwachs Kolumbiens (jährlich rund 1/4 Million) bald schwerwiegende Probleme bei der Wasserversorgung haben - bereits haben sich Betriebe mit hohem Brauchwasserbedarf gezwungenermassen in der Nähe des Muña-Stausees angesiedelt - und auf Grundwasser zurückgreifen müssen.

Diese Untersuchungen müssten durch eine gezielte Planung mit anschliessendem Ausbau der Infrastruktur ergänzt werden, um weitere Unzulänglichkeiten zu vermeiden.

---

1) Brücher Wolfgang 1976, S. 142
2) vgl. Schema 5.3462

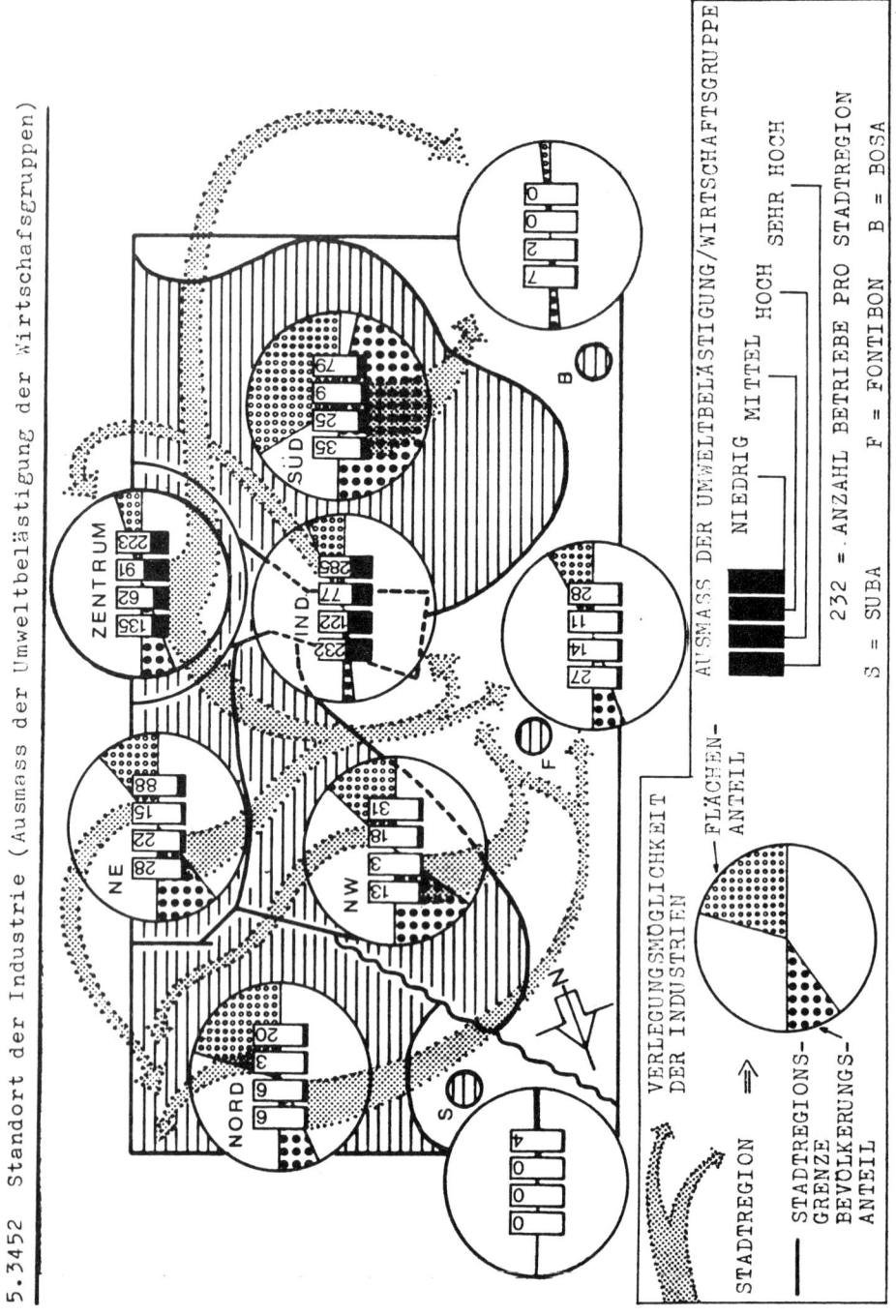

5.3452 Standort der Industrie (Ausmass der Umweltbelästigung der Wirtschafsgruppen)

5.35 Bauten und Anlagen der Dienstleistungen / Militärareale

Um die unübersichtliche Vielfalt an Bauten und Anlagen der Dienstleistungen erfassen zu können, wurden einerseits grosse private und öffentliche Dienstleistungs- und Militäranlagen flächig ausgeschieden; andererseits wurden alle wichtigen Bauten der Dienstleistungen, welche wegen ihrer Kleinheit oder ihrer Vielzahl im Massstab 1:25.000 nicht massstabsgetreu wiedergegeben werden konnten, mit Zeichen erfasst, um vor allem auch die Lesbarkeit des Planes der funktionalen Gliederung zu erleichtern.

Beispielsweise allein die Darstellung der 561 öffentlichen und 772 privaten Schulen mitsamt den 65 Universitäten mittels eines 3 Millimeter dicken Punktes füllt nicht nur den ganzen Plan (100 x 70 cm) fast vollständig aus, sonern lässt an vielen Stellen Dichtezentren entstehen, wo das Unterscheiden einzelner Schulen verunmöglicht wird.[1] Allein in der ersten Jahreshälfte 1980 sind vom Oberbürgermeister Hernando Durán Dussán 17 neue öffentliche Mittelschulen eröffnet worden.[2]

Die fünf gebildeten Gruppen erfassen die Kategorien Bildung (private und öffentliche Schulen, Universitaeten), Massenkommunikationsmittel (vor allem Kino, aber auch Theater und Museen), Banken (als "Wirtschaftsbarometer"), Kirchen und Medizinische Betreuung (Spitaeler, Kliniken und Sanitätsposten).[3]

---

1) vgl. Spezialplan im Besitze des Autors
2) vgl. Tageszeitung "El Tiempo" vom 20.Juni 1980, Seite 1-D
3) Zudem wurde in die Informationsgruppe "Bauten und Anlagen der Dienstleistungen" ein Fremdkörper mit hineingenommen: Die Industriezentren oder Fabriken.
Obschon die Anzahl Fabrikationsbetriebe in der Detailinformation der Industriebebauung erfasst ist, kann mit dieser zusätzlichen Angabe eine Vorstellung über das Vorhandensein ganzer Industriekomplexe bzw. Industriezentren gewonnen werden, indem die Anzahl Industriebetriebe durch die Anzahl "Industriezentren oder Fabriken" dividiert wird. Ist der Quotient grösser als 1, so weist der betreffende Raum mit grosser Wahrscheinlichkeit eines oder mehrere Industriezentren auf.- Zudem ermöglichen die beiden Angaben eine Kontrolle der statistischen Daten, die aus zwei verschiedenen Quellen stammen (vgl. Quellen 27 und 33).

5.351 Berechnung des INDEX-ANTEILS der Stadtregionen an Bauten und Anlagen der Dienstleistungen

STADTREGION	EINWOHNER %	SCHULEN UND UNIVERSITÄTEN		GESAMT-INDEX SCHULUNG $I = \frac{S}{E}$	INDEX-ANTEIL $IA = \frac{I}{RI}$	KINOS/THEATER MUSEEN		GES.-IND.-KOMMUNI-KATION $I = \frac{K}{E}$	INDEX-ANTEIL $IA = \frac{I}{RI}$
		ABSOLUT	%			ABSOLUT	%		
INDUSTRIEREGION	2,0	25	1,8	0,90	0,98	2	1,4	0,70	0,79
ZENTRUM	5,8	122	8,7	1,50	1,63	56	38,9	6,71	7,54
RAUM BOSA	1,3	12	0,9	0,69	0,75	3	2,1	1,62	1,82
RAUM FONTIBON	5,6	48	3,4	0,61	0,66	1	0,7	0,13	0,15
NORD - OSTEN	11,7	298	21,3	1,82	1,98	32	22,2	1,90	2,13
SÜDEN	46,9	390	30,0	0,64	0,70	17	11,8	0,25	0,28
NORD - WESTEN	15,4	187	13,4	0,87	0,95	14	9,7	0,63	0,71
NORDEN	7,4	154	11,0	1,49	1,62	3	2,1	0,28	0,32
RAUM SUBA	0,1	12	0,9	9,00	9,78	0	0	0	0
ERFASST (=RI)	(100)	(1.277)	(91,4)	(0,92)	1	(128)	(88,9)	(0,89)	1
TOTAL VORHANDEN	100	1.398	100	1	-	144	100	1	-

STADTREGION	EINWOHNER %	BANKEN ABSOLUT	BANKEN %	GESAMT-INDEX WIRTSCH. $I = \frac{W}{E}$	INDEX ANTEIL $IA = \frac{I}{RI}$	SPITÄLER, KLINIKEN, SANITÄTSP. ABSOLUT	SPITÄLER, KLINIKEN, SANITÄTSP. %	GES.-IND. MEDIZ.BETREUUNG $I = \frac{M}{E}$	INDEX-ANTEIL $IA = \frac{I}{RI}$
INDUSTRIEREGION	2,0	31	14,5	7,25	7,55	5	2,6	1,30	1,44
ZENTRUM	5,8	68	31,9	5,50	5,73	20	10,4	1,79	1,99
RAUM BOSA	1,3	0	0	0	0	2	1,0	0,77	0,86
RAUM FONTIBON	5,6	2	0,9	0,16	0,17	4	2,1	0,38	0,42
NORD-OSTEN	11,7	64	30,1	2,57	2,68	52	26,9	2,30	2,56
SÜDEN	46,9	14	6,6	0,14	0,15	59	30,6	0,65	0,72
NORD-WESTEN	15,4	15	7,0	0,45	0,47	21	10,9	0,71	0,79
NORDEN	7,4	11	5,2	0,70	0,73	11	5,7	0,77	0,86
RAUM SUBA	0,1	0	0	0	0	0	0	0	0
TOTAL ERFASST(=RI)	(100)	(205)	(96,2)	(0,96)	1	(174)	(90,2)	(0,90)	1
TOTAL VORHANDEN	(100)	213	100	1	–	193	100	1	–

Quelle 5.131

Dem hier verwendeten Index liegt die Einwohnerzahl pro Stadtregion zugrunde. Er erlaubt deshalb folgende Feststellungen:

- <u>INDEX 1</u> bedeutet, dass eine bestimmte Stadtregion die als bogotanischen Durchschnitt zur Verfügung stehende Zahl von Dienstleistungsbetrieben der betreffenden Sparte (z.B. Schulen und Universitäten; Kinos, Theater und Museen etc. aufweist.

- <u>INDEX $>$1</u> bedeudet, dass die betreffende Stadtregion im Verhältnis zu ihrer Wohnbevölkerung einen <u>Überschuss</u> dieser Dienstleistungsbetriebe aufweist.

- <u>INDEX $<$ 1</u> bedeudet, dass ein <u>Defizit</u> an Dienstleistungsbetrieben vorliegt.

- <u>GESAMT - INDEX</u>

$$I = \frac{D}{E}$$

I = Gesamtindex, dem die total vorhandenen Dienstleistungsbetriebe Bogotas zugrunde liegen

D = Prozentualer Anteil einer bestimmten Region am Total der betreffenden Dienstleistungsbetriebe

  [S = Schulung (Schulen und Universitäten)

   K = Kommunikation (Kinos, Theater und Museen)

   W = "Wirtschaftsbarometer" (Banken)

   M = medizinische Betreuung (Spitäler, Kliniken und Sanitaetsposten)]

E = Prozentualer Anteil der betreffenden Region an der Gesamteinwohnerzahl Bogotas

- <u>INDEX - ANTEIL</u>

$$IA = \frac{I}{RI}$$

IA = Index, dem nur die in der vorliegenden Berechnung tatsächlich erfassten Dienstleistungsbetriebe Bogotas zugrunde liegen.

I = Gesamt-Index der betreffenden Sparte von Dienstleistungsbetrieben

$$RI \text{ (relativer Index)} = \frac{\text{Quotient aus dem prozentualen Anteil der erfassten Dienstleistungen}}{100\% \text{ (= Total der vorhandenen Dienstleist.)}}$$

5.352 INDEX - ANTEIL DER STADTREGIONEN AN BAUTEN UND ANLAGEN DER DIENSTLEISTUNGEN

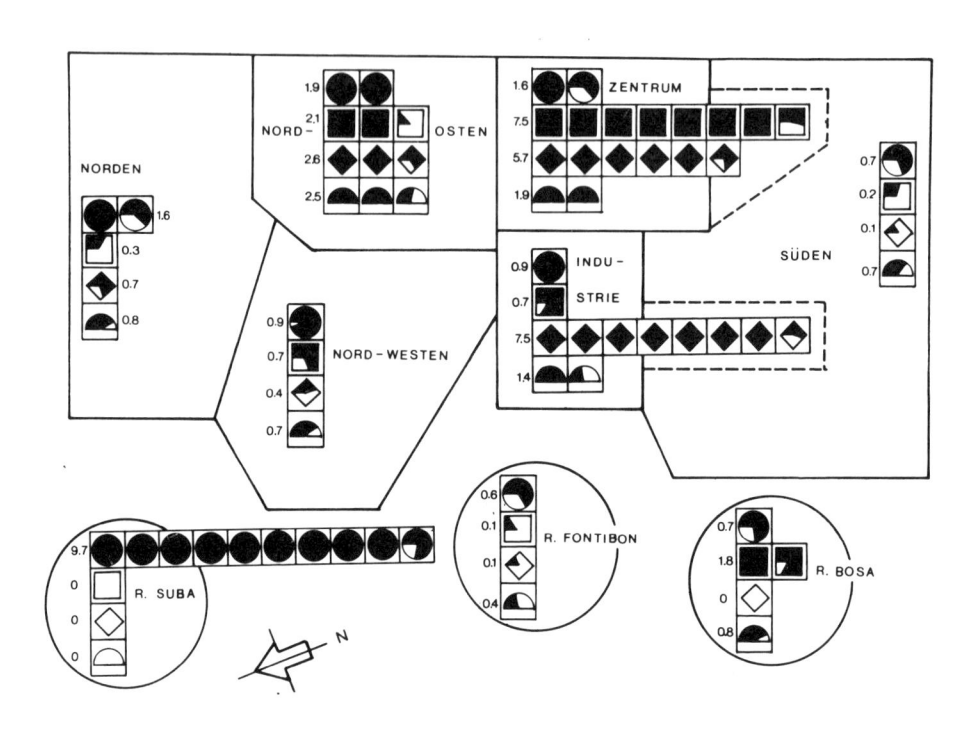

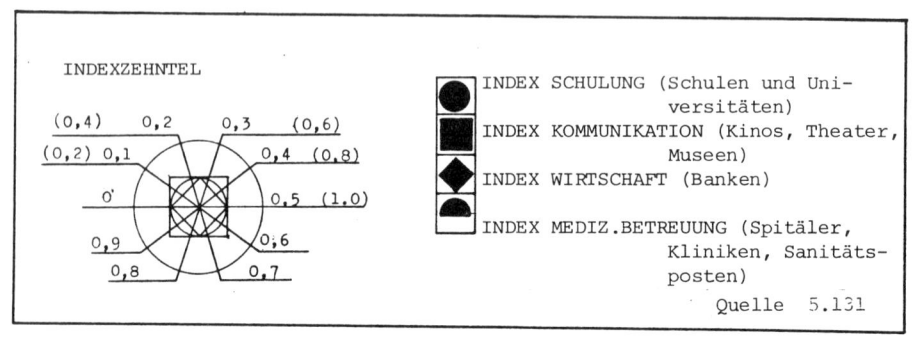

INDEXZEHNTEL

INDEX SCHULUNG (Schulen und Universitäten)
INDEX KOMMUNIKATION (Kinos, Theater, Museen)
INDEX WIRTSCHAFT (Banken)
INDEX MEDIZ.BETREUUNG (Spitäler, Kliniken, Sanitätsposten)

Quelle 5.131

5.353 Interpretation der Verteilung des Index-Anteils an Bauten und Anlagen der Dienstleistungen

5.3531 Index: Schulung

Einen Überschuss an Schulungsmöglichkeiten (Index >1) zeigen nur gerade das Zentrum, der Nord-Osten, der Norden und Suba, während alle südlich und westlich des Zentrums gelegenen Regionen ein Defizit aufweisen. Vergleichen wir diese Tatsache mit der Situation auf dem strukturellen Plan Bogotas, so kann mit Leichtigkeit festgestellt werden, dass die defizitären Regionen vor allem Bewohner der Unterschicht und der unteren Mittelschicht aufweisen, während die Gebiete mit vielen Schulungsmöglichkeiten mehrheitlich von der Oberschicht und der oberen Mittelschicht bewohnt werden.

Die bereits festgestellte planerisch gesteuerte Segregation der sozio-ökonomischen Schichten dürfte demnach auch im Bereich der Schulung fortgesetzt werden. Dazu kommt, dass die öffentlichen Schulen nur 42%[1] der total vorhandenen Schulen darstellen; da die Privatschulen auf zahlungsfähige Schüler bzw. Eltern angewiesen sind, erklärt sich auch damit die extreme Verteilung der Schulungsmöglichkeiten zugunsten der Reichen.

Ausnahmen bilden das Stadtzentrum und das 1954 eingemeindete Dorf Suba, welche beide untere sozio-ökonomische Schichten beherbergen, trotzdem aber einen hohen Schulungs-Index aufweisen.

In der City sind die alteingesessenen Bildungsinstitute verblieben, obschon sich die soziale Zusammensetzung ihrer Bewohner verändert hat. Das zeigt allein die Tatsache, dass 22 Universitäten in dieser Region ihren Betrieb aufrechterhalten.

Suba stellt einen Sonderfall dar: Da die Baulandpreise in letzter Zeit vor allem in Zentrallagen enorm angestiegen sind, die alten Schulanlagen deshalb auch höher besteuert werden und Arealserweiterungen nicht mehr möglich sind, weichen viele neue aber auch

---
[1] vgl. Anhang zu 5.131

alteingesessene Schulen an den Stadtrand aus. Aus Sicherheits-
und Distanzgründen wird der Nord- und nicht der Süd- oder West-
rand gewählt. Eindrucksvollstes Beispiel ist die Verlegung der
Deutschen Schule "Colegio Andino" aus dem teuren Oberschichts-
und Bandcomercio-Viertel "Chico" an den nördlichen Stadtrand.
In Suba wirkt sich die Ansiedlung von Privatschulen besonders
krass auf den Index aus, da die Bevölkerung anhand der Volkszählung von 1973 noch sehr klein war. Heute wird sich das Bild etwas korrigiert haben, da in der Region Suba eine rege Bautätigkeit herrscht.

Jüngstes Massivansiedlungsgebiet für Schulen ist das Quartier
San José de Bavaria im äussersten Norden Bogotas, wo auf rund
einem Quadratkilometer Fläche in kürzester Zeit 20 neue Bildungsinstitute gebaut worden sind - ein planerischer Stumpfsinn, wenn
man nur schon an die hunderten von Schulbussen denkt, die täglich
ein paarmal Schüler aus weit entfernten Regionen der Stadt hin
und her transportieren müssen und den Verkehr unverhältnismässig
stark belasten.
Gegenwärtig sind die Schulanlagen noch von weidenden Kühen umgeben;
aber der monatliche Bevölkerungszuwachs der Stadt von durchschnittlich über 20.000 Einwohnern, wird die Situation schon in den näch-
sten paar Jahren vollständig ändern.

5.3532 Index: Kommunikation

Da das kolumbianische Radio und das Fernsehen selbsttragend sein
müssen und vollständig auf Reklameeinnahmen angewiesen sind, zeigen sie dementsprechend schlechte Programme. Als Massenkommunikationsmittel ersten Ranges bietet sich deshalb vor allem das Kino
an, und die etwa 110 "teatros" von Bogotá sind denn auch vor allem übers Wochenende und an Festtagen völlig überfüllt. Zudem ist
der Kinoeintritt sehr billig.[1]

Das Kino darf demnach als Mass für Kommunikation bzw. Information,
Unterhaltung und Weiterbildung angesehen werden.

Das Theater spielt in Bogotá eine äusserst untergeordnete Rolle:

---

[1] 1979 kostete 1 Eintritt noch 20,00 Col. Pesos, was dem Gegen-
wert von weniger als 1.00 SFr. entsprach.

Das Stadttheater "Teatro Colón" zeigt internationale Stars aus
der Opern-, Operetten-, Theater- und Konzertwelt, zieht aber nur
eine kleine Gruppe von interessierten Kreisen an. Die Kleintheater fallen vom Angebot her kaum ins Gewicht. Erstaunlich hohe
Besucherzahlen weisen die verschiedenen Museen auf, wovon sich
20 der 29 in der City und 16 davon allein in der Kolonialstadt
befinden. Das erklärt teilweise auch den Überschuss an Dienstleistungen dieser Sparte im Zentrum. Dazu kommt, dass sich 46 der
etwa 110 Kino- und Theaterbetriebe, also rund 40%, in dieser
Stadtregion befinden.

Ebenfalls einen Überschuss an "Kommunikations-Dienstleistungen"
weist der Nord-Osten auf, wo sich eine Konzentration von Kinos
im wichtigsten Sekundärzentrum Chapinero feststellen lässt, und
das ehemalige Dorf Bosa, das mit seinen drei Kinos und einer Bevölkerung von über 40.000 Einwohnern bereits einen Überschuss
aufweist.

Alle übrigen Stadtregionen weisen z.T. ein beträchtliches Defizit
auf. Als Extremfall steht Suba, das 1973 mit seinen rund 4.000
Einwohnern noch kein einziges Kino hatte.

5.3533 Index: Wirtschaft bzw. "Wirtschaftsbarometer"

Banken lassen sich dort nieder, wo die Nachfrage nach ihren Dienstleistungen am grössten ist. Sie können demnach als "Wirtschaftsbarometer" betrachtet werden: wo es Banken gibt, ist Geld oder
Kreditwürdigkeit und demnach auch florierender Einzel- oder
Grosshandel vorhanden.

Es kann deshalb nicht überraschen, dass sowohl die City als auch
das Hauptindustriegebiet starke Überschüsse an solchen Dienstleistungsbetrieben aufweisen und dass auch das wichtigste Sekundärzentrum Chapinero noch einen Indexanteil von 2,68 aufweist.

Der reiche Norden zeigt aber bereits nur noch einen Index von
0,7, weil er zum grössten Teil aus Wohnbebauung besteht.

Als Extreme mit einem besonders hohen Defizit fallen der armen
Süden und Fontibón mit einem Index von nur 0,14 bzw. 0,16 auf
und vor allem Suba und Bosa, die überhaupt keine Bank aufweisen.

5.3534 Index: Medizinische Betreuung

Wer in Bogotá eine medizinische Betreuungsstelle wie Spital,
Klinik oder Sanitätsposten in Anspruch nehmen will, muss vorerst bar bezahlen. Wer kein Geld hat, verblutet vor der Tür,
was fast täglich vorkommt. Zudem gibt es nur sehr wenig öffentliche solcher Dienstleistungsinstitute. Ein Privatspital etwa
funktioniert wie ein Hotelbetrieb: einfachste medizinische Betreuungsgeräte wie Fiebermesser, Transfusionsflaschen u.a.m.
sowie sterile Bett- und Toilettenwäsche etc. müssen gekauft,
Krankenschwestern selber mitgebracht werden. Jeder medizinische
Eingriff wird im voraus finanziell abgesichert.

Weil der notwendige finanzielle Rückhalt des Staates fehlt, werden immer wieder öffentliche Spitäler geschlossen, anstatt neue
zu bauen, um der jährlich um 1/4 Million zunehmenden Bevölkerung
Bogotas medizinische Dienstleistungen anbieten zu können.

Deshalb ist für den Standort von Spitälern und Kliniken in einer
Stadtregion vor allem die sozio-ökonomische Schichtzugehörigkeit
ihrer Bewohner massgebend. Die Verteilung der medizinischen
Dienstleistungen zeigt denn auch ein eindeutiges Bild:
Der reiche Nord-Osten weist mit seinen 2,56 Indexpunkten einen
frappanten Überschuss auf. Allein der Südteil dieser Region (Sektoren 08, 11 und 12), der direkt an die City anschliesst und die
alten Oberschichtsviertel enthält, weist 31 (=16%) medizinische
Dienstleistungsbetriebe auf. Der Rest der Region Nord-Ost (Sektoren 32, 33, 54 und 55) enthält noch 21 (=10,9%) Spitäler und
Kliniken.

Auch die Regionen des Zentrums und des Industriegebietes weisen
Überschüsse auf. Es muss aber darauf hingewiesen werden, dass
beide Gebiete Arbeitszentren darstellen, die sich nachts z.T.

völlig entleeren. Die kleinen Wohnbevölkerungsanteile von 5,8% der City bzw. 2% des Industriezentrums lassen demnach einen Index erscheinen, der nicht die tatsächlich vorhandene Nachfrage vor allem nach Sanitätsposten (wegen erhöhter Unfallgefahr in diesem Gebiet) berücksichtigt.

Die drei Regionen zusammen mit einem Anteil an der Gesamtbevölkerung der Stadt von 19,5%, enthalten 43% der medizinischen Dienstleistungsbetriebe.

Die Regionen Süden, Bosa, Fontibón, Suba, Nord-Westen und Norden[1] mit einem Bevölkerungsanteil von 80,5% bzw. ca. 2,6 Millionen, müssen sich in die übrigbleibenden 57% bzw. 110 Spitäler, Kliniken und Sanitätsposten teilen.

---

1) Hier fehlen die entsprechenden Spitäler und Kliniken nur, weil die Bebauungen praktisch alle erst ab 1960 entstanden sind. Der Index dürfte in diesem Gebiet bald einmal einen Überschuss aufweisen, weil die Bevölkerung des Nordens ja zahlungskräftig ist.

STRUKTURELLE GLIEDERUNG 6 BOGOTAS

6. STRUKTURELLE GLIEDERUNG BOGOTAS[1]

Neben den funktionalen und den formalen Kategorien werden hier speziell noch strukturelle Kategorien unterschieden, da diese in einer Millionenstadt Lateinamerikas besonders aussagekräftig sein müssen. Dabei werden nicht bauliche Strukturen untersucht, diese gehören zum formalen Bereich, auch nicht wirtschaftliche, die eher in ein wirtschaftliches Betrachtungssystem gehören.

6.1 DIE STRUKTURKATEGORIEN DER INDUSTRIE

Sie sind für ein planerisches System wichtiger als beispielweise Strukturkategorien des Wohnens.

Industrien können z.B. arbeitsintensiv, kapitalintensiv, rohstoffintensiv, energieintensiv und flächenintensiv oder -extensiv sein. Ferner spielt es planerisch eine wichtige Rolle, wieviele Arbeitskräfte die einzelnen Industrien benötigen und welcher Ausbildungsstand von den Arbeitern und Angestellten verlangt wird.

Grosjean[1] weist deutlich darauf hin, dass die Nichtberücksichtigung der Industriestruktur in der Planung schon zu Enttäuschungen und Fehlplanungen geführt hat, weil sich in einer einmal ausgeschiedenen und gesetzlich sanktionierten Industriezone nicht die Industrien ansiedelten, die man eigentlich gewünscht hätte.

In der vorliegenden Studie wurde, wie bereits gesagt, darauf verzichtet, Industrie - Strukturgruppen und aus diesen, durch Berücksichtigung formaler Aspekte, Industrietypen zu bilden, weil entweder das notwendige Grundlagenmaterial fehlte und eigene Feldstudien hier den Rahmen dieser Arbeit gesprengt hätten, oder weil die Notwendigkeit für Bogotá nicht als zwingend erachtet wurde. So wäre es beispielsweise mit vorhandenem[2] statistischen Material möglich gewesen, Betriebsgrössenklassen zu bilden; aber - wie bereits festgehalten wurde - gibt es in Bogotá sehr wenig Grossbetriebe, etwas mehr kleinere Mittelbetriebe und sehr viele Klein-

---

1) Grosjean Georges 1975, S. 56f
2) Eine unveröffentlichte Studie befindet sich im DAPD, Division Desarrollo Físico

betriebe. Das Einbeziehen von Betriebsgrössenklassen in die
Untersuchung des Ist-Zustandes der Industrie hätte demnach nicht
dem Aufwand entsprechend Einsichten geliefert.

6.2 DIE SOZIALEN STRUKTURKATEGORIEN DES WOHNENS

Für den Verfasser als Nebenfachsoziologen wäre es verlockend gewesen, in dieses eher geographische Betrachtungssystem ein detailliertes soziologisches einzuschliessen, was aber den Umfang dieser Studie bei weitem übersteigen müsste. Der Strukturbegriff soll im folgenden knappen Ergänzungsbeitrag demnach als sozialer verstanden werden.

Die Untersuchung soll Näheres über die Sozialstruktur Bogotás aussagen. Dabei sind für ein geographisches Betrachtungssystem nur Strukturkategorien relevant, die sich mit bestimmten formalen Vorstellungen verbinden.

Nach Grosjean[1] gehört in schweizerischen Verhältnissen die Zuordnung bestimmter formaler Kriterien an eine soziale Strukturkategorie vor allem den historischen Bebauungsformen an, während in den neueren Bebauungen im formalen Aspekt soziale Unterschiede bewusst verwischt werden. Zudem wird bei Neuplanungen wenigstens theoretisch angestrebt, möglichst Interessenten mit unterschiedlichem sozialem Status ein Ansiedeln zu ermöglichen.

In Bogotá dagegen kann aus verschiedenen Gründen sehr oft aus formalen direkt auf soziale Kategorien geschlossen werden. Ein Plan, der die Verteilung der sozialen Schichten über das Stadtgebiet aufzeigt, ist für das Verständnis der komplexen formalen aber auch funktionalen Situation Bogotas ein absolut notwendiges Hilfsmittel.

Wie auch in vielen anderen **Grossstädten**, richtete sich die Planung Bogotas bis vor kurzem nach rein physischen urbanistischen Kriterien. Da aber ökonomische und soziale Phänomene im Grunde genommen weitgehend die formale und funktionale Situation einer

---

1) Grosjean Georges 1975, S. 56

Agglomeration bestimmen, kam man auch in Kolumbien nicht darum
herum, die strukturelle Gliederung zu untersuchen.
Grosjean[1] erwähnt als soziale Strukturkategorien der Wohnsiedlung z.B. "Arbeitersiedlungen", "Mittelstandssiedlungen",
"Taglöhnersiedlungen","Alterssiedlungen" etc. Alle diese Bebauungen dienen dem Wohnen und die nähere Bezeichnung gibt
die Sozialstruktur der Bewohner an. Es handelt sich also nur
scheinbar um funktionale Kategorien.

Für das hier vorliegende geographische Betrachtungssystem wären
diese Kategorien besonders relevant[2], da sie sich in Bogotá -
wie bereits festgehalten - besonders deutlich mit bestimmten
formalen Vorstellungen verbinden.

Allerdings ist es in Bogotá fast unmöglich, oben erwähnte Strukturkategorien zu bilden, da z.B. weder reine "Arbeitersiedlungen"
noch "Alterssiedlungen" vorhanden sind. Das hat verschiedene
Gründe:[3]

Der Proletarier, wie er etwa in europäischen Grossstädten in Massen auftritt, fällt hier nicht ins Gewicht, weil er kaum existiert.
Die durchschnittliche Betriebsgrösse ist sehr klein, so dass nur
4% der Industriearbeiter aus Arbeiterfamilien stammen, die Hälfte
aber in Kleinst-, Klein- und Mittelbetrieben arbeitet, wo weniger soziale Leistungen empfangen werden und wo auch kaum die
Möglichkeit besteht, gewerkschaftliche Bindungen einzugehen.

Das fast vollständige Fehlen von eigentlichen Arbeitervierteln
ist aber auch darauf zurückzuführen, dass das ICT[4] und andere
soziale Institutionen ganze Siedlungen aufstellen, in denen
Arbeiter aber auch niedrige Angestellte, also Angehörige der
unteren Mittelschicht, die in Bogotá noch zur ärmeren Bevölkerung gerechnet werden müssen, günstige Eigenheime kaufen
können. In Bogotá bewohnen deshalb 42% von 458 befragten Arbeitern[5] ein eigenes Häuschen - zu denen allerdings auch

---

1) Grosjean Georges 1975, S. 56
2) im Gegensatz zu schweizerischen Verhältnissen!
3) Brücher Wolfgang 1976, S. 140f
4) Instituto de Crédito Territorial = Institut für Bodenkredite
   bzw. Institut für Sozialen Wohnungsbau
5) Brücher Wolfgang 1976, S. 140: Befragung von Industriearbeitern
   in Bogotá und Medellin

die Hütten der Tugurios bzw. der evolutionierten Slums zählen -,
so dass durchschnittlich ein sehr niedriger Lebensstandard erreicht wird.

Viele Arbeiterkinder, die beruflich einen etwas höheren Status
erreicht haben, leben aus finanziellen Gründen vielfach weiterhin im Hause der Eltern. Wenn diese zweite Generation Nachwuchs
erhält, wird das Haus umgebaut, bis es den neuen Ansprüchen
der vergrösserten Familie genügt. Somit kommt es vor, dass beispielsweise ein Primarlehrer im ärmsten Süden wohnen bleibt,
auch wenn er in einem Colegio des reichen Nordens unterrichtet.
Dadurch kommt es zu einer Komplizierung der Sozialstruktur in
Unter- und Mittelschichtsquartieren, was die Bildung von sozialen Strukturkategorien der Wohnsiedlung erschwert oder gar verunmöglicht.

Das Altersproblem ist neu für Bogotá. Noch 1975[1] machten die über
65-jährigen erst 2,63% der Gesamtbevölkerung aus, während 49,93%
noch nicht das zwanzigste Altersjahr erreicht hatten. 47,44% entfielen auf die arbeitende Bevölkerung im Alter zwischen 20 und
65 Jahren. Zudem ist die Grossfamilie in Bogotá meist noch intakt; deshalb können die älteren Mitglieder ohne weiters integriert
bleiben.

Die erste eigentliche Alterssiedlung ist neben dem Multizentrum
"Unicentro" erst im Entstehen begriffen.

Es war demnach wenig sinnvoll, obenerwähnte soziale Strukturkategorien zu bilden. Zweckmässiger war, mit irgendwelchem statistischem Material die sozio-ökonomische Situation der Bewohner der verschiedenen Quartiere aufzuzeichnen. In Form einer
1974 ausgeführten Spezialstudie[2] konnte das notwendige Grundlagenmaterial gefunden werden.

---

1) vgl. DANE - Encuesta Nacional de Hogares - Etapa 9,
   in: Quelle 16, S.22.

2) Arias Jairo 1974, auch DAPD 1972 (Quelle 23)

6.3 STUDIE ÜBER DIE SOZIO-ÖKONOMISCHEN SCHICHTEN DER BOGOTANER QUARTIERE [1]

1974 publizierte die Unterabteilung für Soziale Entwicklung des DAPD eine Studie[2], in welcher die sozio-ökonomische Situation der Bogotaner Quartiere untersucht worden war mit dem Zweck, den Ist-Zustand zu analysieren, um die vorhandenen Planungskredite zielbewusster einsetzen zu können. Bereits 1970 hatte das DANE eine Umfrage in Haushaltungen der Bogotaner Quartiere durchgeführt.[3] Diese Vorstudie beruhte nicht auf einer quantitativen, sondern auf einer rein subjektiven Einschätzung der Barrios, um diese in 6 verschiedene sozio-ökonomische Schichten einzuteilen. Darauf untersuchte die Privatfirma "Consultécnicos" 1972 rund 4675 Haushaltungen der Stadt, indem sie 63 Zonen auswählte, darin je 4 Häuserviertel bestimmte, in denen pro 17 Wohnungen jeweils 1 analysiert wurde.

Dieses Sample war ungenügend, um Aussagen über einzelne Quartiere machen zu können, erlaubte aber, die Arbeit in zwei Monaten abzuschliessen. Die Studie kann aber für ganze Regionen, wie sie hier untersucht werden, als repräsentativ gelten.

Es wurden folgende Variablen gebildet, um Schichtungsmerkmale messen zu können:

- Wohnungstyp (unabhängiges Haus, Apartamenthaus oder Untermietung)
- Haustyp (Ein-, Zwei- oder Mehrfamilienhaus, Miethaus)
- Gebäudezustand (gepflegt, verlottert oder zerfallen)
- Familieneinkommen (6 Gruppen: Einkommen von weniger als 500 Pesos abgestuft bis mehr als 15.000 Pesos monatlich)
- Belegungsdichte der Wohnung
- Verfügbarkeit öffentlicher Dienste (Wasser, Müllabfuhr, Elektrizität, Kanalisation, Telefon, Zufahrtsmöglichkeiten)

---

1) vgl. CAD 1974 (Quelle 36)
2) Arias Jairo 1974
3) DANE 1970, Boletín No. 229, La Preestratificación de la Encuesta de Hogares

Anhand der empirisch festgelegten Punktzahl für jede einzelne Variable ergab sich ein optimal erreichbares Total von 141 Punkten. Mit diesem Ergebnis konnten die Quartiere je nach erreichter Punktzahl in 6 unterschiedliche Gruppen eingeteilt werden, welche die durchschnittliche sozio-ökonomische Situation ihrer Bewohner manifestieren:

S1	Untere Unterschicht	(70	Punkte)	=	9%	⎫
S2	Unterschicht	(70,1-80	")	=	26%	⎬ 67% Ärmere
S3	Untere Mittelschicht	(80,1-95	")	=	32%	⎭
S4	Mittelschicht	(95,1-115	")	=	19%	⎫
S5	Untere Oberschicht	(115,1-125	")	=	10%	⎬ 33% Reichere
S6	Oberschicht	(125,1-141	")	=	4%	⎭

(Total wurden 405 von ca. 510 Quartieren klassifiziert)

Dieses Ergebnis wurde auf einen Plan im Masstab 1:25 000 übertragen und diente als Grundlage für den Plan der Strukturellen Gliederung Bogotas.

6.31 Verzeichnis der Quartiere (Barrios) Bogotas Quelle: Censo
nach Ordnungsnummern und mit Angabe der   de Poblacion
Schichtzugehörigkeit   1973

A = QUARTIER-No.   B = STATUS-No.   C = QUARTIERBEZEICHNUNG

A	B	C	A	B	C
001	2	La Uribe	086	4	Ciudad Jardín Sur
002	5	Acevedo Tejada	088	2	Claret
003	3	La Almeda	089	4	Colombia
004	3	Alcala	090	3	Color
005	4	Alcazares	092	2	Consuelo
007	4	Alfonso Lopez	095	1	Córdoba
008	2	Alqueria de la Fragua	096	2	Cundinamarca
009	1	Altamira Country	097	4	Chapinero Central
010	6	Antigua	098	4	Chapinero Norte
011	4	Armenia	099	4	Chapinero Sur Occ.
012	1	Atenas	100	6	Chico
041	4	Banco Central	101	6	Chico Norte 1
042	5	Baquero	102	6	Chico Norte 2
043	3	Barcelona	103	2	12 de Octubre
044	1	Barrancas	104	3	Eduardo Santos
046	4	Bavaria	105	3	Egipto
047	5	Belalcazar	106	3	El Carmen Fontibón
048	2	Belen	108	5	El Contador
049	3	Belen Fontibón	109	2	El Dorado
050	5	Bella Suiza	110	3	El Encanto
051	2	Bellavista Sur	111	3	El Ejido
052	2	Bellavista Occidental	112	6	El Espartillal
054	2	Bello Horizonte	113	2	El Guavio
055	3	Benjamin Herrera	114	2	El Liston
056	5	Bosque Calderón	115	6	El Nogal
057	3	Bosque Izquierda	116	2	El Paraiso
058	3	Bosque Popular	117	2	Prado Veraniego
059	3	Boyaca	118	3	El Progreso
060	3	Bravo Paez	119	2	El Carmen
061	4	Britalia	120	1	Granada Norte
062	2	Buenos Aires	121	2	El Real
063	3	Calvo Sur	122	4	El Recuerdo
064	4	Campin	123	6	El Refugio
065	4	Campin Occ.	124	4	El Remanso
066	1	Cantagallo	125	6	El Retiro
067	1	Caobas Salazar	126	1	El Rocio
068	4	Santa Cecilia	127	3	El Rosario
070	3	Caracas	128	4	El Salitre
072	4	Castilla	129	3	El Tejar
073	4	Cataluno	130	3	El Tejar Oriental
074	4	Cedritos	133	3	El Vergel
076	4	Cedro Narvaez	134	5	Emaus
077	2	Cedro Salazar	138	3	Estación Central
078	4	Cementerio Sta. Fe	139	6	El Estoril
079	3	Centenario	140	2	Fatima
080	2	Centro Administrativo	141	5	Nicolas de Federman
082	2	Centro Industrial	142	3	Ferrocaja Fontibón
083	3	Belen Centro	145	2	Florida Blanca
084	4	Centro Nariño	149	3	La Laguna Fontibón
085	2	Ciudad Jardín Norte	151	3	Quiroga

A	B	C	A	B	C
153	4	Ciudad Berna (Fucha)	214	3	La Fraguita
154	3	Paris Gaitan	215	3	La Fragua
155	3	Galan	216	5	Lago Gaitan
156	4	Ginebra	219	2	La Granja
157	1	Girardot	220	2	La Liberia
159	2	Gorgonzola	221	4	La Macarena
160	5	Gran America	222	5	La Magdalena
162	5	Granada	223	2	La Maria
164	2	Granjas de Techo	224	4	La Merced
165	2	Guadual Fontibón	225	3	La Merced Norte
166	2	Gustavo Restrepo	226	4	La Patria
167	4	Las Americas	227	3	La Paz
168	2	Hipodromo	228	1	La Peña
172	3	Industrial Centenario	229	2	Lo Pepita
173	2	Ingles	230	2	Perseverancia
175	3	Jorge E. Gaitan	232	5	La Porciuncula
176	3	José J. Vargas	233	3	La Pradera
177	3	Juan XXIII	235	3	La Primavera
179	3	Ciudad Kennedy	236	3	La Primavera
180	3	Ciudad Kennedy Occ.	237	4	La Sabana
181	4	Kennedy Oriental	239	5	La Soledad
182	3	Kennedy Central	240	5	La Salle
183	3	Kennedy Sur	242	3	Trinidad
184	1	La Acacia	243	3	El Laurel
185	3	La Alqueria	244	2	La Victoria
186	3	La Asunción	245	3	La Victoria Norte
187	4	La Aurora	246	5	Las Acacias
188	2	La Cabaña	248	2	Las Delicias
189	2	La Cabaña Fontibón	249	2	Las Ferias
190	6	La Cabrera	251	2	Las Ferias Occidental
191	4	La Calleja	252	2	Las Mercedes
192	3	La Capuchina	253	4	Las Nieves
193	2	La Catedral	254	1	Las Orquideas
194	5	La Castellana	255	5	Las Villas
195	3	La Cita	256	2	Libertador
196	1	La Colonia	257	4	Lisboa
197	3	La Concordia	258	2	Lourdes
198	4	Concepción Norte	259	2	Florida
199	1	La Chucua	260	1	Los Alpes
200	3	Las Aguas	261	4	Los Andes
201	5	Las Americas	262	4	Los Cedros
202	2	Las Brisas	263	4	Cedro Oriental
203	1	Las Colinas	264	3	Los Cerezos
204	2	Las Cruces	265	2	Los Ejidos
205	5	La Esmeralda	266	2	Los Laches
206	4	La Esperanza	267	5	Los Molinos del Norte
207	3	La Estanzuela	268	1	Los Molinos Sur
208	3	Estrada	270	2	Marco F. Suarez
209	2	Estradita	271	5	Maria Cristina
210	3	La Estrella	272	5	Marly
211	2	La Favorita	273	4	Marcella
212	4	Panamericano	274	1	Meisen
213	3	La Florida Occ.	276	3	Minuto de Dios

A	B	C	A	B	C
277	5	Modelia	339	3	Ricaurte
279	3	Modelo del Sur	340	6	Rincón del Chico
282	2	Monte Bello	341	2	Rionegro
283	4	Ciudad Montes	342	2	Rodeo
284	5	Quinta Camacho	343	5	Rosales
285	4	Quinta Mutis	344	5	Sagrado Corazón
286	5	Quinta Paredes	345	1	Granada
287	3	Quinta Ramos	346	3	Salazar Gomez
288	2	Montevideo	347	4	Samper
289	1	Moralba	348	3	Samper Mendoza
290	5	Morato	349	2	Samore
291	2	Moore	350	2	Santander
292	4	Muequeta	351	2	Santander Sur
293	5	Niza	352	1	Urb. San Antonio
294	4	Normandia	353	4	San Antonio
295	4	Normandia Occ.	354	1	San Agustin
296	3	Olaya	355	2	San Benito
297	3	11 de Noviembre	356	2	San Bernardo
298	4	Ortesal Sur	357	2	San Blas
299	3	Ospina Perez	358	2	San Carlos
300	3	Ospina Perez Sur	359	2	San Cristobal
301	4	Palermo	360	3	San Cristobal Norte
302	3	Paloblanco	361	4	San Diego
304	5	Pardo Rubio	362	4	San Felipe
308	5	Pasadena	363	4	San Felipe
309	2	Pastrana	364	2	San Fernando
310	5	Paulo VI	365	3	San Fernando
311	3	Pensilvania	366	2	Santa Lucía Occ.
312	3	Pio XII	367	4	Sta. Maria
313	2	Policarpa S.	368	3	Sta. Rita
314	5	Polo Club	369	5	Sta. Rosa
315	4	Popular Modelo	370	3	Sta. Sofia
317	2	Prado Norte	371	4	Sta. Teresa
318	3	Prado Pinzon	372	1	San Francisco
319	2	Prado Sur	373	3	San Francisco Occ.
320	2	1º de Mayo	374	3	San Gabriel
321	2	Pro Vivienda Orient.	375	4	San Gabriel
322	2	Pro Vivienda Occ.	377	2	San Isidro
323	2	Pro Vivienda Sur	378	3	San Javier
324	3	Pte. Aranda	379	4	San Joaquin
325	1	Pte. Colorado	380	2	San Jorge
326	4	Puente Largo	381	3	San Jorge
327	2	Puerta de Teja	382	3	San José
328	4	Quesada	383	3	San José Fontibón
329	1	Quindio	384	2	San Jorge Oriental
330	3	Quiroga	386	3	San José Prado
331	3	Quiroga Central	387	5	San Luis
332	3	Quiroga Sur	388	3	San Martin
334	4	Rafael Uribe	389	3	San Miguel
335	2	Ramirez	390	6	San Patricio
336	3	Restrepo	391	1	San Pedro
337	3	Restrepo Occ.	393	3	San Rafael
338	1	Resurección	394	2	San Rafael Industrial

A	B	C		A	B	C
395	1	San Vicente		448	3	Sta. Matilde
396	2	San Vicente Fer.		449	3	El Jazmin
397	2	San Victorino		459	3	Golconda
398	3	Sta. Ana		462	3	Florida
399	6	Academia Militar		464	4	Bonanza
400	6	Sta. Ana Oriental		465	2	La Despensa
401	2	Santa Barbara		467	1	Ismael Perdomo
403	6	Sta. Barbara Occ.		469	2	Sur America
404	5	Santa Barbara Oriental		471	1	Ramajal
405	6	Sta. Bibliana		474	3	Suba Casablanca
407	3	Sta. Fe		478	2	Leon XIII
408	2	Santa Helenita		485	1	Mexico
409	2	Santa Inés		487	4	San Nicolas
410	3	Sta. Isabel		489	4	Los Alamos
411	4	Sta. Isabel Sur		494	3	Los Sauces
412	3	Soledad Norte		496	2	Batallon Caldas
413	4	Sta. Teresita		501	2	San José
414	2	Santiago Perez		502	5	El Nuevo Cedrito
415	4	Sears		503	2	Santa Inés
418	3	Sevilla		508	2	San Jorge Sur
419	4	Sociego		509	2	San Jorge
420	3	Sociego Sur		510	2	Perpetuo Socorro
421	3	7 de Agosto		514	4	Mandalay
422	2	Simon Bolivar		517	3	Estacion FFCC Bosa
423	5	Sucre		518	3	Bosa
424	3	Tabora		521	4	Tarragona
425	3	Tenidero		522	2	Engativa
426	5	Teusaquillo		523	4	Tisquesusa
427	3	Timiza		527	2	Julio Florez
428	1	El Toberin		560	4	Francisco Miranda
429	2	Tunjuelito		561	5	La Carolina
430	2	Tunjuelito Sur		562	4	Tierra Linda
431	3	Usaquén		563	3	Suba
432	3	20 de Julio		564	3	Balazar Acacias
433	2	Venecia		565	3	La Pradera Norte
434	3	Venecia Occ.		566	3	San Eusebio
435	4	La Veracruz		572	1	San Rafael
436	4	Veraguas		573	1	Juan Rey
437	3	Versalles Fontibón		574	2	San Pablo
438	3	Villemar Fontibón		575	2	Estrella Norte
439	2	Vitelma		576	1	Juan XXIII
440	3	Voto Nacional		577	3	La Granja Norte
442	2	Venecia Occidental II		578	3	Palestina
443	2	Vergel Occidental		580	5	Bella Vista
444	1	San José Occidental		700	4	Viscaya (Los Andes)
445	2	San Pablo		701	4	Ortesal
447	4	El Batan		702	4	Colseguros

ANZ. QUARTIERE MIT STATUS	1	2	3	4	5	6	TOTAL KLASSIF. QUARTIERE
Absolut	36	106	126	79	42	16	405
%	8,89	26,17	31,11	19,51	10,37	3,95	100

	UNTERSCHICHT	MITTELSCHICHT	OBERSCHICHT	
	35,06%	50,62%	14,32%	100%

6.32 Schematische Darstellung der Verteilung der sozio-
ökonomischen Schichten Bogotas

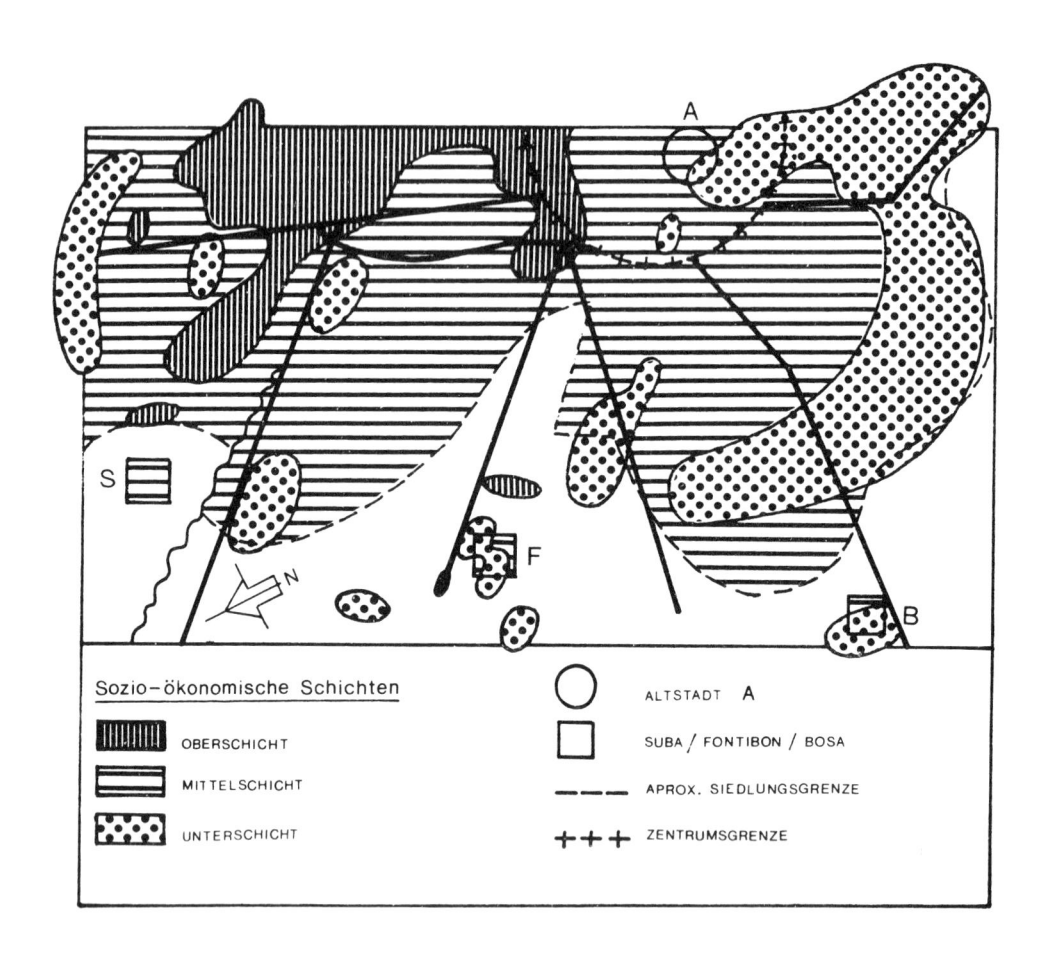

Sozio-ökonomische Schichten

▦ OBERSCHICHT	◯ ALTSTADT A
▤ MITTELSCHICHT	☐ SUBA / FONTIBON / BOSA
⋯ UNTERSCHICHT	--- APROX. SIEDLUNGSGRENZE
	+++ ZENTRUMSGRENZE

Quelle Plan der strukturellen
        Gliederung

6.4 DISKUSSION WEITERER SCHICHTUNGSMERKMALE

Wie bereits festgestellt wurde, sind für ein geographisches Betrachtungssystem nur Strukturkategorien relevant, die sich mit bestimmten formalen Vorstellungen verbinden.

Bei der Ermittlung der sozio-ökonomischen Schichten sind verschiedene Variablen verwendet worden, welche tatsächlich formale Aspekte ansprechen.[1] Die schwache Punktierung dieser Variablen bewirkte aber, dass die formalen Aspekte kaum ausschlaggebend waren bei der Einordnung eines Quartiers in eine der sechs sozio-ökonomischen Schichten. Dagegen wurde das Familieneinkommen mit rund 43% der Gesamtpunktzahl bewertet, so dass sich das recht aufwendige und komplizierte Arbeitsverfahren im Grunde genommen auf eine Schichtung nach Höhe des Einkommens reduzierte.

Wären nicht andere Schichtungsmerkmale wie z.B. der Beruf bzw. die Beschäftigung, die Schulbildung bzw. die Erziehung oder der Sozialstatus - gemessen an Beruf, Beschäftigung, Einkommen und Vermögen bzw. Besitz - aussagekräftiger gewesen, um soziale Strukturkategorien der Wohnsiedlung wie z.B. Mittelstandssiedlung, Künstlersiedlung etc. zu bilden?

Dazu ist bereits gesagt worden, dass die sozialen Verflechtungen in Bogotá trotz einiger offensichtlicher Tatsachen recht komplex sind. Sicher kann aber gesagt werden, dass Werte wie etwa Bildung, Erziehung und Berufsethik weit hinter den materiellen Werten Einkommen, Vermögen und Besitz zurückstehen müssen. Der Bogotaner ist ein "hombre de negocios", d.h. ein Mensch, der immer und überall dem Geschäft nachspürt, um möglichst ohne viel Anstrengung rasch reich zu werden. Natürlich gehört es zum guten Ton, einen Universitätstitel vorweisen zu können, um als "doctor" angesprochen zu werden. Was und wozu man studiert, spielt keine Rolle. Nach dem Studienabschluss wird man ohnehin "Geschäfte machen", die nichts mehr mit dem studierten Fach zu

---

1) vgl. 6.3

tun haben.

Als zusätzliches Schichtungsmerkmal kam deshalb für Bogotá nur eine gesonderte Betrachtung des Einkommens in Frage, vor allem auch, weil nur hier statistische Angaben vorlagen und weil sich die Höhe des Einkommens direkt auf Formalkategorien auswirkt.

6.41 Familieneinkommen als Schichtungsmerkmal

In der Volkszählung 1973[1] wurde auch das durchschnittliche Familieneinkommen der Bogotaner erfasst, so dass es möglich war, das Einkommen als ergänzendes Schichtungsmerkmal in die vorliegende Untersuchung einzubeziehen. Das Familieneinkommen setzt sich in Bogotá aus den Einkommen verschiedener Familienmitglieder zusammen, weil das System der Grossfamilie meist noch intakt ist. Sowohl der Vater wie die Mutter, in unteren sozialen Schichten auch die Söhne und Töchter samt ihren Ehepartnern, ja oft auch noch deren Kinder selbst, steuern zum Familieneinkommen bei.

Da empirisch festgestellt worden war, dass sich in Bogotá die Höhe des Einkommens direkt auf Wohnort innerhalb der Stadt und Formalkategorien wie Grundstücksgrösse, Hausgrösse, Aussehen und Ausstattung auswirken, sollte versucht werden, anhand der Verteilung der Familieneinkünfte auf die einzelnen Sektoren weitere Information zur Bildung von Strukturkategorien der Wohnsiedlung zu erhalten.

Es wurden folgende drei Einkommensschichten gebildet:

- UNTERSCHICHT   mit einem monatlichen Familieneinkommen von weniger als 2.000 Col. Pesos
(= ca. 88 US$ / Kurs: Januar 1973)

- MITTELSCHICHT   mit einem monatlichen Familieneinkommen von 2.000 - 5.000 Col. Pesos
(= ca. 88 - 220 US$)

---
[1] vgl. Censo de población 1973 (Quelle 30)

- OBERSCHICHT mit einem monatlichen Familieneinkommen von über 5.000 Col. Pesos

6.411 Prozentualer Anteil der Schichten pro Stadtregion

(Schichtungsmerkmal: Durchschn. Familieneinkommen)

STADTREGION	EINKOMMENSSCHICHTEN		
	UNTERSCHICHT	MITTELSCHICHT	OBERSCHICHT
INDUSTRIEREGION	(29%)	(51%)	(20%)
ZENTRUM	41,2%	41,2%	17,6%
RAUM BOSA	88,5%	9,0%	2,5%
RAUM FONTIBON	35,5%	15,5%	49%
NORD - OSTEN	17%	25,3%	57,7%
SÜDEN	51,2%	39,3%	9,5%
NORD - WESTEN	51,8%	26,3%	21,9%
NORDEN	41,1%	18,2%	40,7%
RAUM SUBA	K E I N E	A N G A B E N	
BOGOTA TOTAL	44,5	28,2	27,3

Richtwerte nach Plan der Strukturellen Gliederung Bogotas 1973

6.412 Schematische Darstellung der Verteilung der durchschnittlichen Familieneinkommen pro Stadtregion

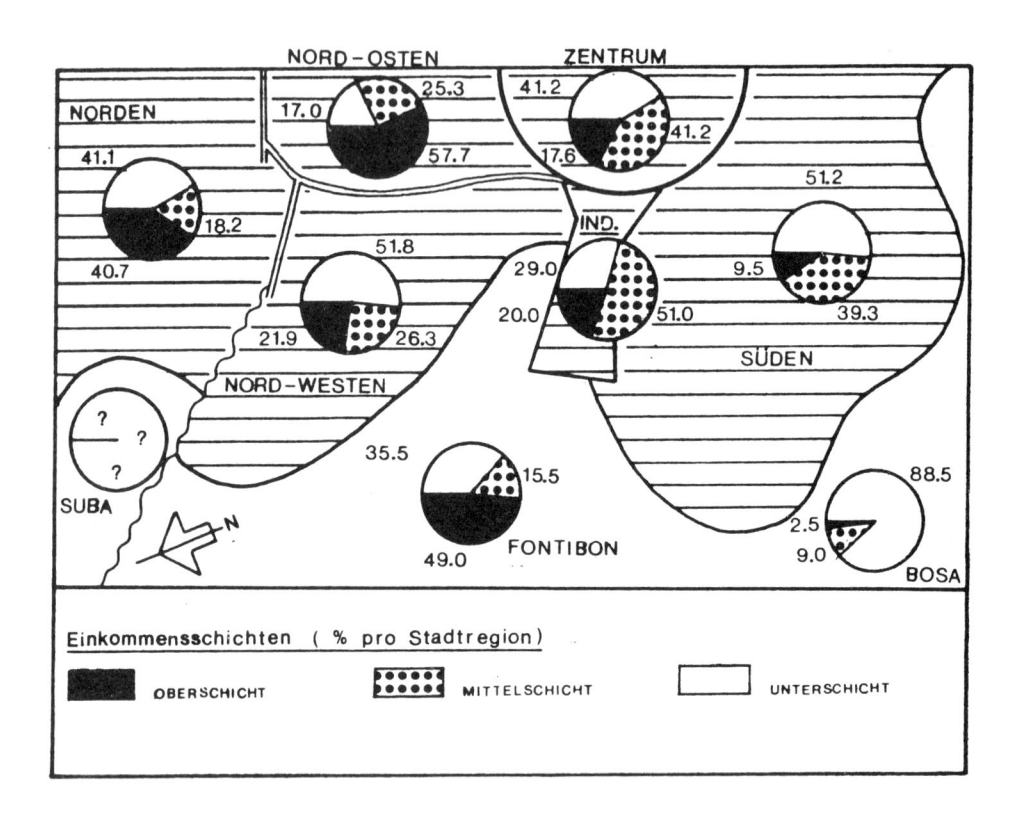

Einkommensschichten (% pro Stadtregion)

■ OBERSCHICHT   ▦ MITTELSCHICHT   □ UNTERSCHICHT

Quelle Plan der strukturellen Gliederung

6.413 Aufteilung der Sektorbewohner in Einkommensschichten nach besonderen Merkmalen

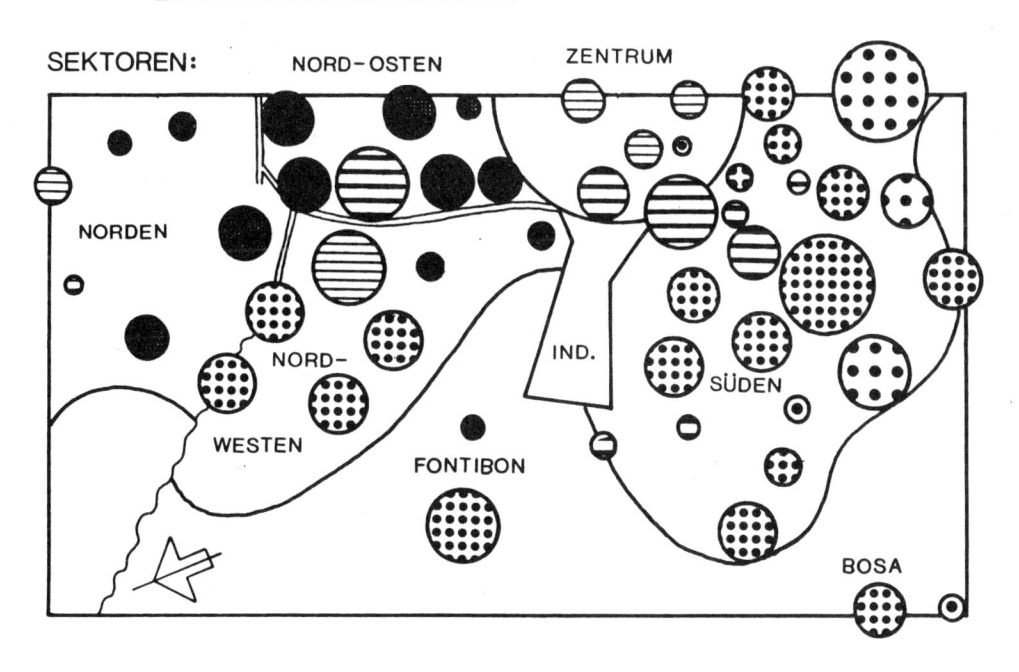

SEKTOREN: NORD-OSTEN, ZENTRUM, NORDEN, NORD-WESTEN, IND., FONTIBON, SÜDEN, BOSA

■	> 45% "Oberschichtseinkommen" (5000 Col.Pesos/Mt.)	=ca.	OBERSCHICHT
▓	35 - 45% "Oberschichtseinkommen"	=ca.	UNTERE OBERSCHICHT
☰	> 37% "Mittelschichtseinkommen" (2000 - 5000 Col.Pesos/Mt.)	=ca.	MITTELSCHICHT
☰	< 37% "Mittelschichtseinkommen"	=ca.	UNT. MITTELSCHICHT
⁙	< 7% "Oberschichtseinkommen"	=ca.	UNTERSCHICHT
⁙	0% "Oberschichtseinkommen"	=ca.	UNT. UNTERSCHICHT

GRÖSSENVERHÄLTNIS DER KREISFLÄCHEN =ca. GRÖSSENVERHÄLTNIS DER EINWOHNER PRO SEKTOR

Quelle Plan der Strukturellen Gliederung

6.5 SCHEMATISIERENDE INTERPRETATION DER SOZIO-ÖKONOMISCHEN SCHICHTEN UND DER EINKOMMENSSCHICHTEN BOGOTAS

Das Schema 6.32 zeigt eine klar verständliche Verteilung der sozio-ökonomischen Schichten auf die Bebauungen der Stadt. Erstaunlich genau das gleiche Bild, nur etwas detaillierter, erhält man, wenn die Einkommensschichten der verschiedenen Sektoren folgendermassen aufgeteilt werden:

Sektoren mit....

> 45% "Oberschichtseinkommen"   =ca. OBERSCHICHT
(> 5.000 Col.Pesos/Mt.)

35 - 45% "Oberschichtseinkommen"   =ca. UNTERE OBERSCHICHT

> 37% "Mittelschichtseinkommen" =ca. MITTELSCHICHT
(2.000-5.000 Col.Pes./Mt.)

< 37% "Mittelschichtseinkommen" =ca. UNTERE MITTELSCHICHT

< 7% "Oberschichtseinkommen"   =ca. UNTERSCHICHT

0% "Oberschichtseinkommen"   =ca. UNTERE UNTERSCHICHT

Die Oberschicht, die sich im Laufe der Zeit aus dem Zentrum (1538 - ca. 1930) über die Quartiere Teusaquillo und Magdalena (1930 - 1950) und Chico (1950 - 1960) auf einer klar erkennbaren Verschiebungsachse weiter in den Norden begeben hat[1] ist seit 1960 eindeutig in den Sektoren 56 und 55(=Oberschicht)und 57, 58 (Quartier Nizza), 53 und 54 (Quartier Polo Club) (= Untere Oberschicht) belegt. Zudem hat sie sich ebenfalls noch in den älteren Sektoren 33, 19, 18 und 16 (=Untere Oberschicht und 30 und 07 (= Oberschicht) gehalten.

Die Oberschichtsviertel bilden demnach ein zusammenhängendes Gebilde östlich der Avenida Caracas, das entlang der Avenida Suba und nördlich der Avenida de las Américas etwas nach Nordwesten bzw. Westen ausbuchtet.

---

1) Amato Peter 1970, S. 24

Losgelöst von diesem einheitlichen sozio-ökonomischen Ballungsraum befindet sich in der Nähe des Flughafens ELDORADO das völlig isolierte Oberschichtsquartier MODELIA, wo sich in einer "Einheitlichen Gesamtbebauung" hoch bezahltes Flugpersonal angesiedelt hat.

Alle diese Oberschichtsquartiere unterscheiden sich formal sehr deutlich von andern Bebauungen durch die Grösse der Grundstücke, den modernen individuellen Baustil und die grossen Gärten, auch wenn sie von der Strasse her als in Bogotá weit verbreitete "Differenzierte Reiheneinfamilienhausbebauungen" erscheinen.

Für die hiesige Lage der Oberschichtsviertel können verschiedene Argumente angeführt werden. Einmal spielen Lokalklima bzw. die Mikroklimate Bogotas und Relief eine gewisse Rolle, wie Amato[1] zeigt. Wichtiger ist aber wohl die Neigung der Oberschicht zur Absonderung[2], was die neuste Entwicklung verdeutlicht, wenn ganze Villenviertel in den bewaldeten, südöstlich von Suba gelegenen Hügel hineingebaut werden, der nur noch mittlere topographische und klimatische Qualitäten aufzuweisen hat.[1] (Diese Entwicklung ist aus dem Plan der strukturellen Gliederung 1973 nicht ersichtlich, weil sie erst ab 1976 eingesetzt hat. Sie kann aber mit Leichtigkeit aus dem Plan der formalen Gliederung 1980 herausgelesen werden: s. Moderne Villenbebauung!)

Als nicht zu unterschätzendes Argument muss auch das Bedürfnis der Oberschicht nach Sicherheit bzw. Geborgenheit angeführt werden, was beispielsweise bei der Besiedlung des Quartiers von Santa Ana Oriental neben der schönen Aussichtslage ausschlaggebend gewesen sein dürfte. Das Oberschichtsviertel ist in eine ökologische Nische hineingebaut, die von der Bergseite her kaum zugänglich ist und von Westen her mit einem einzigen Kontrollposten abgesichert werden kann.

Die Unterschichtsviertel befinden sich vor allem im Süden, wo sie sich in die östlichen Abschlusshügel mit ihrer ausgesprochen hohen Reliefeingliederung hineindrängen und bis auf über

---

1) Amato Peter (Quelle 38), S. 42f
2) Sandner G. 1971, S. 316

3.000 Meter ü.M. in die kalte, neblige "Páramo-Zone" hinaufklettern.

Das zusammenhängende Band von Unterschichtsvierteln, die weitgehend mit dem Bebauungstyp der "Evolutionierten Slums" übereinstimmen, erstreckt sich die südliche Stadt umfassend in weitem Bogen bis zu der Avenida de las Américas.

Ein allerdings viel kleineres Band von Unterschichtsquartieren ist erstaunlicherweise an der Peripherie des reichen Nordens neu entstanden und noch im Entstehen begriffen, weil die Behörden dort Bebauungen mit Minimalnormen[1] (barrios con normas mínimas) zugelassen haben.

Im übrigen treten die Unterschichtsbebauungen inselhaft auf, meist umgeben von Bebauungen der unteren Mittelschicht, was die Darstellung der Einkommensschichten auf dem Plan der strukturellen Gliederung 1973 belegt. Die grössten "Unterschichtsinseln" befinden sich in den ehemaligen Dörfern Bosa, Fontibón, Engativá, im Westteil des Industriegebiets, westlich der Avenida Ciudad de Quito zwischen der Avenida 81 und der Calle 72 und im Sektor 58.

Diese sozio-ökonomisch und einkommensmässig niedrigsten Schichten sind gezwungen, sich in den von den anderen sozialen Gruppen gemiedenen Zonen niederzulassen. Diese charakterisieren sich durch klimatisch schlechtere Bedingungen (regenreicher, feuchter, nebliger) und weniger fruchtbare Böden, wie Amato[2] nachgewiesen hat. Zudem befinden sich viele dieser Siedlungen in Überschwemmungszonen, was gerade 1979 zu Katastrophensituationen geführt hat.

Die Bebauungen der sozio-ökonomischen <u>Mittelschicht</u> schieben sich als Pufferzonen zwischen die Ober- und Unterschicht. Aus der Darstellung der Einkommensschichten auf dem Plan der strukturellen Gliederung 1973 ist ersichtlich, dass sich geradezu als Regelmässigkeit herausgebildet hat, dass sich die untere Mittelschicht in der Nähe der Unterschicht angesiedelt hat und

---

1) vgl. die Beschreibungen unter: Slum - Bebauungen
2) Amato Peter (Quelle 38), S. 44

dass sich die Mittelschicht an der Lage der Unteren Oberschicht orientiert.

So funktionieren die Bebauungen der Einkommens-Mittelschicht als Übergangszonen zwischen den beiden Extremgruppen der Bogotaner Bewohner.

Die untere Mittelschicht muss in Kolumbien noch zu der ärmeren Bevölkerung gezählt werden.[1] Sie lebt auffallend stark vertreten noch in der Altstadt und dem teilweise verslumten Altstadtbereich, besonders in der sich an die City anschliessenden Mischzone[2] bzw. in denen auf dem Plan der formalen Gliederung 1980 als "Ungeschützte Altstadtbebauung" ausgeschiedenen Überreste der alten Kolonialstadt.

Die staatlichen oder halbstaatlichen, z.T. aber auch privaten Architektenkonsortien, haben heute auch am Stadtrand in Form von "Einheitlichen Gesamtüberbauungen" neue Viertel für die Mittelschicht erstellt. Als Paradebeispiel dürfen die mit ausländischem Kapital errichteten Grossüberbauungen der verschiedenen Kennedy-Quartiere gelten.

Allerdings lassen sich für die Verteilung der Mittelschichtsquartiere über das Stadtgebiet kaum so generelle Normen aufstellen, wie etwa für die Ober- und Unterschichtsbebauungen.

Die Anstrengung der Stadtregierung konzentriert sich seit einigen Jahren darauf, auch den Unterprivilegierten (=Unterschicht und Untere Mittelschicht) zu menschenwürdigen Wohnungen bzw. Eigenheimen zu verhelfen. Als Resultat dieser Bemühungen können die "Modernen Slums bzw. Sozialwohnungen im Reiheneinfamilienhausstil für niedrigste Einkommensschichten" betrachtet werden und die zahlreichen vor allem an die Peripherie verlegten eintönigen etwas "komfortableren" Gesamtüberbauungen.

Da der staatliche Verwaltungsapparat beständig weiter aufgebläht wird, ist das Defizit an billigen Wohnungen für den Unteren Mittelstand immer grösser, was mit der Errichtung von

---

1) =vgl. 6.2
2) Bähr Jürgen 1976, S. 130

extrem gleichförmigen, abgeschmackten und reizlosen Gesamtüberbauungen aufgefangen wird, die vor allem im Südwesten und Westen der Stadt in die Savanne hinauswachsen. Damit wird der Prozess der sozialen Segregation durch die Planungsmassnahmen der Behörden weiter gefördert.[1]

Mit einem Bevölkerungszuwachs von 1/4 Million pro Jahr und 60% Piratbebauungen[2] wird Bogotá aber in absehbarer Zeit weder im formalen, funktionalen noch strukturellen Bereich geordnete Verhältnisse aufweisen können.

---

1) Bähr Jürgen 1976, S. 130
2) Errichten z.T. ganzer Bebauungen ohne baubehördliche Bewilligung!

ANHANG

IM TEXT UND AUF DEN PLÄNEN ZITIERTE QUELLEN

1) Grosjean Georges, Raumtypisierung nach geographischen Gesichtspunkten als Grundlage der Raumplanung auf höherer Stufe, Geographica Bernensia, Bern 1975.

2) Plano de la ciudad de Bogotá, Instituto Geográfico "Agustín Codazzi", Subdirección Cartográfica, Bogotá 1976.

3) ESCALA, Revista Mensual Latinoamericana de Arquitectura, Arte e Ingeniería, Tomo VIII No. 86: ANATOMIA DE BOGOTA, Bogotá 1978 (?).

4) Martínez Carlos: Bogotá, sinopsis sobre su evolución urbana, ESCALA Ltda., Bogotá 1976.

5) "El País de los Chibchas", in: "El Espectador", 11 de febrero de 1975.

6) Moises de la Rosa, Calles de Santafé de Bogotá, homenaje en su IV centenario, Bogotá 1938.

7) Museo del Desarrollo Urbano de Bogotá, calle 10, No. 4-21; darin Planmaterial der Jahre 1790 - 1969, u.a.:
   - Bogotá Futuro 1930
   - Bogotá Futuro 1934
   - Plan K. Brunner 1936
   - Plan Piloto de Corbusier 1950
   - Planos de Wiener y Sert 1953: Area Central
   - Plan regulador de Wiener y Sert: Ideas para reorganizar el existente en Bogotá
   - Plan Distrital 1957
   - Plan Distrital 1960
   - Plan Distrital 1961
   - Plan Distrital 1964
   - Zonificación 1972
   - Plan de estructura 1980

8) IDU, Instituto de Desarrollo Urbano de Bogotá, División de Documentación, Comunicación y Archivo, carrera 8, No. 20-17 p.2; darin Planmaterial der Jahre 1936 - 1979.

9) Aspectos de la Arquitectura Contemporánea en Colombia, por Fonseca Lorenzo y otros, Centro Colombo Americano de Bogotá, Bogotá 1977.

10) Guía Arquitectónica de Bogotá, Asociación de Profesionales Especializados en E.U., Bogotá 1964.

11) Tellez German, Crítica & Imagen, ESCALA LTDA., Bogotá, 1978.

12) Martínez Carlos, Medio siglo de arquitectura en Bogotá, "PROA", número 117, abril 1958, Bogotá.

13) Brücher Wolfgang, Bogotá und Medellín als Industriezentren, in: Geographische Rundschau, Jg. 28, Heft 4, Westermann Verlag, 1976.

14) Bähr Jürgen, Neuere Entwicklungstendenzen lateinamerikanischer Grossstädte, in: Geographische Rundschau, Jg. 28, Heft 4, Westermann Verlag, 1976.

15) Sandner G., Gestaltwandel und Funktion der zentralamerikanischen Gross tädte aus sozialgeographischer Sicht, in: Die aktuelle Situation Lateinamerikas. Beiträge zur Soziologie und Sozialkunde Lateinamerikas, 7, Frankfurt a.M., 1971, S. 309 - 320.

16) Anuario Estadístico de Bogotá, D.E., DANE 1975.

17) Plan de Estructura para Bogotá, informe técnico sobre el estudio de desarrollo urbano de Bogotá, fase 2, DAPD (Departamento Administrativo de Planeación Distrital de Bogotá), Bogotá 1974.

18) El Futuro de Bogotá, Publicación del Departamento de Planeación Distrital de Bogotá, Bogotá, 1974.

19) Nuevas Normas de Urbanismo para Bogotá, D.E., 1967 - 1969, Estudios e Informes de una Ciudad en Marcha, Tomo IV, CAD, Bogotá 1969.

20) Aerofotografías Oblicuas 1965 - 1978, numeradas sobre plano de la ciudad de Bogotá, escala 1:25.000, Biblioteca IGAC, Bogotá.

21) Aerofotografías Verticales 1965 - 1978, numeradas sobre plano de la ciudad de Bogotá, escala 1:50.000, Biblioteca IGAC, Bogotá.

22) DAPD (Departamento Administrativo de Planeación Distrital de Bogotá), Estudio de desarrollo urbano de Bogotá, Bogotá 1974, 7 vol.

23) DAPD, Estudio sobre tugurios, Bogotá, Centro de Comunicaciónes, 1972, 9 p. (Publicación No. 2).

24) DAPD, La Planeación en Bogotá, Bogotá 1975, 31 p.

25) DAPD, Anuario estadístico de Bogotá, D.E. 1970 - 1971, Bogotá 1976, 328 p., tablas.

26) <u>DAPD</u>, <u>Usos del suelo en Bogotá</u>, Unveröffentlichte Studie über funktionale Aspekte, auf Plänen im Massstab 1:10.000.

27) <u>DAPD</u>, Inventario de servicios para los barrios de Bogotá por Alcaldías Menores (Unidad de estudios e investigaciones, División de investigaciones, División de Población y Estadística. Sociologa: María Eugenia Ramírez), Unveröffentlichte Studie(1979?).

28) Unveröffentlichte Studien über den Grad der <u>Umweltbelästigung der Industrien in Bogotá</u>:
    - Actividades de alto, mediano y bajo impacto ambiental
    - Actividades de alto riesgo o peligrosas
    - Industrias con residúos secos
    - Industrias con húmedas orgánicas
    - Industrias con húmedas químicas
    DAPD, División Desarrollo Físico, 1980.

29) <u>DAPD</u>, Código de Agrupaciones y Grupos Industriales.

30) <u>DANE</u>, Censo de población 1973.

31) <u>Arias Jairo</u>, Estudio de Estratificación Socioeconómica de los Barrios de Bogotá, D.E., DAPD, Bogotá 1974.

32) <u>DAPD</u>, Plan oficial de Zonificación 1975 - 1980.

33) Unveröffentlichte Arbeit über die <u>Lokalisierung der Industrie in Bogotá</u>, erfasst in Wirtschaftsgruppen:

    1. Metallerzeugungsindustrie, 2. Apparate- und Maschinenbauindustrie, 3. Glas- und Baustoffindustrie, 4. Ölraffinerie- und Chemische Industrie, 5. Papierindustrie und Druckereigewerbe, 6. Holzverarbeitungsindustrie, 7. Kleinfertigungs- bzw. Kleinverarbeitungsindustrie, 8. Nahrungs- und Genussmittelindustrie, 9. Textil- und Bekleidungsindustrie, División Desarrollo Físico, DAPD, 1980, auf Plänen im Massstab 1: 10.000.

34) Unveröffentlichte Studie über den <u>Grad der Umweltbelästigung</u> von Geschäfts- und Gewerbebetrieben in Bogotá, <u>DAPD</u>, División Desarrollo Físico, 1980.

35) Industria Manufacturera, Resumen de personal ocupado... según agrupaciones industriales, DANE, anuario estadístico de Bogotá, D.E. 1975.

36) CAD, Información Básica para el Estudio de Desarrollo Urbano de Bogotá (Datos obtenidos en el Proyecto de Fase II) organizado por Jairo Arias, Bogotá D.E., Junio de 1974.

37) <u>Amato Peter W.</u>, Papel de la Elite y Patrones de Asentamiento en la Ciudad Latinamericana, traducción del publicado:Journal of American Institute of Planners", número de marzo de 1970, Washington D.C.

38) <u>Amato Peter W.</u>, Patrones de Ubicación en una Ciudad Latinomericana,....

VERZEICHNIS DER KONSULTIERTEN ATLANTEN, KARTEN, PLÄNE UND LUFTFOTOS

IGAC, Instituto Geográfico Agustín Codazzi, Biblioteca, Carrera 30, No. 48-51, Bogotá:

- Atlas de COLOMBIA, 3a. edición, 1977.

- Atlas de MAPAS ANTIGUOS SIGLOS XVI - XIX (Litografía Arco).

- Mapa de CUNDINAMARCA - FISICO, escala 1:300.000, 1976.

- Mapa de BOGOTA Y SUS ALREDEDORES, 1973.

- Planos de la CIUDAD DE BOGOTA, escala 1:25.000, 1976 y 1978.

- Planos de la CIUDAD DE BOGOTA, escala 1:10.000, 1976. (Fueron consultadas 4 planchas sobre Bogotá.)

- Planos de la CIUDAD DE BOGOTA, escala 1:5.000 (Fueron consultadas 15 planchas sobre Bogotá).

- Planos de la CIUDAD DE BOGOTA, escala 1:2.000 (Fueron consultadas aproximativo 150 planchas sobre Bogotá), corresponden a los planos catastrales en Suiza.

- FOTOGRAFIAS AEREAS OBLICUAS (Fueron consultadas todas las fotografías oblicuas que hay sobre la ciudad).

- FOTOGRAFIAS AEREAS VERTICALES (Fueron utilizadas según la necesidad, y, donde no habían vuelos o fotografías oblicuos).

VERZEICHNIS DER INSTITUTE, ÄMTER U.A., DIE FÜR DIESE STUDIE VON BEDEUTUNG WAREN

- AB, Alcaldía Mayor de Bogotá, Archivo Central, Carrera 8, No. 10-27, Bogotá.
- CB, Concejo de Bogotá, Biblioteca, Calle 34, No.27-36, Bogotá.
- CEN, Centro Estadístico Nacional de la Construcción, Ciudad Universitaria, Calle 45, Carrera 30, Ed. CINVA, Bogotá.

- CENAC, Centro Nacional de Estudios de la Construcción, Universidad Nacional de Colombia.
- CENTRO COLOMBO AMERICANO
- CID, Centro de Investigaciones para el Desarrollo, Universidad Nacional de Colombia, Biblioteca, Ciudad Universitaria, Calle 45, Carrera 30, Bogotá.
- CINVA, Centro Interamericano de Vivienda y Planeamiento, Ciudad Universitaria, Calle 45, Carrera 30, Bogotá.
- C.P.U., Centro de Planificación y Urbanismo, Universidad de los Andes, Bogotá.
- DANE, Departamento Administrativo Nacional de Estadística, Banco Nacional de Datos, CAN - Avda. Eldorado, Bogotá.
- DAPD, Departamento Administrativo de Planeación Distrital de Bogotá, Biblioteca, Calle 26, Carrera 30, No. 24-90, piso 5, Bogotá.
- DNP, Departamento Nacional de Planeación, Biblioteca, Calle 26, No. 13-19, Bogotá.
- ESCALA, Revista Mensual Latinamericana de Arquitectura, Arte e Ingeniería, Calle 30, No. 17-70, Bogotá.
- FEI, Universidad Javeriana, Facultad de Estudios Interdisciplinarios, Centro de Documentación en Población, Carrera 7a, No. 40-62, 4o. piso, Bogotá.
- EL ESPECTADOR, Periódico, Av. 68, No. 22-71, Bogotá.
- I.C.T., Instituto de Crédito Territorial
- IDU, Instituto de Desarrollo Urbano, División de Documentación, Comunicación y Archivo, Carrera 8a., No. 20-17, Oficina 202, Bogotá.
- IGAC, Instituto Geográfico Agustín Codazzi, Biblioteca, Carrera 30, No. 48-51, Bogotá.
- LAA, Banco de la República, Biblioteca Luís Angel Arango, Calle 11, No. 4-14, Bogotá.
- SIN, Servicio Interamericano de Información sobre Desarrollo Urbano, Centro de Documentación, Ciudad Universitaria, Calle 45, Carrera 30, Bogotá.
- UA, Universidad de los Andes, Biblioteca General, Calle 18A, Carrera 1a. Este, Bogotá.
- UN, Universidad Nacional de Colombia, Biblioteca Central, Ciudad Universitaria, Bogotá.
- UP, Corporación Universidad Piloto de Colombia, Biblioteca, Carrera 9a, No. 45A-44, Bogotá.

LITERATURVERZEICHNIS

AEROFOTOGRAFIAS OBLICUAS 1965 - 1978, numerados sobre plano de la ciudad de Bogotá, escala 1:25.000, Biblioteca IGAC, Bogotá.

AEROFOTOGRAFIAS VERTICALES 1965 - 1978, numerados sobre plano de la ciudad de Bogotá, escala 1:50.000, Biblioteca IGAC, Bogotá.

ALCALDIA MAYOR Bogotá, Decreto No. 1119 de 1968, adopta el plano oficial de zonificación general de la ciudad, señala un nuevo perímetro urbano y dicta normas sobre urbanismo; Bogotá, diciembre 27 de 1968, 13 p., plano.

DERS., Decreto No. 159 de 1974, pone en vigencia el proyecto de Acuerdo No. 1 de 1974, que adopta el plan general de desarrollo integral para el Distrito Especial de Bogotá; Bogotá, febrero 18 de 1974, 70 p.

DERS., Decreto No. 411 de 1977, determina normas de conservación de desarrollo para el área histórica delimitada por el Acuerdo No. 3 de 1971; Bogotá, 1977, 15 p.

DERS., Plan de desarrollo urbano 1975, exposición de motivos; Bogotá, Dep. Administrativo de Planeación Distrital, 1975, 42 p.

AMATO PETER WALTER, Latin American studies program, dissertation series, An analysis of the changing patterns of elite resitential areas in Bogotá, Colombia, New York, Cornell University, 1968

DERS., Papel de la Elite y Patrones de Asentamiento en la ciudad Latinoamericana, traducción autorizada del publicado en el número de marzo de 1970 del Journal of American Institute of Planners, Washington D.C.

ANUARIO ESTADISTICO DE BOGOTA D.E, 1972 - 1974, DANE (Departamento Administrativo Nacional de Estadística), Bogotá 1975.

ARIAS JAIRO, Un modelo de desarrollo urbano, Revista Planeación y Desarrollo, Bogotá, 8(2), p. 215-230, mayo-agosto de 1976.

ASPECTOS DE LA ARQUITECTURA CONTEMPORANEA EN COLOMBIA, por Fonseca Lorenzo, Saldarriaga Alberto, Vega Rafael, Whitzler Eric y otros, Centro Colombo Americano de Bogotá, Bogotá 1977, 350 fotografías y 150 dibujos en blanco y negro.

ASCHENBRENNER KATRIN und KAPPE DIETER, Grossstadt und Dorf als Typen der Gemeinde, in: Struktur und Wandel der Gesellschaft, Reihe B der Beiträge zur Wirtschafts- und Sozialkunde, C.W. Leske Verlag Opladen, 1965.

ARIAS JAIRO, Estudio de Estratificación socioeconómica de los Barrios de Bogotá D.E., DAPD, Bogotá 1974.

BÄHR J., Neuere Entwicklungstendenzen lateinamerikanischer Grossstädte, Geographische Rundschau, Jg. 28, Heft 4, April 1976, S. 125-133, Georg Westermann Verlag.

BÄHR J., La emigración de las áreas rurales en América Latina; in: Ibero-Americana (Inst. of Latin American Studies, Stockholm), III: 2, 1973, S. 33-54.

BARCO VIRGILIO, La Administración de una Ciudad Moderna, Colcultura, Bogotá, 1974, DANE, datos sobre Bogotá, suministrados por el Banco de Datos, feb. 76.

BEYER G.H., (ed), The Urban Explosion in Latin America, Ithaca, New York 1967.

BONILLA SANDOVAL RAMIRO, La política urbana en Colombia, el caso de Bogotá, Admon. y Desarrollo, Bogotá No. 15, p. 103-127, 1975.

BREVE RESEÑA HISTORICA DE LA CIUDAD DE BOGOTA, con motivo de cumplir su 40. centenario, Rev. Banco de la República, Bogotá 11 (129), p. 231-232, julio 1938.

BRÜCHER W., Die moderne Entwicklung von Bogotá; in: GR, 21, 1969, S. 181-189.

DERS., Bogotá und Medellín als Industriezentren, Geographische Rundschau, Jg. 28, Heft 4, April 1976, S. 134-143, Westermann Verlag.

BRUNNER K.H., Manual de Urbanismo, Bogotá, 1938.

DERS., El 4o. centenario de la fundación de Bogotá, Rev. Banco de la República, Bogotá, 8 (91), p. 160-161, mayo 1938.

DERS., Manual de Urbanismo, Imprenta Municipal, Bogotá, 1940, 2 vols.

CAPLOW T., The modern Latin American City, in: S. TOX: Acculturation in the Americas, Chicago 1952, S.255 ff.

CARLODALATRI PAOLO, Manual de Urbanismo, Bogotá, Universidad la Gran Colombia, Fondo Rotatorio, 1974, 180 p.

CASO ESTUDIO DE BOGOTA, Bogotá 1975, 76 p., IDU.

CENTRO NACIONAL DE ESTUDIOS DE LA CONSTRUCCION, (CENAC), Estudio de las condiciones habitacionales y de los desarrollos urbanos subnormales de Bogotá D.E., mimeografiado, Bogotá, 1977 (?)

DERS., Medición del proceso de urbanización en un país en desarrollo, Bogotá, 1977.

CENTRE DE FORMACION DES EXPERTS DE LA COOPERATION TECHNIQUE INTERNATIONALES, Problemes poses par L'Urbanisation d'une grande capital "Bogotá", Paris 1968, 34 p.

CIUCCI GIORGIO, Dal Co Francesco, Manieri-Elia Mario, Tafuri Manfredo: La Ciudad Americana de la guerra civil al New Deal, Con un prologo a la edición española de José Quetglas, arqto., Bogotá (?)

CIUDAD CAPITALISTA Y URBANISMO DE CLASE, Bogotá 1971, 43 p., (Ideología, diseño y sociedad; Centro de Estudios-documentos 5), IDU.

CONCEJO DEL DISTRITO ESPECIAL de Bogotá, Acuerdo No. 14 de 1975, dicta normas orgánicas sobre el Plan General de Desarrollo y establece políticas en sus aspectos físicos, definiciones, políticas, instrumentos y alcances; Bogotá, septiembre 2 de 1975, 9 p.

DERS.,Acuerdo No. 14 de 1975, dicta normas orgánicas sobre el Plan General de Desarrollo y establece políticas en sus aspectos físicos; Noticiero IDU, Bogotá, No. 5, p.1-4, Noviembre 1976

DERS., Acuerdo No. 1 de 1975, termina la estructura orgánica del Depto. Administrativo de Planeación Distrital; Bogotá, Abril 1975, 10 p.

DERS., Acuerdo No. 51 de 1963, dicta disposiciones con el fin de determinar el mejor uso de la tierra y reglamenta las zonas que deban determinarse, tales como: Zonas Residenciales, Comerciales e Industriales, así como las zonas destinadas a usos suburbanos y rurales, Crea la Junta de Zonificación; Bogotá, junio 8 de 1963.

DANE, (Departamento Administrativo Nacional de Estadística), Boletín No. 229, agosto de 1970, (Clasificación de los Barrios de Bogotá).

DERS., Censo de Población 1973.

DERS., Anuario Estadístico de Bogotá, Distrito Especial D.E. 1970-1971, Bogotá 1976, 328 p., tablas.

DERS., Anuario Estadístico de Bogotá, Distrito Especial D.E. 1972-1974, Bogotá 1976, tablas.

DERS., Study of the organization of urban map in Bogotá, Bogotá 1974, 140 p.

DERS., Industria Manufacturera, Resumen de Personal ocupado.. según agrupaciones industriales,DANE, Anuario Estadístico de Bogotá D.E. 1975.

DERS., Código de los barrios según censo de 1964, septiembre de 1971.

DERS., La actividad constructora 1971-1974, DANE, Boltín Mensual de Estadística, Bogotá, No. 294, p. 24-79, enero 1976.

DAVIS LEWLLYN y otros, El futuro de Bogotá y Plan de Estructura para Bogotá, 1974.

DEPARTAMENTO ADMINISTRATIVO DE PLANEACION DISTRIEL DE BOGOTA (DAPD), AnuarioEstadístico de Bogotá, D.E. 1970-1971, Bogotá 1976, 328 p., tablas.

DERS.,Background paper on fisical studies, Bogotá urban development study,Bogotá 1974.

DERS.,Bogotá, transport and urban development study, Phase II; Bogotá, 1971, 23 p.

DERS.,Bogotá, urban development study, phase II; Bogotá 1972/1973.
v.1. Incaption report, Sept. 1973
v.2. Progress report, Jan.1973
v.3. Progress report, May 1973
v.1. Draft final report, Sept.1973.

DERS.,Bogotá, urban development study, phase II; por Lewllyn-Davies-Weeks-Forestier-Walker y Bor; Bogotá, 1973, 14 vols., Contenido:
v.4. Education
v.6. Social services
v.8. Phisical Planning
v.9. Employment location
v.12. Housing patterns
v.13. Housing demand
v.14. Annex.

DERS.,Características socio-económicas de cuatro barrios bogotanos, Bogotá 1961.

DERS., El futuro de Bogotá; Bogotá, Italgraf, 1974, 74 p.

DERS., Estudio de Desarrollo urbano de Bogotá, Bogotá 1974, 7 vol.

DERS., Estudio de Desarrollo urbano de Bogotá, Bogotá, Fase II, Plan de estructura para 1980, Bogotá.

DERS., Estudio de Desarrollo urbano, apéndices técnicos del Fase II, Bogotá 1973.
v.1. Localización y decentralización de empleo
v.4. Planeamiento físico
v.7. Demanda de vivienda.

DERS., Código de Agrupaciones y grupos industriales.

DERS., Estudio de estratificación socio-económica de los barrios de Bogotá, Bogotá 1974, 37 p.

DERS., Estudio sobre tugurios, Bogotá, Centro de Comunicaciones, 1972, 9 p. (publicación No. 2).

DERS., Información básica para el estudio de desarrollo urbano de Bogotá, informe final; Bogotá,Consultécnicos, 1973, 5 vol.

DERS., Inventario de servicios para los barrios de Bogotá por Alcaldías Menores (Unidad de estudios e investigaciones, División de Investigaciones, División de Pblación y Estadística. Socióloga: María Eugenia Ramirez), unveröffentlichte Studie,(1979 ?).

DERS., La Planeación en Bogotá, Bogotá 1975. 31 p.

DERS., Unveröffentlichte Studien über den Grad der Umweltbelästigung der Industrien inBogotá:
- Actividades de alto, mediano y bajo impacto ambiental
- Actividades de alto riesgo o peligrosas
- Industrias con residuos secos
- Industrias con húmedas orgánicas
- Industrias con húmedas químicas
DAPD, División Desarrollo físico, 1980.

DERS., Usos del suelo en Bogotá, unveröffentlichte Studie über funktionale Aspekte auf Plänen im Massstab 1:10.000.

DERS., Plan oficial de zonificación 1975-1980.

DERS., Unveröffentlichte Studie über den Grad der Umweltbelästigung von Geschäfts- und Gewerbebetrieben in Bogotá, DAPD, División Desarrollo físico, 1980.

DERS., Unveröffentlichte Arbeit über die Lokalisierung der Industrie in Bogotá, erfasst in Wirtschaftsgruppen:
1. Metallerzeugungsindustrie,
2. Apparate- und Maschinenbauindustrie,
3. Glas- und Baustoffindustrie,
4. Ölraffinerie- und chemische Industrie,
5. Papierindustrie und Druckereigewerbe,
6. Holzverarbeitungsindustrie,
7. Kleinfertigungs- bzw. Kleinverarbeitungsindustrie,
8. Nahrungs- und Genussmittelindustrie,
9. Textil- und Bekleidungsindustrie.
DAPD, División Desarrollo físico, 1980. Auf Plänen im Massstab 1:10.000.

DERS., Zona histórica de Bogotá, Bogotá 1970, 28 p.

DEPARTAMENTO NACIONAL DE PLANEACION DE COLOMBIA, Apuntes sobre la legislación y técnica de la planeación en Colombia. Bogotá, Sección de planeación regional, Acción Comunal y Urbanismo, informes para el Congreso Mundial para la planificación y viviendas, 58 p.

DERS., Ciudades dentro de la ciud., la política urbana y el plan de desarrollo en Colombia, Bogotá, Tercer Mundo, 1974, 121 p.

DERS., Inmigración a Bogotá 1922 - 1972, Bogotá 1976, 50 p.

EL ARQUITECTO Y LA NACIONALIDAD, por Coronel Arroyo Jaime, Combariza Diaz Leopoldo, Uribe Cespedes Gabriel, Nariño Collas Antonio, Ed. Sociedad Colombiana de Arquitectos, Bogotá 1975.

EL ESPECTADOR, diario de Bogotá: Alberto Mendoza Morales, Anatomía de un país, (?).

EL FUTURO DE BOGOTA, Programa de las Naciones Unidas para el Desarrollo (Depto. Administrativo de Planeación distrital de Bogotá, D.E.), Bogotá, 1974.

"EL PAIS DE LOS CHIBCHAS", in: Periódico "El Espectador", 11 de febrero 1975.

ESCALA, Revista Mensual Latinoamericana de Arquitectura, Arte e Ingeniería, tomo VI No. 71: Instituto de Desarrollo urbano - IDU, Bogotá 1976 (?).

DERS., Tomo VIII No. 86: Anatomía de Bogotá, Bogotá 1978 (?).

FERNANDEZ DE PIEDRAHITA LUCAS, Bogotá en 1666, Boletín de Historia y Antiquidades, Bogotá, 15 (173), p.257-264, Mayo 1925.

FLINN W.L., Rural and Intra-urban Migration in Colombia, Two Case Studies in Bogotá, in: Rabinovitz, F.F., und Trueblood,F.M. (eds), Latin American Urban Research, Beverly Hills 1971, S.83-93.

GARCIA CAMACHO Manuel, Calidad de la Vivienda enBogotá por Tipos y Sectores urbanos,Bogotá 1968, 37 p.

GROSJEAN Georges,Raumty isierung nach geographischen Gesichtspunkten als Grundlage der Raumplanung auf höherer Stufe, Geographica Bernensia, Bern 1975.

GUHL ERNESTO, La geografía como base del planeamiento para el desarrollo, Rev. Cámara de Comercio de Bogotá, No. 7, junio 1972.

GUIA ARQUITECTONICA DE BOGOTA, Asociación de Profesionales Especializados en E.U., 1964.

HAUSER P.M. (ed.), La urbanización en América Latina,Buenos Aires 1967.

HISTORIA DEL ARTE COLOMBIANO, Salvat Editores Colombiana, Tomos 6 u.7, Bogotá 1977.

HOYT H., The Residential and Retail Patterns of Leading Latin American Cities, in: Land Economics, 39, 1963, S.449-454.

INSTITUTO DE DESARROLLO URBANO, (IDU), Algunas observaciones sobre el estudio de desarrollo urbano de Bogotá, fase IIB, Bogotá 1975, 19 p.

DERS., Bibliografía sobre el desarrollo urbano, Bogotá 1976, 8 p.

DERS., División de Documentación, Comunicación y Archivo, Carrera 8, No. 20-17 p.2; darin: Planmaterial der Jahre 1936-1979.

DERS., Estudio de desarrollo urbano de Bogotá, fast II; Grupo de vivienda, información básica de los barrios de Bogotá, Bogotá 1972, 39 p.

DERS., Resumenes analíticos sobre publicaciones importantes en desarrollo urbano, Noticiero IDU,Bogotá, Nos. 1-13, 1976-77.

INDUSTRIA MANUFACTURERA 1975,Departamento Administrativo Nacional de Estadística (DANE), Bogotá 1975.

KAMMERER KELLY CHRISTIAN,Law and the urbanization process in Colombia, Bogotá, CINVA, 1966, 103 h.

LAS CIUDADES DENTRO DE LA CIUDAD, Multicentros, unicentros, y ciudades comerciales, PROA, Bogotá, No. 261-262, agosto-septiembre 1976.

LEDRUT RAYMOND, Sociología Urbana, Colección "Nuevo Urbanismo" No. 1, Madrid 1976.

LICHTENBERGER,E., Die städtische Explosion in Lateinamerika, in: Zeitschrift für Lateinamerika, Wien 1972.

LOSADA LORA RODRIGO y GOMEZ BUENDIA HERNANDO,La Tierra en el Mercado Pirata de Bogotá, Bogotá 1976.

MARTINEZ C. y ARANGO J., Arquitectura en Colombia, Bogotá, 1951.

MARTINEZ CARLOS, Arquitectura en Colombia, Bogotá 1963, Ed.PROA 1962, 225 p.

DERS., Bogotá, sinopsis sobre su evolución urbana 1538-1900, Bogotá 1976, 162 p.

DERS., (director), Colección Revista "Proa", Bogotá. 1946-1954.

DERS., (director), Colección Revista "Proa", Bogotá, 1954-1976.

DERS., La Fundación de Santafé, Bogotá 1973.

DERS., Medio siglo de arquitectura en Bogotá, "Proa" No. 117, abril 1958, Bogotá.

MENDOZA MORALES ALBERTO, "Anatomía de un País", en: periódico de Bogotá, "El Espectador".

MERCADO V., O. DE LA PUENTE I.P., und URIBE E.,F., La marginalidad urbana: Origen, proceso y modo, Buenos Aires 1970.

MERTINS GÜNTER (Hrsg.), Zum Verstädterungsprozess im nördlichen Südamerika, Marburger Geographische Schriften, Marburg/Lahn 1978.

MODERNA BOGOTA ARQUITECTONICA, Bogotá, Ed. Suramericana 1960, 310 p.

MOISES DE LA ROSA, Calles de Santafé de Bogotá, homenaje en su IV. Centenario, Bogotá 1938.

MUSEO DE DESARROLLO URBANO DE BOGOTA, Calle 10 No. 4-21; darin: Planmaterial der Jahre 1790 - 1969, u.a.:
- Bogotá futuro 1930
- Bogotá futuro 1935
- Plan K. Brunner 1936
- Plan Piloto de Corbusier 1950
- Planos de Wiener y Sert 1953: Area Central
- Plan Regulador de Wiener y Sert: Ideas para reorganizar el existente en Bogotá
- Plan Distrital 1957
- Plan Distrital 1960
- Plan Distrital 1961
- Plan Distrital 1964

NOTICIERO IDU (Instituto de Desarrollo Urbano), "Bibliografía sobre la problemática del desarrollo urbano en Colombia", Nos. 14-15-16, Edición especial, Bogotá 1977.

NUEVAS NORMAS DE URBANISMO PARA BOGOTA, D.E., 1967 - 1969, estudios e informes de una ciudad en marcha, tomo IV, CAD (Centro Administrativo Distrital de Bogotá D.E.).

ORTEGA DIAZ ALFREDO, Arquitectura de Bogotá, Bogotá, Minerva 1924, 112 p.

PLAN DE ESTRUCTURA PARA BOGOTA, informe técnico sobre el estudio de desarrollo urbano de Bogotá, fast II, DAPD (Depto. Administrativo de Planeación Distrital de Bogotá), Bogotá 1974.

PLANEACION DISTRITAL, Conozca su ciudad, Bogotá 1962.

DERS., Desconcentración administrativa, Alcaldías Menores, 1972.

PLANO DE LA CIUDAD DE BOGOTA, Instituto Geográfico "Agustin Codazzi", Subdirección cartográfica, Bogotá 1976.

SANDNER G., Gestaltwandel und Funktion der zentralamerikanischen Grossstädte aus sozialgeographischer Sicht, in: Die aktuelle Situation Lateinamerikas. Beiträge zur Soziologie und Sozialkunde Lateinamerikas, 7, Frankfurt a.M. 1971, S. 309-320.

SANDNER G. und STEGER H. A., Lateinamerika, Fischer Länderkunde, Bd. 7, Frankfurt a.M. 1973.

SCANORE LEO F., On the Spatial Structure of Cities in two Americas, in: Philip M. Hauser and Leo F. Schnore (eds),The study of Urbanization (New York: John Wiley and Sons, Inc.. 1966).

SCHMIDT-RELLENBERG NORBERT, Sociología y Urbanismo, Colección "Nuevo Urbanismo" No. 18, Madrid 1976.

SERNA D. (director), Colección Revista "Escala",Bogotá, 1962 - 1976.

SOCIEDAD COLOMBIANA DE ARQUITECTOS, Anuario de la arquitectura en Colombia, vols. I - IV, Bogotá, 1972-1975.

STANISLAWSKI D., Early Spanish Town Planning in the New World, in: Geogr. Review, 37, 1947, S. 94-105.

STURM R., Die Grossstädte der Tropen, Tübinger Geogr. Studien, Heft 33, Tübingen 1969.

TELLEZ GERMAN, Crítica & Imagen, ESCALA LTDA., Bogotá 1978.

TRICART J., Quelques charactéristiques genérales des villes latino-américaines, in:Civilisations, 15, 1965, S. 15-25.

UNIVERSIDAD DE LOS ANDES (UA), C.P,U. (Centro de Planificación y Urbanismo), Estudio de la zona oriental de Bogotá, 1972.

DERS., Estudio de la expresión urbanística y arquitectónica de la época de la República 1840 - 1910 enBogotá, Bogotá 1976, 41 p.

VELEZ SIMON, Aspectos de la arquitectura contemporánea en Colombia, Centro Colombo-Americano,Bogotá 1977.

VERNEZ G., Residential Movements of Low-Income Families: The Case of Bogotá,, Col., in: Land Economics, 50, 1974,S.421-428

WILHELMY H., Die spanische Kolonialstadt in Südamerika, in: Geogr.Helvetica, 5, 1950,S. 18-36.

DERS., Südamerika im Spiegel seiner Städte, Hamburg 1952.

DERS., Probleme der Planung und Entwicklung südamerikanischer Kolonialstädte, in: Raumord.in Renaissance und Merkantilismus, in: Forsch. und Sitzungsber. Akad.Raumf. u.Landespl.,21,Hannover 1963, S.17-30.

WILLEMS E., Barackensiedlung und Urbanisierung in Lateinamerika, in: Kölner Zeitschrift f. Soziologie u. Sozialpsychologie, 23, 1971, S.727 - 744.

ZSILINCSAR W., Das Städtewachstum in Lateinamerika, in: GR, 23, 1971, S. 454-461.

VERZEICHNIS DER GRAPHISCHEN DARSTELLUNGEN

ABKÜRZUNGEN: HP = Historischer Plan   S = Schema
P = Plan   T = Tabelle
Q = Querschnitt   Z = Zeichnung

Q	- Querschnitt zur Lage von Bogotá (Santafé)	16
S	- Flächenschema zur Lage von Bogotá	17
HP	- Plankonstruktion der Stadt Santafé zur Zeit d.Gründ.	21
HP	- Vermessungsmethode	22
HP	- Plan der Stadt Santafé Ende des 16. Jahrhunderts	30
HP	- Plan von Domingo Esquiaqui: Santafé im Jahre 1791	31
HP	- Plan von Agustin Codazzi: Bogotá im Jahre 1852	32
HP	- Nach einem Plan von Vergara und Velasco: Bogotá im Jahre 1905	33
P	- Flächenwachstum Bogotas im Laufe der Geschichte	34
HP	- Plan K. Brunner 1936	38
HP	- Plan S.C.A. 1945	39
HP	- Pilotplan von Le Corbusier 1950	40
HP	- Plan des Spezialdistrikts Bogotá 1957	41
HP	- Plan des Spezialdistrikts Bogotá 1960	42
HP	- Plan des Spezialdistrikts Bogotá 1961	43
HP	- Plan des Spezialdistrikts Bogotá 1964	44
P	- Zonenplanung 1972	45
P	- Strukturplan 1980	47
Z	- Bebauungstyp BA: Altstadtbebauung	58
Z	- Bebauungstyp Bhk: Ältere, konventionelle Stadtkernbebauung HA	62
Z	- Bebauungstypen Bhm/Bmm: Moderne Stadtkernbebauung HA/NA	64
Z	- Bebauungstypen Bhh/Bhw: Hochhausbebauung/Wolkenkratzer	66
Z	- Bebauungstypen Bmk/Bmq: Ältere konventionelle Stadtkernbebauung MA/ bzw. Quartierbebauung	70
Z	- Bebauungstyp Bmh: Differenzierte, moderne Quartierbebauung mit Mehrfamilienblöcken und z.T. Hochhäusern	73
Z	- Bebauungstypen Bme/Bne: Differenzierte Reiheneinfamilienhausbewohnung MA/NA	77

Z -	Bebauungstypen Bmg/Bng: Einheitliche Gesamtüberbauung	81
Z -	Bebauungstypen Bmi/Bni: Industrie - (oder Institutionsbebau ng) MA/NA	84
Z -	Bebauungstypen Bnv/Bnm: Ältere bzw. moderne Villenbebauung	88
Z -	Bebauungstyp Bns: Invasions bzw. evolutionierte Slums	94
Z -	Bebauungstyp Bnp: Moderne Slums bzw. Sozialwohnungen im Reiheneinfamilienhausstil für niedrigste Einkommensschichten	99
Z -	Bebauungstyp Bnc: Ländliche Slums (Stil Campesino)	103
T -	Administrative Kreise des Spezialdistrikts Bogotá	106
P -	Plan der Verwaltungskreise des Spezialdistrikts Bogotá	107
T -	Stadt Bogotá, Prognose für 1980	108
S -	Schema des Urbanisierungsvorganges	119
T -	Verzeichnis der Luftbilder von Bogotá	120
T -	Verzeichnis der Karten und Pläne des Spezialdistrikts Bogotá	121
Z -	Basis - BAZ - Schablone I	123
Z -	Basis - BAZ - Schablone II	124
Z -	Basis - BAZ - Schablonen III + IV	125
Z -	Basis - BAZ - Schablone V	126
Z -	Basis - BAZ - Schablone VI	127
Z -	Basis - BAZ - Schablone VII	128
Z -	Basis - BAZ - Schablonen VIII, IX + X	129
S -	Flächenschema des verstädterten Raumes Bogotá, D.E.	135
T -	Daten zum Flächenschema des verstädterten Raumes Bogotá, D.E.	136
S -	Schema der formalen Gliederung Bogotas	143
T -	Inventar der Bauten und Anlagen der Dienstleistungen pro Planungssektor	155
T -	Inventar der Industriebetriebe pro Wirtschaftsgruppe und Sektor	159
T -	Anzahl Betriebe und Total der Beschäftigten Arbeitskräfte pro Wirtschaftsgruppe	163
S/T -	Prozentualer Anteil der Wirtschaftsgruppen an der gesamten Umweltsbelästigung	165
T -	Klassifikation der Wirtschafts- und Industriegruppen und Zahl der Erwerbstätigen pro Industriegruppe	166

S/T	- Klassierung der Wirtschaftsgruppen nach Ausmass der Umweltbelästigung	168
Z	- Tendenzen in der Ausbreitung von Bebauung höherer Ausnützung	170
Z	- Verteilung der Wohnbevölkerung auf die verschiedenen Stadtregionen	171
Z	- Funktionierungsschema: Einzel- und Grosshandel, Gewerbe	172
T	- Berufstätige nach Beschäftigungsgruppen	177
T	- Statistische Angaben zu den Stadtregionen	179
T	- Anteil der verschiedenen Stadtregionen an Industriebebauung mit unterschiedlichem Ausmass an Umweltbelästigung	181
Z	- Standort der Industrie (Ausmass der Umweltbelästigung der Wirtschaftsgruppen	184
T	- Berechnung des Indexanteils der Stadtregionen an Bauten und Anlagen der Dienstleistungen	186
T	- Formeln zur Indexberechnung	188
Z	- Indexanteil der Stadtregionen an Bauten und Anlagen der Dienstleistungen	190
T	- Punktuelle Unterschiede der 6 sozio-ökonomischen Schichten	203
T	- Verzeichnis der Quartiere (barrios) Bogotas nach Ordnungsnummern und mit Angabe der Schichtzugehörigkeit	204
Z	- Schematische Darstellung der Verteilung der sozio-ökonomischen Schichten Bogotas	208
T	- Einkommensschichten	210
T	- Prozentualer Anteil der Schichten pro Stadtregion	211
Z	- Schematische Darstellung der Verteilung der durchschnittlichen Familieneinkommen pro Stadtregion	212
Z	- Aufteilung der Sektorbewohner in Einkommensschichten nach besonderen Merkmalen	213
T	- Einkommensschichten nach besonderen Merkmalen aufgeteilt	214

RESUMEN

R E S U M E N (ZUSAMMENFASSUNG IN SPANISCHER SPRACHE)

Al emprender el ensayo de reflejar en el presente estudio la estructura de la urbe latinoamericana Bogotá con sus varios milliones de habitantes, el autor quiso someter a prueba ante todo la aplicabilidad práctica de los componentes funcionales y formales de urbanización de Grosjean [1], asi como de sus categorías estructurales de urbanización en una parte del mundo que presenta características completamente distintas.

En estas condiciones, se trató de realizar un inventario lo mas completo posible (véase planos anexos), para crear así la posibilidad de analizar la estructura registrada, con el fin de detectar regularidades en la localización de determinados tipos de urbanización (TDU) y de identificar los cambios observados como procesos causales. Los resultados de la investigación fueron elaborados gráficamente de tal manera que se hiciera posible una comparación con la estructura de ciudades suizas, respectivamente europeas.

1. Estructura en diferentes tipos de urbanización

Un tipo de urbanización representa una composición característica tanto en el sentido formal como funcional y estructural (véase Grosjean G. 1975, pp. 36 y 53). En este contexto, los valores adjudicados a los tipos de urbanización elaborados aquí han sido tomados de las condiciones específicamente locales de Bogotá. El plano principal de resultados "Bogotá - Estructura en diferentes tipos de urbanización 1980" y el cuadro gráfico "Estructura en diferentes tipos de urbanización" sirvieron de base para el análisis.

---

[1] Grosjean Georges 1975

Bogotá presenta un sistema de urbanización bastante complejo. Sin embargo, la representación gráfica simplificada muestra un esquema de ordenamiento modelo, cuyos principales tipos de urbanización se explicarán a continuación. Posteriormente, nos ocuparemos del complejo global del sistema.

Ciudad antigua

Hoy en día, la ciudad antigua queda limitada casi exclusivamente a las partes centrales más antiguas de Bogotá, Bosa, Fontibón, Engativá, Suba y Usaquén. Con sus 1,56 km^2 sólo ocupa el 0,69% del área urbanizada de la capital. Solamente en el centro de Bogotá nos encontramos con aprox. 0,31 km^2, i.e. aprox. el 20% de la ciudad antigua (= Ba/urbanización del casco antiguo), reservado como zona de conservación. El resto tiene que ceder cada vez más a urbanizaciones modernas.

Viejos y convencionales TDU del casco urbano y de los barrios
----

Los viejos y convencionales TDU de alto aprovechamiento del casco urbano se conservan sólo aisladamente en los sectores 02, o3, o4, 06 y 08 (urbanizaciones coherentes de aprox. 0,06 - 0,2 km^2). A continuación del casco de la City encontramos viejos y convencionales tipos de urbanización del casco urbano de medio aprovechamiento de una cierta extensión, sobre todo en los sectores 03/04 y 06 (urbanizaciones coherentes de aprox. 0,3 - 1,1 km^2), y en urbanizaciones más reducidas también en los sectores 0,1, 0,3, 0,5 y 0,8.

Existen viejos y convencionales TDU de los barrios en gran escala en el Norte en los sectores 0,7, 18, 31 y 32, entre la Avenida Caracas y la Avenida Ciudad de Quito, y en el Sur en el Sector 36 (urbanizaciones de hasta aprox. 2,5 km^2), mientras que áreas más reducidas de este tipo se presentan todavía en los sectores 19, 33, 47, 51 y 52 en el Norte, y 10, 21, 23, 24, 38, 42, 44 y 63 en el Sur.

Llama la atención el hecho de que estos TDU viejos y convencionales que datan de las épocas en que la ciudad ha sido ampliada hasta 1910 y 1930, han quedado conservados en su mayor parte hasta hoy en día, sobre todo en las afueras de la City.[1)]

Tipos modernos de urbanización del casco urbano con edificios altos entremezclados con rascacielos

Los TDU con edificios altos se han apoderado casi de la totalidad del centro de la City (sector 02, y en parte 03), y en urbanizaciones aisladas se extienden por la Carrera 7a hacia el Norte, hasta más allá de la Calle 100. En el Centro, este TDU ocupa un área coherente de aprox. $1,1$ km^2, mientras que los mismos TDU en el sector de la Carrera 7a constan sólo de áreas de $0,5$-$0,3$ km^2.

Los modernos TDU del casco urbano circundan los TDU con edificios altos del Centro en forma semicircular y continuan al Norte, a lo largo de la Avenida Caracas, hasta más allá de la Calle 90, constituyendo así una ampliación del Centro en forma de cinta irregularmente interrumpida. La mayor urbanización coherente en los sectores 02 y 06 tiene un área de aprox. 1 km^2.

Los aproximadamente 30 rascacielos se encuentran ante todo en los TDU con edificios altos, aisladamente también en los modernos TDU del casco urbano, y sólo excepcionalmente en los viejos y convencionales TDU del casco urbano de alto aprovechamiento.

---

1) véase 2.4. Crecimiento del área de Bogotá en el curso de la historia

TDU con casas modernas disímiles, compuestas de viviendas multifamiliares y en parte edificios altos

Este tipo de urbanización ha surgido en el Norte, ante todo al Oriente de la Carrera 13 hasta la Calle 92, y más al Norte también a lo largo de las principales arterias de comunicación, p.ej. en la Calle 100, la Avenida 15, y en el Barrio Santa Ana (sectores 33, 55 y 56).

Entre la Avenida Caracas y la Avenida Ciudad de Quito (ante todo en la parte occidental de los sectores 07 y 18) se han ido formando otros de estos tipos de urbanización. Además, estos TDU con casas modernas disímiles, compuestas de bloques de viviendas multifamiliares y en parte edificios altos, se encuentran también a continuación de los TDU de la City, al Sur de la ciudad (sectores 82, 12 y 23).

A cierta distancia del Centro, este tipo se encuentra casi exclusivamente en urbanizaciones especiales, como p.ej. en los barrios Paulo VI (zona 30), Centro Antonio Nariño (zona 16), Quiroga (parte occidental de la zona 51), Santacoloma (al Occidente de la zona 57), en los TDU de planificación completa y uniforme a gran escala de las diferentes partes de la Ciudad Kennedy (sectores 40 y 41) y en el barrio Timiza (sector 39).

TDU con casas unifamiliares disímiles en filas

El mayor TDU con casas unifamiliares disímiles en filas de medio aprovechamiento casi coherente se entromete al Sur de la City como un segmento circular entre la principal zona industrial en el Occidente y la urbanización tugurial en el Sudeste (sectores 27, 13, 12, 23, 24, 11, 22, y las partes occidentales de 10 y 09).

Contiguo a éste, nos encontramos hacia los límites de la ciudad en el Sur con otro segmento circular; sin embargo, en este segmento prevalece ligeramente el TDU con casas unifamiliares disímiles en filas de BA.

Otros de estos TDU de MA están localizados en los sectores 54, 32, 18, y 19, preferencialmente entre la Avenida Caracas y la Avenida Ciudad de Quito, rodeados por viejos y convencionales, pero también modernos y disímiles tipos de urbanización de los barrios.

Otras concentraciones de este tipo de MA, rodeadas por TDU de BA, se encuentran en Fontibón (sector 45), en los barrios entre el lago del Club de los Lagartos y la Autopista Eldorado (sectores 47, 48, 51, y 52), asi como en los barrios Rionegro y Rincón de los Andes (sector 53).

A los TDU centrales de Bogotá, sigue en el Norte un amplio segmento circular con un TDU con casas unifamiliares disímiles en filas de BA, el que hacia el Occidente está fuertemente intercalado por TDU de MA, y se estrecha cada vez más hacia el Sur.

Por lo tanto, el TDU con casas unifamiliares disímiles en filas de MA y BA representa uno de los tipos de urbanización más característicos de Bogotá.

TDU de planificación completa y uniforme

Hoy en día, este tipo se extiende por amplias áreas de las aglomeraciones que han ido formándose desde los años 60. Con mayor frecuencia se presenta en tipos de urbanización de BA, pero también lo encontramos en urbanizaciones de MA.

(Los TDU con casas modernas disímiles, compuestas de bloques de viviendas multifamiliares y en parte edificios altos, en la mayoría de los casos no han podido ser clasificados como TDU de planificación completa y uniforme, ya que en la fotografía aérea era difícil establecer la diferencia entre planificación completa y planificación parcial, respectivamente urbanizaciones disímiles. De cualquier modo, hay que clasificar muy frecuentemente estas urbanizaciones dentro del tipo de planificación completa.)

También ese tipo de urbanización de planificación completa y uniforme ha llegado a constituir uno de los tipos de urbanización más característicos de Bogotá.

Urbanización Tugurial
_____

Se estima que los tugurios efectivos en Bogotá solamente constituyen el 0,04% de las zonas urbanizadas. Por esta razón no se han distinguido especialmente.[1]

Por consiguiente, todos los barrios de los estratos sociales más bajos[2] que han ido formándose a raíz de invasiones y se van desarrollando y densificando progresivamente, han sido catalogizados en este estudio bajo el concepto de urbanización tugurial. Siempre y cuando estos TDU sufren un desarrollo óptico, en el curso de los años sus habitantes logran ascender del estrato socio-económico bajo bajo (E1) al estrato bajo (E2), y de allí al estrato medio bajo (E3)[3]

Esta movilidad social tiene sus efectos sobre la ubicación de los diferentes tipos de urbanización de Bogotá, ya que sin excepción, todas las urbanizaciones tuguriales se presentan en las zonas marginales de la ciudad. Tugurios en el centro, tales como los describe Bähr[4] en su esquema ideal de la urbe latinoamericana, son muy escasos en Bogotá, precisamente por el fenómeno arriba citado del desarrollo progresivo. Es por este motivo que junto con el crecimiento de la ciudad va cambiando también el caracter de los antiguos barrios tuguriales, de manera que, en cuanto estas urbaniza-

_____
1) véase observaciones bajo 4.146
2) véase Plano de la Situación estructural de Bogotá 1973
3) ARIAS J. 1974, p.15
4) Bähr J. 1976, p.127

ciones ya no se encuentran en la mera periferia, pueden catalogizarse bajo el tipo de urbanización con casas unifamilires disímiles de BA que, p.ej., se presenta al Sur de Bogotá.

Las urbanizaciones tuguriales coherentes de mayor extensión a Villavicencio en nichos ecológicos hasta en una altura de más de 3.000 metros sobre el nivel del mar (sectores 20, 09, 10, 04 y 01), además en el límite Sur de la ciudad (sectores 35 y 36) y en el límite extremo de Bosa (sector 63; en parte también los barrios catalogizados en el sector 44 como tipos de urbanización con casas unifamiliares del tipo que se encuentra en el Sur de la ciudad podrían llamarse urbanizaciones tuguriales!), en el límite occidental de Engativá (sector 50), en áreas extensivas de Suba (sector 59), y en las estribaciones de las colinas orientales pobladas de bosques (sectores 61, 33, 19 y 01).

Tipos de urbanización con villas

Los barrios residenciales de la clase social alta han ido trasladándose entre 1930 y 1950 del viejo casco urbano a los barrios Teusaquillo y Magdalena (sector 55), en donde hoy en día todavía pueden ser clasificados, al lado de numerosas villas aisladas, urbanizaciones completas con villas, aunque sean de muy pequeñas dimensiones. Desde 1960, este desplazamiento ha seguido su curso sobre el eje de traslación hacia el Norte a Santa Ana Oriental y Santa Bárbara (zona 56).

Actualmente se concentran barrios residenciales con villas en la zona del Country Club (sector 57) y también más al Norte y Noroeste de éste (sectores 61 y 60).

Como tendencia más reciente de las urbanizaciones con villas puede designarse la urbanización no reglamentada de las colinas al Nordeste y Sureste de Suba (sectores 58 y 59).

Urbanizaciones e instalaciones industriales

En los párrafos sobre la estructura funcional se tratarán más en detalle las urbanizaciones e instalaciones industriales. Sin embargo, se mencionan también aquí, ya que las grandes aglomeraciones de instalaciones industriales, como p.e. a lo largo de la línea del ferrocarril hacia el Occidente (sectores 15, 14, 29, 28, 46 y 42) con un área coherente de unos $6,5$ km^2, las urbanizaciones industriales en la Carretera a Giradot (zonas 37, 39, 34 y 63), en la parte occidental de Fontibón (zona 45), y en las cercanías del aéropuerto Eldorado también pueden distinguirse formalmente.

A esto hay que agregar que el sector industrial a continuación de la City subdivide la ciudad claramente en una parte Norte y otra Sur, en las cuales los mismos tipos de urbanizacion pueden presentar aspectos muy diferentes.[1]

Observaciones finales referentes a la estructura en diferentes tipos de urbanización

Los conquistadores españoles construyeron sus ciudades de acuerdo al modelo romano (véase Fuente 14, p.125). Incluso en condiciones topográficas no apropiadas, utilizaron planos ajedrezados. Este plano ideal de la ciudad colonial espanola forma hasta hoy en día el patrón basico de la ciudad de Bogotá, aunque bien es verdad que ha sufrido considerables reformas. La reparticion de los terrenos condiciono un declive social del casco urbano hacia las periferias, que también se expresó claramente en la fisionomía (véase Fuente 14, p.126).

En los tiempos actuales también puede constatarse un tal declive del casco urbano hacia las periferias, sin embargo, solamente se presenta en el sector formal, mientras que so-

---

1) véase dibujos bajo 4.1: Tipos de urbanización de Bogotá

cialmente hoy en día en parte contamos con condiciones más simples (riqueza en el Norte - pobreza en el Sur), y en parte con aspectos más complejos (véase Plano de la situación estructural 1973). Las urbanizaciones tuguriales en las zonas céntricas que están situadas dentro de las URBANIZACIONES ANTIGUAS no hacen más que confirmar la regla de que las auténticas URBANIZACIONES TUGURIALES están ubicadas ane todo en nichos ecológicos en las periferias de la ciudad.

En el Esquema de la estructura en diferentes tipos de urbanización se ha destacado conscientemente la disposición semicircular de los principales TDU, ya que en Bogotá esta forma de la ampliación de la zona urbana puede considerarse como dada por las condiciones topográficas. Pero no se puede negar que este patrón de ordenamiento esta complementado por dos patrones mas que se sobreponen entre sí: por la estructura por sectores, y la ampliación celular de la zona urbana (véase tambien Fuente 14, p.128).

En términos muy generalizados, la disposición semicircular denuncia las siguientes regularidades:

Solamente en el antiguo centro colonial pudo mantenerse un coherente tipo de CIUDAD ANTIGUA, alrededor de la plaza principal con la catedral y los edificios del gobierno. Sobre todo en las áreas contiguas hacia el Norte y Noreste se inició la formación de una "City" moderna, de acuerdo al ejemplo norteamericano, que consiste de un TDU CON EDIFICIOS ALTOS ENTREMEZCLADOS CON RASCACIELOS.Como otro segmento semicircular pueden distinguirse MODERNOS TDU DEL CASCO URBANO, y VIEJOS y CONVENCIONALES TDU DEL CASCO URBANO y DE LOS BARRIOS.A continuación de ellos sigue un segmento semicircular, que sobre todo es muy ancho en el Sur, con TDU CON CASAS UNIFAMILIARES DISINILES DE MA. A este segmento le corresponde otro segmento semicircular, que se presenta muy ancho sobre todo en las zonas del Norte que son más ricas, y que reviste de iguales TDU, pero de BA, y en el cual puede

observarse una concentración de TDU DE PLANIFICACION COMPLETA
Y UNIFORME. Por lo tanto, en lo referente al aprovechamiento
puede constatarse que existe un declive del casco urbano
hacia las zonas periféricas que es característico de Bogotá
y que se expresa por un alto aprovechamiento en el centro,
el que va disminuyendo hacia las zonas periféricas a un aprovechamiento medio y finalmente bajo.

Una reciente **estructura más bien sectorial** se sobrepone a,
o bien reemplaza, este esquema de ordenamiento semicircular
(véase también Fuente 14, p.129). De esta manera, las
URBANIZACIONES INDUSTRIALES se han concentrado a lo largo de
la línea del ferrocarril hacia Occidente, de la Carretera
a Giradot, y de la autopista al areopuerto, y, por lo
tanto, separan la ciudad en una parte rica al Norte, que
también puede distinguirse claramente de acuerdo a criterios
formales, y en una parte pobre al Sur. Además, se han conservado como sectores algunos VIEJOS Y CONVENCIONALES TDU
DEL CASCO URBANO Y DE LOS BARRIOS, que en parte presentan
urbanizaciones dignas de ser conservadas. A lo largo de la
Carrera 7a, en las zonas de TDU CON EDIFICIOS ALTOS y de los
MODERNOS TDU DEL CASCO URBANO, se están perifilando dos nuevos centros adicionales que confirman la tendencia de que
las sedes administrativas de importantes ramas industriales,
sobre todo las internacionales, se están trasladando de la
City hacia el Norte. En la misma zona existen por sectores
TDU CON CASAS MODERNAS DISIMILES, COMPUESTAS DE BLOQUES DE
VIVIENDAS MULTIFAMILIARES Y EN PARTE EDIFICIOS ALTOS, en
los cuales la clase social alta (véase Plano de la situación estructural 1973) está tratando de protegerse de las
bandas de atracadores que están operando en todos los tipos
de urbanización con casas unifamiliares. Esto también es
una de las razones por las cuales los TDU CON VILLAS se
están trasladando cada vez más a las colinas del Norte.

En partes, ante todo en los barrios periféricos, y en los
antiguos pueblos Suba, Fontibón y Bosa, que ahora están

integrados al perímetro urbano, la disposición semicircular
y la estructuración sectorial sobrepuesta a ella se ven
modificadas por amplicaciones celulares (véase también
Fuente 14, p.130),las cuales se están extendiendo radial-
mente desde un centro hacia todos los lados, sea por la de-
molición de TDU de BA, o bien sea porque urbanizaciones
ya existentes se vuelven tugurios. A estas ampliaciones
celulares de la ciudad pertenecen sobre todo los tugurios
dentro de la CIUDAD ANTIGUA y los TUGURIOS en las zonas
periféricas de la ciudad. Entre ellas hay que contar también
unas ampliaciones de la ciudad mediante los TDU CON CASAS
UNIFAMILIARES DISIMILES EN FILAS DE MEDIO Y BAJO APROVECHA-
MIENTO, y sobre todo los TDU CON CASAS MODERNAS DISIMILES,
COMPUESTAS DE BLOQUES DE VIVIENDAS MULTIFAMILIARES Y EN
PARTE EDIFICIOS ALTOS, como se presentan por ejemplo en
los barrios Quirigua y Kennedy.

2. Estructura funcional 1980

Mientras que en el "Plano de la Estructura en diferentes
Tipos de Urbanización 1980" el sistema de urbanizacion de
Bogotá parece ser bastante complejo, la estructura funcional puede desprenderse fácilmente del plano. A continuación se analizarán los resultados presentados de manera
simplificada en los esquemas gráficos.

Ciudad antigua

La función y el estatus social de la ciudad antigua han sufrido fuertes cambios desde los tiempos coloniales. Mientras
que en los tiempos pasados la "plaza" con la catedral, los
edificios de gobierno y las casas particulares de la aris-
tocracia formaba el centro de la ciudad, hoy en día la ciudad antigua de Bogotá ha quedado relegada a la margen Sur
de la City, sea porque faltaba el espacio necesario para
las instalaciones del tráfico moderno, o bien sea porque
las estipulaciones existentes en pro de su conservación no

permiten cambios o bien un aumento de su índice bruto de construcción.

Mientras que la mayor parte de la ciudad antigua hoy en día consiste de construcciones institucionales (edificios del gobierno, iglesias, museos, teatros, bibliotecas, centros educativos, etc.), se han conservado, respectivamente establecido en su costado oriental, en los restos del casco urbano antiguo, urbanizaciones mixtas con viviendas, comercio y pequena industria (artesanos), en donde prevalecen fuertemente la pequeña industria y las empresas pequeñas (imprentas y empresas de la industria textilera y de confecciones, industrias de alimentos, bebidas alcohólicas y tabaco, talleres de construcción de máquinas y aparatos).

Urbanización de alto, medio y bajo aprovechamiento

La urbanizacion de alto aprovechamiento se restringe casi exclusivamente al centro de la City (sector 02 y las partes contíguas de los sectores 03, 06 y 05), y comprende aproximadamente 3 km^2 de area coherente. Solamente en el Norte, este tipo de urbanización se extiende más allá de los límites de la City, a lo largo de la Avenida Caracas y de la Avenida 7a, en donde se introduce en formade islas a los tipos de urbanización de medio y bajo aprovechamiento. En la mayoría de los casos se trata de urbanizaciones con comercios y pequeñas industrias, o bien de urbanizaciones mixtas con viviendas, comercios y pequeñas industrias. Solamente en el sector 55, y en menor escala también en los sectores 19 y 08 se presentan urbanizaciones de alto aprovechamiento netamente residenciales.

En todas partes, las urbanizaciones de medio aprovechamiento siguen inmediatamente a los TDU de alto aprovechamiento, y a lo largo de las principales arterias de comunicación se entrometen en forma de islas en los TDU de bajo aprovechamiento. Aunque bien es verdad que a lo largo de las carreteras encontramos casi siempre tipos de urbanización mixta con viviendas, comercios y pequeña industria, este tipo de urbanización de medio aprovechamiento cumple ante todo la función de proveer vivienda.

Las actividades de construcción en el centro de la ciudad y el contenido de los respectivos decretos-ley denuncian últimamente que los tipos de urbanización de bajo aprovechamiento son reemplazados por tales de mayor aprovechamiento. Los tipos de urbanización de alto aprovechamiento suelen construirse bajo la forma de edificios individuales, y sólo con el tiempo logran cambiar la fisionomía de manzanas o incluso de barrios completos, mientras que los tipos de urbanización de medio aprovechamiento frecuentemente van surgiendo como TDU de planificación completa bajo la forma de TDU con casas modernas disímiles, compuestas de bloques de viviendas multifamiliares y en parte edificios altos.

Urbanización mixta con viviendas, comercios y pequeña industria

Del "Plano de la Estructura Funcional de Bogotá" pueden desprenderse fácilmente las urbanizaciones mixtas con viviendas, comercios y pequeña industria. Por falta de la documentación correspondiente, desafortunadamente no ha sido posible clasificar las urbanizaciones que constan solamente de comercios e industrias. Los sectores en los cuales la mezcla de la función comercial con la función residencial alcanza solamente niveles bajos, pueden distinguirse, en términos generales, mediante la comparación de las presentaciones gráficas "Distribucion de la poblacion en los diferentes sectores de la ciudad" (véase 5.331) y "Esquema de funciones: Comercio al por menor y al por mayor, pequeña industria" (véase 5.332).

Explicaciones relativas al Esquema de funciones

Analizando la estructura funcional de las urbanizaciones con vivienda, comercio y pequeña industria, podemos constatar una tendencia hacia la descentralisación.

Inicialmente se vió en Bogotá - como en la mayoría de las ciudades grandes - que al pasodel tiempo las funciones de vivienda y de abastecimiento fueron desplazadas cada vez mas del centro de la ciudad, y que al lado de la ciudad antigua, y de su propio seno, iba surgiendo una City, ya que con la expansión de la industria moderna en los años treinta[1] y de la civilización típica de una ciudad muy grande, las tareas y funciones de la capital de Colombia habían llegado a tal grado de densidad y especialización, que al centro se le iban adjudicando tareas y funciones cada vez más específicas. El centro ha llegado a ser la sede de instituciones tope de la política, economía y cultura.

Siendo que inicialmente fue ante todo la población residente que ha sido desplazada de las áreas centrales, hoy en día le siguen en parte también los negocios del comercio al por menor y al por mayor, los cuales, por un lado, pensando en mejorar sus ventas, se trasladan a las cercanías de las urbanizaciones con viviendas, comercios y pequeña industria, y por el otro lado tienen que ceder su terreno a las instituciones de la administración, así como a la Banca, los Seguros y las sedes de grandes empresas multinacionales, etc.[2]

---

[1] Brücher W. 1976, p.137
[2] Como razón más importante para la evacuación del Centro hay que ver hoy en día en Bogotá la creciente inseguridad por robos y atracos; en cuanto pueda, la gente evita hacer compras en el Centro - también motivada por los largos trayectos de acceso - y prefiere las zonas secundarias más cercanas.
Por la misma razón, hoy en día ya se presentan aspectos tuguriales también en zonas secundarias, como por ejemplo los centros regionales Chapinero y Siete de Agosto, es decir, por motivos de falta de rentabilidad las antiguas empresas mayoristas y menoristas ya no son modernizadas, de manera que solamente compradores de los estratos sociales bajos efectúan sus compras allí. A esto hay que agregar que tanto en algunas calles del Centro como también de las antiguas zonas secundarias está proliferando un complejo sistema de comercio ambulante que por la pesadez desagradable de los vendedores esta incomodando a los transeuntes.

Por estos motivos, en Bogotá se han ido formando centros secundarios, respectivamente centros regionales A y B, los cuales están asumiendo en gran medida las funciones del Centro antiguo. Bajo el concepto de centro regional se entiende un centro secundario, el que, en sustitución del Centro antiguo, ha ido asumiendo las tareas de aquél para una región determinada de la ciudad. En el centro regional del tipo A prevalecen las instituciones de servicio público y el comercio al por menor, mientras que el centro regional del tipo B ostenta ante todo empresas al por mayor y sucursales para la pequeña industria y los artesanos. En las cercanías de los centros regionales del tipo B, por consiguiente, se han establecido muchas empresas de la pequena indusrtia y artesanos.

La diferenciación de los centros regionales en tipo A y un tipo B, por de pronto, no se puede comprobar estadísticamente, sino sólo de manera empírica. Además, el tipo B está incluyendo más y más comercios al por menor, que muy probablemente se establecen allí atraídos por el floreciente negocio de las cadenas comerciales, o también por el hecho de que ciertas empresas, con el fin de aumentar el volumeen de sus ventas, y excluyendo a los intermediarios, están abriendo negocios al por menor al lado de las sedes de sus propios negocios al por mayor.

La descentralización de las funciones centrales ha ido realizándose paulatinamente. Los primeros centros secundarios en formarse fueron los centros regionales Ch-pinero (tipo A) y Siete de Agosto (tipo B). Aproximadamente a partir de 1930 siguieron en el Sur el centro regional Santander (tipo A), que al mismo tiempo está funcionando como centro local, y en el Norte el centro regional Rionegro (tipo B). A partir de 1954, los antiguos cascos de los pueblos Suba y Fontibón han ido transformándose en centros locales urbanos, los cuales limitadamente también han ido asumiendo funciones centrales para su área local.

Condicionado por el crecimiento incontenible del área de Bogotá, últimamente las urbanizaciones mixtas con viviendas, comercios y pequeña industria se están extendiendo a lo largo de las principales arterias de comunicación de Bogotá en forma de comercio en fila. Bajo este concepto entendemos empresas al por menor y empresas de cadenas comerciales que se están hilando una al lado de la otra a lo largo de una calle, siendo que los pisos superiores y también las partes traseras de los edificios cumplen funciones de vivienda.

Este comercio en fila[1] - en parte una continuación de la tendencia de la formación de centros regionales - puede designarse hoy en día como el tipo principal de las urbanizaciones mixtas con vivienda, comercios y pequeña industria, lo que resulta evidente en el mapa de la estructura funcional de Bogotá. Como ejemplo característico valga la Carrera 15, la cual, además, ha llegado a ser un "centro esnobista", en donde los bogotanos ricos adquieren artículos de marca traídos del extranjero, a precios exageradamente elevados.

Como una nueva tendencia se está perfilando la formación de multicentros (por ejemplo el Unicentro), es decir, una gran multitud de "filas de negocios bajo un mismo techo", con su correspondiente parqueadero, las cuales reunen funciones de los centros locales y regionales. Como motivos principales para la formación de tales centros peden mencionarse:

- descentralización (los servicios centrales necesariamente tienen que traspasarse a las cercanías de las urbanizaciones residenciales)

---

1) ad Comercio en fila:
En parte se pueden constatar, sobre todo en los antiguos centros regionales, restos del comercio en fila, es decir, calles enteras en las cuales se están hilando, una al lado de la otra, tiendas con el mismo tipo de mercancias, como por ejemplo zapatos, artículos de ferretería, repuestos electricos, articulos de cuero, etc. Probablemente se trata aquí de una herencia del concepto de las calles de artesanos medievales.

- factor de seguridad (la entrada y la salida de los parqueaderos es estrictamente controlada mediante un sistema de tiquetes, los parqueaderos y también las "filas de negocios" se encuentran constantemente vigilados por celadores y camaras de televisión, lo que constituye en Bogotá, con sus atracos y robos de autos diarios, la única garantía de poder hacer compras sin peligro.

Ultimamente también grandes instituciones particulares, tales como CAFAM[1] y otras, van construyendo centros comerciales en la forma de multicentros, los cuales no solamente ofrecen facilidades de hacer compras, sino que también asumen otras funciones, ofreciendo, p.ej., servicios públicos, servicios comerciales, bancarios, de seguros y de transporte (turismo).

Comparemos la distribución de la población residente con la distribución de los centros regionales:
La pobre region Sur[2], con el 46,9% de la población total de la ciudad, solamente dispone de un sólo centro regional del tipo A (Santander), el cual, además, tiene que asumir las funciones de un centro local. Los aprox. 1,5 millones de habitantes (1973!), por lo tanto, dependen en gran escala de los servicios centrales que permanecen ubicados en la City, a una distancia de hasta 12 kilómetros.

En contraste con esto, los 11,7% de los habitantes del Nordeste disponen de los enormes centros regionales de Chapinero (tipo A) y Siete de Agosto (tipo B), el Norte con su 7,4% de la población tiene su centro regional, respectivamente multicentro "Unicentro", y el centro regional (tipo B) Rionegro, mientras que los 15,4% de la población en el Noroeste, que también se compone de estratos sociales más pobres, solamente pueden recurrir al comercio en fila en sus cercancías.

---

1) = CAJA DE COMPENSACION FAMILIAR
2) = véase Situación estructural de Bogotá

Urbanizaciones e Instalaciones Industriales

Bogotá se encuentra en los trópicos, pero tiene la ventaja de estar situada en una zona alta, a 2.650 metros sobre el nivel del mar, que tiene un clima agradable. Esto trae beneficios climáticos, sin embargo, no ha sido provechoso para los inicios de la industrialización, sino más bien, la ubicación en medio de las cordilleras muy poco transitables imposibilito por depronto el que la industrialización tomara auge en el siglo 19. Solo en los años 30 se realizó el paso hacia lo que entendemos por industria moderna[1].

Brücher[1] da estimaciones para el año 1967 que demuestran el rango que ocupa la industria entonces entre las actividades profesionales en Bogotá: el 30% de la población ocupada correspondía a la industria y el artesanato, mientras que el 62% correspondia al sector terciario. Al registrarse 95.000 empleados industriales (1969), esto significaba que en promedio solo trabajaban 44 ocupados en cada empresa. Los datos estadísticos mas recientes se muestran en el cuadro: "Población económicamente activa por ramas de activida"[2].

Por lo tanto, las relaciones no han cambiado esencialmente y demuestran claramente el caracter de capital, respectivamente de ciudad administrativa, que reviste Bogotá. Sin embargo, en el sistema de urbanización de Bogotá la industria juega un papel bastante importante, sobre todo como factor nocivo en las urbanizaciones con viviendas, de manera que debe ser investigada más detalladamente.

Llama la atención, por una parte, que en promedio casi se presentan solamente pequenas empresas medianas con menos de 100 empleados[3]. Naturalmente, un valor promedio sólo puede

---

1) Otros factores que hicieron imposible una industrialización temprana, y las circunstancias que la introdujeron, véase en Brücher W. 1976, pp.134 ss
2) véase Anuario Estadístico 1975, p.24
3) véase Cuadro bajo 5.2

indicar una tendencia; sin embargo, también Brücher[1] confirma que sólo escasamente se presentan empresas grandes, cuando indica que en 1972 únicamente dos empresas tenían más de 1.000 empleados, mientras que la mitad de ellas tenían aun menos de 20 empleados; Brücher vió la razón para esta situación en la fuerte influencia de las estructuras artesanales aun existentes. Según él, el número de los empleados en empresas grandes equivale al total de empleados en empresas muy pequeñas, pequeñas y medianas, y también llama la atención su dispersión por las diferentes ramas - condicionada por el hecho de que el mercado queda restringido a Bogotá (aunque bien es verdad que al mismo tiempo es el más grande del país) - y por el hecho de que aquí están representadas fuertemente las así llamadas industrias de desarrollo, como la industria eléctrica, la construcción de vehículos, la industria química y la industria metalúrgica.

Industria extractiva

Esta industria solamente juega un papel insignificante en Bogotá, y se limita a la explotacion de chircales, caleras y canteras. En el Plano de la estructura funcional pueden distinguirse fácilmente los sitios correspondientes en el extremo Sur de Bogotá.

Grandes Bodegas de materiales

Estos depósitos, que en parte ocupan terrenos bastante grandes, con las correspondientes instalaciones para trasbordar y elaborar las mercancías, no solamente suelen originar un gran movimiento de tráfico por el material que está llegando y saliendo, sino que el aspecto desagradable que frecuentemente presentan estas edificacionesfuncionales y los almacenes de materiales, y también los depositos de basura, normalmente

---

[1] Brücher W. 1976, p.136

causan efectos molestos en las urbanizaciones residenciales. Una acumulación de urbanizaciones de este tipo la encontramos en el principal sector industrial, y también a lo largo de la Avenida Eldorado Internacional, que conduce al aeropuerto.

Como factores decisivos para su ubicación cuentan sobre todo:
- el acceso directo a la red de carreteras principales
- la cercanía de los consumidores
- precios favorables de finca raíz

Mientras que los primeros dos factores son válidos para las ubicaciones principales arriba mencionadas, los precios de finca raíz en estos sectores han subido últimamente de tal manera que la consecuencia es que las grandes bodegas se van desplazando a sectores más distantes del centro.

La ubicación de la mayoría de las grandes bodegas no puede considerarse como ideal:
- las bodegas y lo largo de la renombrada autopista Eldorada dan una impresión poco agradable y desfavorable
- aquéllas situadas en el principal sector industrial quitan el espacio, p.ej., a las industrias que son fuertemente nocivas para su ambiente y que sí deberían estar ubicadas allí, de manera que éstas se presentan en sectores residenciales.

Talleres grandes
────────────────

El tipo detectado con más frecuencia en esta categoría son grandes talleres de reparación de autos, los cuales se ubican preferencialmente en la cercanía de las más importantes arterias de tráfico. Consecuentemente, las aglomeraciones más llamativas se encuentran al margen de la City (Calle 6, en el sector 05, y en el sector 06), y al margen de los sectores 32 (centro regional Siete de Agosto), 31 + 53 (Rionegro). Además se amontonan los grandes talleres de reparación en los alrededores de los terminales de los buses de la Avenida Jiménez (sector 06).

Industria transformadora y manufacturera

Este tipo ocupa la mayor parte de urbanizaciones e instalaciones industriales, de manera que se van formando sectores industriales formalmente coherentes. El más antiguo y más grande se extiende a continuación de la City a lo largo de la línea del ferrocarril, hacia el Oeste, y a lo largo de la Avenida Colón, respectivamente Calle 13, y termina abruptamente en los campos de pastoreo de la Sabana. Solamente ocupa el 7,2% del terreno de las urbanizaciones de Bogotá[1]. Los ejes industriales más recientes se orientan en la Carretera a Giradot / Cali y al Occidente de Fontibón, en la Carretera de salida hacia Facatativá / Medellín. Sin embargo, en ningunode los sectores industriales de Bogotá hay edificios industriales muy altos, o chimeneas altas con penachos de humo que sean visibles desde lejos, o grandes complejos industriales con escoriales, ya que el sector minero no está muy desarrollado, y la industria petrolera no ha dado lugar a la formación de notables industrias transformadoras. (Los derivatos del petróleo se suministran por medio de pipelines desde la refinería en Barrancabermeja en el Magdalena Medio directamente a Bogotá).

Mientras que las antiguas urbanizaciones industriales se concentran en las cercanias de la estación, respectivamentede los rieles del ferrocarril, las urbanizaciones industriales más recientes se orientan por las carreteras más importantes hacia los puertos marítimos del Caribe y de la Costa del Pacífico, ya que los Ferrocarriles Nacionales Colombianos hoy en día han sido reemplazados casi totalmente por el transporte por medio de camiones y buses, y la gran mayoría de los empresarios manda transportar sus materias primas y productos por las carreteras[2].

---

1) véase Cuadro 5.345
2) Brücher W. 1976, p.139

El cuadro muestra claramente que la industria manufacturera y transformadora no solamente se limita a los sectores industriales mencionados en 5.346, sino que también nos encontramos con empresas fuera de las reales zonas industriales, en medio de sectores residenciales. Es por este motivo que los cálculos sobre el grado del impacto ambiental negativo de los diferentes grupos económicos se consideran hoy en día una necesidad imperante.

El 50% de la industria metalúrgica y de las empresas de ingeniería industrial se encuentra (en parte) en sectores residenciales fuera de los sectores industriales. Solamente la City, el segundo sector de la ciudad en cuanto a densidad de la población[1], alberga el 28% de esta industria que es fuertemente nociva para el ambiente, hecho que hay que llamar alarmante.

También de los grupos económicos que son fuertemente nocivos para el ambiente, como son la industria del vidrio y de materiales de construcción, asi como las refinerías del petróleo y la industria química, se encuentra casi el 50% de las empresas fuera de los sectores industriales, y de ello el 24,2% en la City, y el 9,8% en la fuertemente poblada región Sur de la ciudad. En cambio, encontramos que el 37,6% del grupo económico con relativamente poco impacto ambiental, como son las pequeñas industrias manufactureras, las industrias de alimentos, bebidas alcohólicas y tabaco, así como la industria textilera, están ubicadas en la zona industrial principal, quitando allí el espacio para otras ramas más nocivas.

---

1) Debido a su alta densidad poblaciónal, el Centro no presenta las auténticas características de una City, es decir, no es solamente un centro de trabajo que se evacúa por la noche, ya que la gente que trabaja allí vive en las afueras. Pero, para rendirlo más sencillo, todo el Centro de la ciudad que ha quedado distinguido como tal en los mapas, se designa aquí como "City", aunque solamente el sector 02 con sus zonas colinderantes más cercanas corresponde a esta definición, ya que alli, en los 25 rascacielos y la tipica urbanizacion con edificios altos, el espacio para viviendas ha quedado eliminado casi totalmente.

Parece que va a ser inevitable que en un próximo futuro las industrias de ciertos grupos económicos sean traspasadas a otros lugares, con el fin de mejorar las condiciones de ciertos barrios y también para prevenir así que ciertas urbanizaciones residenciales vayan evacuándose y bajando aún más en su calidad. Sin embargo, la planeación industrial se está orientando exclusivamente por las ya existentes zonas industriales, y, evidentemente, se limita a vigilar allí que se observen las leyes sobre la protección del medio ambiente[1], ientras que, practicamente, no se ocupa del estado actual de las cosas.

El que la propuesta de trasladar la localización de ciertas industrias[2] no es nada utópica, queda comprobado por el hecho de que enla Sabana de Bogotá, que es completamente llana, no habrá ninguna falta de espacio para industrias en los próximos tiempos. Cada vez son más las empresas que ya ahora están trasaladándose de la estrechez del interior de la ciudad a los terrenos en la periferia que hasta ahora han sido utilizados exclusivamente para fines agrícolas, hecho que queda demostrado por el ejemplo de la empresa grande más antigua de Bogotá, la Cervecería Bavaria, que fue fundada en 1889, la que ha trasladado su empresa del tipo de urbanización con edificios altos de la City a la Avenida de Boyacá, en la periferia occidental de la ciudad[1].

De todos modos, en caso de un eventual establecimiento de industrias nocivas en la zona agrícola habría que investigar exactamente la calidad del suelo respectivo, con el fin de no dañar suelos agrariamente valiosos que quedan en las cercanías del mayor mercado de ventas de productos agrícolas.

Además, habría que investigar dónde quedan ubicados eventuales depósitos de aguas de subsuelo, con el fin de que éstas

---

1) Brücher W. 1976, p.142
2) véase Esquema 5.3462

no puedan ser ensuciadas por las aguas negras de la industria. Aunque Bogotá actualmente dispone todavía de un abastecimiento suficiente de agua, esta ciudad con el mayor crecimiento demográfico de Colombia (anualmente aproximadamente 250.000) se verá frontada muy pronto a serios problemas en lo que se refiere al abastecimiento con agua - ya ahora se ha visto que empresas con un requerimiento de agua útil elevado han tenido que establecerse necesariamente en las cercanías de la represa del Muña - y han tenido recurrir al agua de subsuelo.

Estas investigaciones deberían complementarse por una planificación bien estructurada, con la consiguiente instalación de la infraestructura necesaria, con el fin de evitar deficiencias ulteriores.

Construcciones y Areas institucionales / Areas militares

Con el fin de poder hacer un inventario de la compleja multitud de edificios y areas institucionales, por un lado se han ido registrando en el mapa grandes áreas de instituciones particulares y públicas y las áreas militares; por el otro lado, todas las construcciones institucionales, las cuales por su pequeño tamaño o por su multitud no habrían podido ser diseñadas en la escala 1:25.000, fueron representadas por una seña, sobre todo también con el fin de facilitar la lectura del Plano de la Estructura funcional.

Por ejemplo, la sola representación de los 561 colegios públicos y los 772 colegios particulares, junto con las 65 universidades, mediante un punto de 3 milímetros de diámetro, no solamente llena casi totalmente el plano (100 x 70), sino que en muchas partes origina centros de densidad, donde queda imposible distinguir los diferentes colegios[1]. Solamente en la primera parte del año 1980, el Alcalde Mayor Hernando

---

[1] véase Plano especial en propiedad del autor

Durán Dussán ha inaugurado 17 Colegios nuevos de Enseñanza Media[1].

Los cinco grupos formados abarcan las categorías Educación (Colegios particulares y públicos, Universidades), Medios de comunicación de masas (sobre todo cines, pero también teatros y museos), Bancos (como barómetro de la economía), Iglesias y Asistencia médica (hospitales, clínicas, puestos de salud)[2].

El índice utilizado aquí tiene como base el número de habitantes por región de la ciudad. Por lo tanto, permite las siguientes afirmaciones:

- INDICE 1 significa que una determinada región de la ciudad ostenta el número de instituciones de la rama respectiva (p.ej. Colegois y Universidades, Cines, Teatros y Museos) que corresponde al promedio bogotano conocido.
- INDICE>1 significa que la correspondiente región de la ciudad ostenta un excedente de estas empresas de servicios comunes y publicos, en proporción a su población residente.
- INDICE<1 significa que existe un déficit de instituciones.

- INDICE GLOBAL

    $$I = \frac{D}{E}$$

    I = Indice global que se basa en la totalidad de las instituciones de servicios existentes en Bogotá

---

1) véase Diario "El TIempo" del 20 de junio de 1980, p.1-D
2) Además se ha integrado un cuerpo extraño al grupo de información "Areas Institucionales": Los centros industriales y fábricas.- Aunque el número de las fábricas ya ha sido presentado en las urbanizaciones industriales, con este dato adicional se hace posible una idea sobre la existencia de complejos completos de industria, respectivamente centros industriales, dividiendo el número de empresas industriales por el número de "Centros industriales o Fábricas". Si el cuociente resulta mayor de 1, el espacio correspondiente con gran probabilidad ostentará uno o más centros industriales.
- Además, los dos datos facilitan un control de los datos estadísticos que provienen de dos fuentes diferentes (véanse fuentes 27 y 33).

D = Porción proporcional en % de determinada región en el total de las instituciones respectivas

[S = Educación (Colegios y Universidades)
K = Comunicación (Cines, Teatros, Museos)
W = "Barómetro económico" (Bancos)
M = Asistencia médica (Hospitales, Clínicas y Puestos de Salud)]

E = Porción porcentual de la región determinada en el número total de habitantes de Bogotá.

- PORCION DEL INDICE

$$IA = \frac{I}{RI}$$

IA = Indice que se basa únicamente en las instituciones bogotanas que de hecho fueron consideradas en los presentes cálculos

I = Indice Global de la rama pertinente de instituciones

RI = (Índice relativo) = Cuociente de la porción porcentual de los servicios registrados

$$\overline{100\ \%}$$

(totalidad de los servicios existentes)

Interpretación de la distribución de la porción del índice en construcciones e instalaciones de servicios comunes y públicos

Indice: Educación

Solamente el Centro, el Nordeste, y el Norte, y Suba demuestran un excedente en facilidades de educación (índice 1), mientras que todas las regiones situadas al Sur y al Occidente del Centro registran un déficit. Comparando este hecho con la situación en el Plano Estructural de Bogotá, se puede comprobar fácilmente que las regiones deficitarias son habitadas sobre todo por grupos que partenecen al estrato bajo y medio bajo, mientras que las regiones con muchas facilidades educacionales son habitadas en su mayoría por el estrato alto y medio alto.

Por lo tanto, es de suponer que la ya comprobada segregación de los estratos socio-económicos, que es dirigída con medidas de planificación, se continúa también en el sector de la educación. A esto hay que agregar que los colegios públicos solamente representan el 42%[1] del total de los colegios existentes; como los Colegios particulares dependen de alumnos, respectivamente padres, con solvencia económica, se explica también por este hecho la repartición extrema de las facilidades educacionales en favor de los ricos.

Excepciones a esta situación las encontramos en el Centro y en el pueblo de Suba, que fue incorporado a Bogotá en 1954; ambas partes albergan a estratos socio-económicos bajos, y sin embargo presentan un alto índice de educación.

En la City siguen permaneciendo ubicadas instituciones educacionales arraigadas allí desde hace mucho tiempo, a pesar de que la composición social de sus habitantes ha ido cambiando. Esto queda comprobado por el sólo hecho de que 22 Universidades siguen funcionando en esta región.

Suba constituye un caso excepcional: En vista de que en los últimos tiempos los precios para lotes de construcción han subido enormemente, sobre todo en las partes centrales, y que por consiguiente, las antiguas instituciones educacionales tienen que pagar impuestos más elevados, y ya no es posible que amplíen sus áreas, muchos Colegios modernos, pero también Colegios ya tradicionales, se desplazan hacia la periferia de la ciudad. Por razones de seguridad y de distancia se elige la periferia Norte, y no la del Sur o Occidente. El ejemplo más diciente es el traslado del Colegio alemán, el "Colegio Andino" del caro barrio de clase alta y de comercio en filas "Chicó" a la periferia Norte de la ciudad. En Suba, el establecimiento de Colegios particulares tiene un efecto especialmente drástico sobre el índice, ya que según el Censo

---

1) véase Anexo a 5.131

de 1973 la población de Suba todavía era muy reducida. Hoy en día, el cuadro estará algo corregido, ya que en la región de Suba está en curso una fuerte actividad de construcción.

El más reciente sector para un establecimiento en masa de Colegios es el barrio San José de Bavaria al extremo Norte de Bogotá, donde en aproximadamente un kilómetro cuadrado, y en un periodo muy corto, se han ido construyendo 20 nuevos institutos educativos - una estupidez desde el punto de vista de planificación urbana, si sólo se piensa en los cientos de buses escolares que diariamente tienen que transportar variasveces a los estudiantes de regiones muy distantes de la ciudad y que constituyen una carga excesiva para el tráfico.

Actualmente, las instalaciones escolares todavía se encuentran rodeadas por vacas que están pastoreando, pero el crecimiento demográfico de la ciudad por más de 20.000 habitantes por mes cambiará esta situación completamente ya en los próximos años.

Indice: Comunicación

Ya que tantola radio como también la televisión colombianas tienen que autofinanciarse, y por lo tanto dependen exclusivamente de los ingresos por propaganda, la consecuencia es que muestran programas malos. Como medio de comunicación de masas de primer rango, por lo tanto, se ofrece en primera línea el cine, y, por consiguiente, los aproximadamente 110 "teatros" de Bogotá demuestran un sobrecupo completo, sobre todo en los fines de semana y los días festivos. Además, la entrada al cine es muy barata.[1]

Por lo tanto, el cine puede tomarse como norma para la comunicación, respectivamente información, diversión y formación ulterior.

El teatro juega un papel extremamente subordinado en Bogotá: El

---

1) En 1979, una entrada todavía valía 20.00 pesos colombianos, lo que equivale a menos de 1.00 SFr.

Teatro municipal "Teatro Colón" presenta a estrellas internacionales del mundo de la opera, ópereta, teatro y concierto, pero atrae solamente a un pequeño grupo de círculos interesados. La oferta de los teatros pequeños casi no tienepeso. En cambio, los museos ostentan números de visitantes asombrosamente altos. 20 de los 29 museos están situados en la City, y de éstos 16 se encuentran incluso en la ciudad colonial. Esto explica en arte también el exceso de instituciones de servicio comunes y públicos de esta índole en el Centro. A esto hay que agregar que 46 de los 110 cines y teatros, por lo tanto aproximadamente el 40%, se encuentran ubicados en esta región de la ciudad.

Otro excedente en "servicios públicos de comunicación" 10 encontramos en el Nordeste, donde puede determinarse una concentración de cines en el más importante centro secundario, que es Chapinero; y también el antiguo pueblo Bosa, donde también podemos determinar un excedente, ya que cuenta con 3 cines para algo más de 40.000 habitantes.

Todas las demás regiones de la ciudad presentan un déficit, que en parte es considerable. Como caso extremo tenemos Subs, donde en 1973 todavía no hubo ningún cine para aproximadamente 4.000 habitantes.

Índice: Economía, respectivamente "Barómetro económico"

Los bancos se establecen en donde la demanda por sus servicios es mayor. Por lo tanto, pueden considerarse como un "barómetro económico": donde hay bancos, hay plata y solvencia, y por lo tanto también un floreciente comercio al por menor o al por mayor.

Por lo tanto, no es de sorprenderse que tanto la City como también el principal sector industrial presenten fuertes excedentes en este tipo de empresas de servicios públicos, y que también el más importante centro secundario, Chapinero, todavía presente un índice de 2,68.

Sin embargo, el rico Norte ya sólo presenta un índice de 0,7, ya que en su mayor parte consiste de urbanizaciones residenciales.

Como extremo con un déficit especialmente alto llaman la atención el Sur pobre, así como Fontibón, con un índice de solamente 0,14, respectivamente 0,16, y sobre todo Suba y Bosa que no disponen de ningún banco del todo.

Indice: Asistencia médica

Quien quiere recurrir en Bogotá a cualquier tipo de institución de asistencia médica, tales como hospital, clínica o puesto de salud, primero tiene que pagar la correspondiente suma en efectivo. Quien no tiene plata, desangra en la puerta del hospital, caso que se presenta casi a diario. Además, solamente hay muy pocos de este tipo de institutos de servicios públicos. Un hospital particular funciona como una empresa hotelera: los más simples implementos de asistencia médica, tales como por ejemplo termómetro, botellas de transfusión, así como la ropa estéril para la cama y el aseo personal tienen que ser comprados, y las enfermeras tienen que ser empleadas por cuenta propia. Cada intervención médica tiene que estar previamente respaldada financieramente.

En vista de que falta el respaldo financiero del Estado, cada tanto se cierran hospitales públicos, en vez de construir nuevos, con el fin de poder ofrecer suficientes prestaciones médicas a la población de Bogotá que cada año aumenta en 250.000 habitantes.

Por consiguiente, para la ubicación de hospitales y clínicas en una región de la ciudad es decisiva ante todo a qué estratos socio - económicos partenecen sus habitantes. La repartición de los servicios médicos, por lo tanto, muestra un cuadro inequívoco:
El rico sector Norte presenta con 2,56 puntos índice un excedente chocante. Sólo la parte Sur de esta región (sectores 08,

11 y 12) que sigue directamente a la City y contiene los viejos barrios de la clase alta, contiene 31 (= 16%) empresas de servicios médicos. El resto de la región Nordeste (sectores 32, 33, 54 y 55) contiene todavía 21 (= 10,9%) hospitales y clínicas.

También las regiones del Centro y del sector industrial presentan excedentes. Pero hay que subrayar el hecho de que ambos sectores constituyen centro de trabajo, los que por las noches quedan completamente vacíos. Los bajos porcentajes de población residente de 5,8% de la City, respectivamente 2% del Centro industrial producen, por lo tanto, un índice que no tiene en cuenta la demanda real, sobre todo por puestos de salud (por el alto riesgo de accidentes en esta zona).

Las tres regiones en total, con una participación del 19,5% en la población total de la ciudad, contienen el 43% de instituciones de servicios médicos.

Las regiones Sur, Bosa, Fontibón, Suba, Noroeste y Norte[1], con el 80,5% de la población, respectivamente aprox. 2,6 millones, tienen que compartir los restantes 57%, respectivamente 110 hospitales, clínicas y puestos de salud.

3. Situación estructural 1973[2]

A parte de las categorías funcionales y formales, aquí se han distinguido también especialmente las categorías estructurales, ya que éstas tenían que ser muy dicientes en una ciudad latinoamericana con varios millones de habitantes. En esto no se investigan las estructuras arquitéctónicas -éstas pertenecen al sector

---

1) Aquí faltan los correspondientes hospitales y clínicas solamente por el hecho de que todas las urbanizaciones prácticamente han ido formándose después de 1960. Es de suponer que el índice en este sector demostrará pronto un excedente, ya que la población del Norte es solvente.
2) Grosjean G. 1975, p. 56s

formal -, y tampoco las económicas, que más bien deberían investigarse en el marco de consideraciones económicas.

Las categorías estructurales de la industria[1]

Estas son más importantes para un sistema de planeación que, por ejemplo, las categorías de la vivienda.

Las industrias pueden funcionar utilizando primordialmente p.e. mano de obra, o capital, o materias primas, o energía, o terreno, o bien, reduciendo a lo mínimo los factores de producción mencionados. Además, para efectos de planeación, juega un papel importante cuánta mano de obra necesitan las diferentes industrias, y qué grado de formación se requiere de sus obreros y empleados.

Grosjean[1] llama especialmente la atención sobre el hecho que el no tener en cuenta la estructura de la industria en el proceso de planeación, frequentemente ha llevado a decepciones y planeaciones erróneas, debido a que legalmente para tales objetivos, finalmente no se establecieron aquellas industrias que hubieran sido deseadas allí.

Como ya se dijo, en el presente estudio se renunció a la formación de grupos de estructuras industriales y de tipos de industriasformados de estos últimos bajo la observación de aspectos formales, sea porque haya faltado el necesario material de base, y estudios de campo propios se habrían salido del marco de este trabajo, o bien sea porque no se consideró que hubieran sido de una necesidad importante para Bogotá. Así, por ejemplo, con el material estadístico existente[2] habría sido posible formar clases de volúmen de empresas; sin embargo, como ya se indíco más arriba, en Bogotá existen muy pocas empresas grandes, algo más de empresas medianas, y muchas empresas pequeñas. Por lo tanto, la inclusion de clasesde volumen de empresas en el estudio del estado actual de la industria no habría suministrado conoci-

---

1) Grosjean G. 1975, p. 56 s.
2) Un estudio inédito se encuentra en el DAPD, División Desarrollo Físico.

mientos que hubieran correspondido al despliegue de tiempo y trabajo.

Las categorías estructurales sociales de la vivienda

Para el autor, quien estudió sociología como asignatura secundaria, habría sido tentador incluir en este sistema de consideraciones mas bien geográficas también un sistema sociológico detallado, sin embargo, esto se habría salido ampliamente del margen de este estudio. Por lo tanto, en la siguiente contribución complementaria, el concepto estructural se entiende como de estructura social.

La investigación debe resultar en afirmaciones detalladas sobre la estructura social de Bogotá. En este contexto, para un sistema geográfico de contemplación sólo son relevantes aquellas categorías estructurales que se unen a ciertos conceptos formales.

Según Grosjean[1], en las condiciones suizas, la asignación de ciertos criterios formales a una categoría de estructura social pertenece sobre todo a las formas de urbanización antiguas, mientras que en los tipos de urbanización más recientes se borran conscientemente las diferencias sociales en el aspecto formal. Además, al tratarse de planificaciones nuevas, se aspira al menos teóricamente a que se les facilite establecerse allí a personas con diferente estatus social.

En cambio, en Bogotá muy frecuentemente es posible deducir las categorías sociales en base a las categorías formales. Un plano que demuestra la distribución de los estratos sociales sobre el terreno de la ciudad es un instrumento absolutamente necesario para la comprensión de la situación tan compleja de Bogotá, tanto en los aspectos formales como también en los funcionales.

Como también es el caso en muchas otras ciudades grandes, hasta hace poco la planificación de Bogotá se rigió por criterios ur-

---

1) = véase Grosjean G. 1975, p. 56

banísticos puramente físicos. Pero, ya que fenómenos económicos y sociales en el fondo determinan en gran escala la situación formal y funcional de una aglomeración, era inevitable que en Colombia también se investigara la situación estructural.

Grosjean[1] menciona como categorías estructurales sociales de la zona residencial por ejemplo "barrios obreros", "barrios de clase media", "barrios de peones", "barrios de personas ancianas", etc. Todos estos tipos de urbanización sirven a la vivienda, y la designación más detallada indica la estructura social de sus habitantes. Por lo tanto, se trata sólo en apariencia de categorías funcionales.

Para el sistema de contemplación geográfica aquí presentado, estas categorías serían especialmente relevantes[2], ya que - como ya se mencionó - en Bogotá estas categorías se unen de una manera especialmente clara con ideas formales.

Sin embargo, bien es verdad que en Bogotá es casi imposible formar las categorías estructurales arriba mencionadas, siendo que no existen "barrios obreros" puros ni "barrios de personas ancianas". Esto tiene diferentes razones:

El proletario, tal como se presenta en masas por ejemplo en las ciudades grandes europeas, aquí no es relevante, ya que casi no existe. El tamaño promedio de las empresas es muy pequeño, de manera que solamente el 4% de los obreros industriales provienen de familias obreras, y la mitad está trabajando en empresas muy pequeñas, pequeñas y medianas, donde se reciben menos prestaciones sociales y escasamente existe la posibilidad de sindicalizarse.

Pero la casi total falta de reales barrios obreros también se debe al hecho de que el ICT[3], y otras instituciones sociales con-

---

1) = véase Grosjean G. 1975, p. 56
2) al contrario de las condiciones suizas
3) Instituto de Crédito Territorial

struyen urbanizaciones enteras, en las que obreros, pero también pequeños empleados, por lo tanto miembros del estrato medio bajo, los que hay que contar en Bogotá entre la población pobre, pueden comprar casas propias en condiciones favorables. Por lo tanto, en Bogotá el 42% de los 458 obreros encuestados[1] habitaban una casita propia - entre las cuales, a decir verdad, también cuentan las casuchas de los tugurios, respectivamente de los tugurios evolucionados, de manera que en promedio se logra un standard de vida muy bajo.

Muchos hijos de obreros que profesionalmente han alcanzado un status algo más elevado, por razones financieras siguen viviendo en la casa de sus padres. Cuando esta segunda generación llega a tener hijos, se hacen cambios a la casa, hasta que satisfaga las existencias de la familia aumentada. De esta manera se presenta, por ejemplo, el caso de que un profesor de primaria vive en el extremo Sur pobre, aunque éste ensenando en un Colegio del rico Norte. De ahí que se llega a una complicación de la estructura social en barrios del estrato bajo y estrato medio, lo que complica o incluso imposibilita la formación de categorías estructurales sociales de las urbanizaciones residenciales.

El problema de la vejez es nuevo para Bogotá. Aun en 1975[2], las personas mayores de 65 años solamente constituían el 2,63% de la población total, mientras que el 49,9% todavía no había llegado a los 20 años. El 47,44% correspondía a la población económicamente activa entre los 20 y 65 años. Además, en la mayoría de los casos sigue funcionando la familia grande en Bogotá; es por esto que no causa problemas el que los miembros más ancianos de la familia permanezcan integrados a ella.

El primer barrio realmente destinado a personas ancianas está en vías de surgimiento al lado del multicentro "Unicentro".

---

1) Brücher W. 1976, p. 140: encuesta a obreros de la industria en Bogotá y Medellín
2) véase DANE - Encuesta Nacional de Hogares - Etapa 9 en: Fuente (Quelle) 16, p. 22.

Por lo tanto, no tenía mucho sentido ir formando las arriba mencionadas categorías estructurales sociales. Era más adecuado ir señalando - en base a cualquier material estadístico - la situación socioeconómica de los habitantes de los diferentes barrios. El material de base necesario para ello se encontró en la forma de un estudio especial realizado en 1974[1].

Discusión sobre otras características de la estratificación

Como ya se dijo, para un sistema de conremplación geográfico solamente son relevantes aquellas categorías estructurales, con las cuales pueden unirse ciertos criterios formales.

Al determinar los estratos socioeconómicos, se utilizaron diferentes variables que se refieren efectivamente a aspectos formales[2]. Sin embargo, el bajo puntaje alcancado por estas variables tuvo como efecto que los aspectos formales prácticamente no fueron decicivos, cuando se trataba de catalcgizar un barrio en uno de los seis estratos sociales. En cambio, al ingreso familiar se le adjudicó el 43% del puntaje total, de manera que el procedimiento muy dispendioso y complicado en el ondo se reducía a una estratificación de acuerdo a la suma de los ingresos.

Hay que preguntarse si otros criterios de estratificación, tales como, por ejemplo, la profesión, respectivamente la ocupación, la formación escolar, respectivamente la educación o el estatus social - medido en relación a la profesión, ocupación, ingresos y patrimonio, respectivamente propiedad - no habrían sido más dicientes para la formación de categorías estructurales sociales de los barrios residenciales, como por ejemplo barrio de clase media, barrio de artistas, etc.

En relación a esto se ha dicho ya que las interdependencias sociales en Bogotá son bastante complejas, a pesar de que presenten algunos hechos evidentes. Pero se puede decir con seguri-

---
1) Arias J. 1974, además fuente (Quelle) 23!
2) véase 6.3

dad que valores como, por ejemplo, formación, educación y ética profesional, ocupan un rango muy inferior a los valores materiales, tales como ingresos, patrimonio y propiedad. El bogotano es un "hombre de negocios", es decir, una persona que siempre y en todas partes está buscando el negocio, con el fin de hacerse rico rápidamente, a ser posible sin muchos esfuerzos. Naturalmente, el buen tono exige poder ostentar un título universitario, con el fin de ser llamado doctor. Pero no juega ningún papel el qué y para qué se estudia. De todos modos, después de haberse graduado uno se dedicara a "hacer negocios" que no tendrán nada que ver con la asignatura estudiada.

Como característica adicional de estratificación, por lo tanto, para Bogotá solamente entraba en cuestión una contemplación separada del ingreso, sobre todo también porque solamente aquí existían datos estadísticos, y porque el nivel de los ingresos tiene efectos directos sobre las categorías formales.

Ingreso familiar como característica de estratificación

En el Censo de poblacion 1973[1] se registró también el ingreso familiar promedio de los bogotanos, de manera que fue posible integrar el ingreso como característica adicional de estratificación al estudio presente. En Bogotá, el ingreso familiar se compone de los ingresos de varios miembros de la familia, ya que en la mayoría de los casos el sistema de la familia grande sigue funcionando. Tanto el padre como la madre, y en los estratos sociales más bajos también los hijos y las hijas, juntos con sus cónjuges, incluso frecuentemente también los hijos de éstos, contribuyen al ingreso familiar.

Ya que empíricamente se había constatado que en Bogotá el nivel del ingreso tiene efectos directos sobre la ubicación de la vivienda dentro de la ciudad y sobre categorías formales, tales como tamaño del lote, dimensión de la casa, aspecto y equipa-

---
1) = véase Censo de población 1973, fuente (Quelle) 30

miento de ésta, se trató de obtener en base a la distribución de los ingresos familiares sobre los diferentes sectores, más informaciones para la formación de categorías estructurales de las urbanizaciones de vivienda.

Se formaron los siguientes tres estratos de ingresos:

- ESTRATO BAJO   con un ingreso familiar mensual inferior de 2.000 pesos colombianos
 (= aprox. 88 US$/cambio: enero de 1973)
- ESTRATO MEDIO con un ingreso familiar de 2.000 - 5.000 pesos colombianos
 (= aprox. 88 - 220 US$)
- ESTRATO ALTO   con un ingreso familiar mensual superior a 5.000 pesos colombianos

Interpretación esquematizante de los estratos socioeconómicos y de los estratos por ingresos de Bogotá

El esquema 6.32 muestra una distribución claramente entendible de los estratos socioeconómicos sobre los diferentes barrios de la ciudad. Sorprendentemente, se obtiene el mismo cuadro, solamente algo más detallado, al distribuir los estratos por ingresos de los diferentes sectores de la siguiente manera:

Sectores con ...

$>$ 45% "Ingresos de clase alta" $\approx$ ESTRATO ALTO
   ($>$5.000 pes.col./mes)
35 - 45% "Ingresos de clase alta" $\approx$ ESTRATO MEDIO ALTO

$>$ 37% "Ingresos de clase media" $\approx$ ESTRATO MEDIO
   (2.000-5.000 pes.col./mes)
$<$ 37% "Ingresos de clase media" $\approx$ ESTRATO MEDIO BAJO

$<$ 7% "Ingresos de clase alta" $\approx$ ESTRATO BAJO
   0% "Ingresos de clase alta" $\approx$ ESTRATO BAJO BAJO

El estrato alto que en el curso del tiempo se ha desplazado del Centro (1538 - aprox. 1930), pasando por los barrios Teusaquillo y Magdalena (1930 - 1950), y Chicó (1950 - 1960), a lo largo de un eje de traslación claramente determinable, cada vez más hacia el Norte[1], desde 1960 es detectable de manera inequívoca en los sectores 56 y 55 (= estrato alto) y 57, 58 (Barrio Nizza), 53 y 54 (Barrio Polo Club) (=estrato alto bajo). Además, se ha conservado también en los sectores más antiguos 33, 19, 18 y 16 (estrato alto bajo) y 30 y 07 (estrato alto).

Por lo tanto, los barrios del estrato alto configuran una formación coherente al Este de la Avenida Caracas, la que a lo largo de la Avenida Suba y al Norte de la Avenida de las Américas se ensancha algo hacia el Nordeste, respectivamente Oeste.

Separado de esta zona uniforme de aglomeración socioeconómica, se encuentra en las cercanías del aeropuerto ELDORADO el barrio de clase alta MODELIA, completamente aislado, en donde personal de aviación altamente pagado se ha establecido en un tipo de urbanizacion de "planificación completa y uniforme".
Todos estos barrios de clase alta se distinguen formalmente muy claramente de otros tipos de urbanización, por el tamaño de los lotes, el moderno e individual estilo de construcción, y los jardines grandes, incluso cuando, vistos desde la calle, aparecen como TDU con casas unifamiliares disímiles en filas, ampliamente repartidos en Bogotá.

Para la ubicación de los barrios de clase alta de Bogotá, pueden enumerarse diferentes argumentos. Por un lado, el clima local, respectivamente los microclimas de Bogotá, y el relieve juegan cierto papel, como lo demuestra Amato[2]. Sin embargo, probablemente más importancia tiene la tendencia de la clase alta hacia la segregación[3], hecho que queda netamente demostrado por

---

1) Amato P. 1970, p. 24
2) Amato P., fuente (Quelle) 38, pp. 42s.
3) Sandner G. 1971, p. 316

el desarrollo más reciente, cuando barrios enteros con villas se stán consruyendo en la colina poblada con bosques situada al Sudeste de Suba, la cual solamente presenta condiciones topográficas de mediana calidad[2].(Este desarrollo no puede desprenderse del Plano de la situación estructural 1973, ya que se inició solamente a partir de 1976. Pero puede desprenderse fácilmente del Plano de la estructura formal 1980: véase modernas urbanizaciones con villas!)

Como argumento que no hay que subestimar, hay que mencionar también la necesidad de la clase alta de seguridad y tranquilidad, lo que, por ejemplo, habrá sido decisivo, aparte de la hermosa vista que ofrece, para la urbanización del barrio de Santa Ana Oriental. El barrio de clase alta está construido en un nicho ecológico, adonde casi no hay acceso desde el lado de la montaña, y que puede quedar asegurado en la parte occidental mediante un único puesto de control.

Los barrios de estratos bajos se encuentran ante todo en el Sur, donde se intrometen en las colinas finales orientales con su muy pronunciada estructura de relieve (nichos ecológicos), y suben hasta más de 3.000m sobre el nivel del mar, en la zona del páramo que es fría y con bastante niebla.

La cinta coherente de barrios de estatos bajos que coinciden ampliamente con el tipo de urbanización de los "tugurios evolucionados" se extiende, englobando la parte Sur de la ciudad, en un arco ámplio hasta la Avenida de las Américas.

Una cinta, aunque por cierto mucho más pequena, de barrios de estratos bajos se ha ido formando sorprendentemente en los últimos tiempos en la periferica del rico Norte, ya que las autoridades han permitido allí barrios con normas mínimas[1].

---

1) véase la descripción bajo: urbanizaciones tuguriales

Del resto, los barrios de estratos bajos se presentan en forma de islas, en la mayoria de los casos rodeados por tipos de urbanización del estrato medio bajo, lo que queda comprobado por la representación de los estratos por ingresos en el Plano de la situación estructural 1973. Las "islas de estratos sociales bajos" más grandes se encuentran en los antiguos pueblos Bosa, Fontibón, Engativá, en la parte occidental de la zona industrial, al occidente de la Avenida Ciudad de Quito, entre la Avenida 81 y la Calle 72, y en el sector 58.

Estos estratos más bajos, tanto desde el punto de vista socioeconómico, como también por sus ingresos, se ven forzados a establecerse en las zonas que son rechazadas por los otros grupos sociales. Estas se caracterizan por condiciones climáticas inferiores (más lluvia, más humedad, más niebla), y suelos menos fértiles, como quedó comprobado por Amato[1]. Además, muchas de estas urbanizaciones se encuentran en zonas de inundación, lo que ha llevado a situaciones catastróficas, por ejemplo en 1979.

Los tipos de urbanización del estrato socioeconómico medio se intrometen en forma de zonas intermedias entre la clase alta y la clase baja. De la representación de los estratos por ingresos en el Plano de la situación estructural puede desprenderse que se ha ido cristalizando como una regularidad el que el estrato medio bajo se ha ido estableciendo en las cercanías del estrato bajo, y que el estrato medio se está orientando por la ubicación del estrato alto bajo.

De manera que las urbanizaciones del estrato medio por ingresos funcionan como zonas de transición entre los dos grupos extremos de la población bogotana.

---

1) Amato P., fuente (Quelle) 38, p.44

El estrato medio bajo tiene que contarse en Colombia todavía entre la población de pocos ingresos[1]. Llama la atención su fuerte representación en la ciudad antigua, y en el sector de la ciudad antigua que en parte presenta características tuguriales, sobre todo en la zona mixta[2] contigua a la City, respectivamente en los restos de la antigua ciudad colonial, que en el Plano de la estructura en diferentes tipos de urbanización han sido clasificados como "restos del casco urbano".

Los consorcios de arquitectos estatales o semiestatales, pero en parte también consorcios particulares, hoy en día han establecido en la periferia urbana nuevos barrios para la clase media en forma de TDU de planificación completa y uniforme. Como ejemplo de gala valgan las urbanizaciones grandes en los diferentes barrios Kennedy, que fueron construídas con capital extranjero.

Bien es verdad que para la distribución de los barrios del estrato medio sólo difícilmente pueden establecerse normas tan generales como para las urbanizaciones del estrato alto y del estrato bajo.

Desde hace algunos años, los esfuerzos del gobierno de la ciudad se concentran en proveer también a los subprivilegiados (estrato bajo y estrato medio bajo) de viviendas dignas, respectivamente casas propias. Como resultado de estos esfuerzos pueden considerarse los "tugurios modernos o bien viviendas unifamiliares sociales para habitantes de muy bajos recursos" y los numerosos y monótonos tipos de urbanización de planificación completa que están ubicados ante todo en las periferias de la ciudad y que son algo "más confortables".

Ya que el aparato administrativo estatal sigue hinchándose cada vez más, el déficit de viviendas baratas para el estrato

---

1) véase 6.2
2) Bähr J. 1976. p. 130

medio bajo es cada vez más grande, lo que se trata de remediar mediante tipos de urbanización de planificación completa extremamente uniformes, insulsos y sin atractivos de ninguna índole, los que se extienden a la Sabana, sobre todo en el Suroeste y Occidente de la ciudad. Con esto sigue formándose el proceso de la segregación social mediante medidas de planificación de las autoridades[1].

Con un aumento de la población de 250.000 habitantes al ano, y el 60% de construcciones piratas[2], es de suponer que Bogotá, en un tiempo previsible, no estará en condiciones de presentar una situación ordenada, ni en el sector formal, ni en el funcional o estructural.

---

[1] Bähr J. 1976, p. 130
[2] Establecimiento de a veces barrios completos sin permiso de la autoridad correspondiente!

H A U P T E R G E B N I S S E

Diese sind aus den Karten im Massstab 1 : 50'000 [1], dem zugehörigen Kommentar und vereinfachten, stark abstrakten Kartogrammen, welche die grossen Linien der Stadtentwicklung aufzeigen, ersichtlich:

1. Das in der spanischen Kolonialstadt typische soziale Kern-Rand-Gefälle tritt heute nur noch im formalen Bereich auf, während sozial teils einfachere, teils kompliziertere Verhältnisse vorliegen.
2. Die etwas exzentrisch-halbkreisförmige Anordnung der einzelnen Hauptbebauungen um das historische Zentrum wird von zwei weiteren sich gegenseitig überlagernden Mustern ergänzt, nämlich von einer Gliederung nach Sektoren und einer zellenförmigen Stadterweiterung.
3. Bei der Ausbreitung von Bebauung höherer Ausnutzung lassen sich vom Zentrum ausgehend deutliche Tendenzen in Richtung Nord und entlang der Hauptausfallsachsen erkennen.
4. Bei den Geschäften des Einzel- und Grosshandels zeichnet sich ein Dezentralisierungsprozess ab. Neben rund zehn Sekundärzentren breitet sich in jüngster Zeit die gemischte Wohn-, Geschäfts- und Gewerbebebauung entlang der wichtigsten Verkehrsträger als "Bandcomercio" aus. Als neuste Tendenz zeigt sich die Bildung von Multizentren.
5. Die Stadt weist zwar viel Industrieflächen, aber fast keine Industrie auf. Von den im Sekundärsektor erfassten Personen sind fast zwei Drittel Selbständigerwerbende. Daher gibt es auch keine eigentlichen Arbeiterquartiere.
6. Das Ausmass der Umweltbelästigung durch ungünstige Industriestandorte inmitten von Wohnquartieren ist verheerend. Eine Verlegung von Fabrikationsbetrieben drängt sich auf.
7. Die Darstellung der Zentralität durch die Verwendung von Indexwerten pro Stadtregion kommt zwar einer starken Generalisierung gleich, aber der Massstab 1 : 25'000 bzw. 1 : 50'000 hätte eine direkte Darstellung der 561 öffentlichen und 772 privaten Schulen nebst 65 Universitäten und allen andern Diensten nicht ertragen. Das Kartogramm zeigt deutlich, dass

---
1) Die Originalpläne wurden im Massstab 1 : 25'000 erstellt.

die defizitären Regionen inbezug auf Schulungs-, Unterhaltungs-, Versorgungs- und medizinische Betreuungsmöglichkeiten vor allem Bewohner der Unterschicht und der unteren Mittelschicht aufweisen.

8. Zwischen den drei Ebenen der Form, der Funktion und der Struktur bestehen deutliche Beziehungen. Diese können sich ändern; so hat z.B. die historische Bebauung ihre Funktion und ihre sozio-ökonomische Struktur völlig verändert.

9. Zwischen Bebauungstyp und Sozialstruktur besteht eine grössere Korrelation als z.B. in europäischen, besonders aber in schweizerischen Städten.

10. Die Bebauungen der sozio-ökonomischen Mittelschicht funktionieren als Pufferzonen zwischen den beiden Extremgruppen der Bewohner Bogotás.

11. Nur zirka 0,04% der Bebauungen können als eigentliche Elendsviertel (Tugurios) bezeichnet werden, während sich die übrigen formal, funktional und strukturell stetig verändern. [2]

12. Zwischen Bebauungstyp und Struktur einerseits und topographischen oder regionalklimatischen Verhältnissen andererseits bestehen Beziehungen.

Bogotá weist sowohl im formalen, funktionalen als auch im strukturellen Bereich sehr komplexe Verhältnisse auf. Trotzdem ist es gelungen, die Riesenstadt in der Vielfalt ihrer Erscheinungen übersichtlich zu machen und die grossen Linien der Dynamik aufzuzeigen. Da die Gliederung einem stetigen, raschen Wandel unterworfen ist, stellt die vorliegende Studie eine Momentaufnahme dar.

---

[2] Für solche Tugurios (Elendsviertel) wurde der Begriff "Invasions- bzw. evolutionierte Slums" (Tugurios en terrenos de invasión u bien Tugurios evolucionados) geprägt.

BEILAGEN

LUFTFOTOS DER INTERESSANTESTEN STADTTEILE

TAFEL 1: ZENTRUM

OBEN :	HAUPTPLATZ "BOLIVAR" MIT ALTSTADTBEBAUUNG
LINKS :	CITY: WOLKENKRATZER / HOCHHAUSBEBAUUNG / MODERNE STADTKERNBEBAUUNG
UNTEN LINKS :	QUARTIER "SAN VICTORINO" MIT AVENIDA CARACAS: ÄLTERE KONVENTIONELLE STADTKERNBEBAUUNG

TAFEL 2: ZENTRUM

ZENTRUM MIT WOLKENKRATZERN / HOCHHAUSBEBAUUNG / MODERNE STADTKERNBEBAUUNG / IM VORDERGRUND ALTSTADTBEBAUUNG DES "CANDELARIA" - QUARTIERS

TAFEL 3: REGION NORDEN

KREUZUNG TRANSVERSAL 10 MIT EISENBAHNLINIE NORD, AVENIDA 100 UND AVENIDA BZW. CARRERA 15 (IM ZENTRUM CALLE 94)

DIFFERENZIERTE, MODERNE QUARTIERBEBAUUNG MIT MEHRFAMILIENBLÖCKEN UND Z.T. HOCHHÄUSERN / DIFFERENZIERTE REIHENEINFAMILIENHAUSBEBAUUNG / EINHEITLICHE GESAMTÜBERBAUUNG

TAFEL 4: REGION SÜDEN

EINHEITLICHE GESAMTÜBERBAUUNG DES QUARTIERS "TIMIZA" / WESTLICHE AUSLÄUFER EINIGER QUARTIERE DER "CIUDAD KENNEDY"

TAFEL 5: REGION SÜDEN

OBEN RECHTS :	PARK "DISTRITAL" MIT QUARTIER "TIMIZA"
ZENTRUM :	AVENIDA PRIMERO DE MAYO
LINKS :	QUARTIERE DER "CIUDAD KENNEDY"

DIFFERENZIERTE REIHENEINFAMILIENHAUSBEBAUUNG / DIFFERENZIERTE, MODERNE QUARTIERBEBAUUNG MIT MEHRFAMILIENBLÖCKEN UND Z.T. HOCHHÄUSERN / EINHEITLICHE GESAMTÜBERBAUUNG

TAFEL 6: INDUSTRIEREGION

INDUSTRIEBEBAUUNG DER QUARTIERE "CENTRO INDUSTRIAL" UND "GRANJAS DE TECHO"

TAFEL 7: KREUZUNG AVENIDA DE LAS AMERICAS // CALLE 13: INDUSTRIEBEBAUUNG UMGEBEN VON WOHNBEBAUUNG

ÄLTERE KONVENTIONELLE QUARTIERBEBAUUNG / DIFFERENZIERTE REIHENEINFAMILIEN- HAUSBEBAUUNG / EINHEITLICHE GESAMTÜBERBAUUNG

TAFEL 8: INVASIONS - SLUMS

RAUM "BOSQUE CALDERON TEJADA" IN DER REGION NORD - OSTEN

TAFEL 1: ZENTRUM

TAFEL 2: ZENTRUM

TAFEL 3: REGION NORDEN

TAFEL 4: REGION SÜDEN

TAFEL 5: REGION SÜDEN

TAFEL 6: INDUSTRIEREGION

TAFEL 7: KREUZUNG AVENIDA DE LAS AMERICAS // CALLE 13:
INDUSTRIEBEBAUUNG UMGEBEN VON WOHNBEBAUUNG

TAFEL 8: INVASIONS - SLUMS

GEOGRAPHICA BERNENSIA

Arbeitsgemeinschaft GEOGRAPHICA BERNENSIA
Hallerstr. 12
CH-3012 Bern

GEOGRAPHISCHES INSTITUT
der Universität Bern

A	AFRICAN STUDIES	sFr.
A 1	Einleitungsband	in Vorbereitung
A 2	SPECK Heinrich: Soils of the Mount Kenya Area. Their Formation, Ecological and Agricultural Significance (With 2 Soil Maps) ISBN 3-906290-01-8	28.--

B	BERICHTE UEBER EXKURSIONEN, STUDIENLAGER UND SEMINARVERANSTALTUNGEN	
B 1	AMREIN Rudolf: Niederlande - Naturräumliche Gliederung, Landwirtschaft Raumplanungskonzept, Amsterdam, Neulandgewinnung, Energie. Feldstudienlager 1976. 1979	red. Preis 24.-- 5.--
B 3	Sahara. Bericht über die Sahara-Exkursion 12.10.-4.11.1973. 1981 (2. Auflage). Redaktion: Kienholz H., Leitung: Messerli B.	35.--
B 4	AMREIN Rudolf: Natur- und Kulturlandschaften der Schweiz im Querprofil Basel-Südtessin. 1982	18.--
B 5	Kalabrien - Randregion Europas. Bericht über das Feldstudienlager 1982. Leitung/Herausgeber: Aerni K., Nägeli R., Rupp M., Turolla F.	24.--

G	GRUNDLAGENFORSCHUNG	
G 1	WINIGER Matthias: Bewölkungsuntersuchung über der Sahara mit Wettersatellitenbildern. 1975	16.--
G 3	JEANNERET François: Klima der Schweiz: Bibliographie 1921-1973; mit einem Ergänzungsverzeichnis von H.W. Courvoisier. 1975	15.--
G 4	KIENHOLZ Hans: Kombinierte geomorphologische Gefahrenkarte 1:10'000 von Grindelwald, mit einem Beitrag von Walter Schwarz. 1977	48.--
G 6	JEANNERET F., VAUTIER Ph.: Kartierung der Klimaeignung für die Landwirtschaft in der Schweiz. 1977 Levê cartographique des aptitudes climatiques pour l'agriculture en Suisse Textband Kartenband	20.-- 36.--
G 7	WANNER Heinz: Zur Bildung, Verteilung und Vorhersage winterlicher Nebel im Querschnitt Jura-Alpen. 1978	28.--
G 8	Simen Mountains-Ethiopia, Vol. 1: Cartography and its application for geographical and ecological problems. Ed. by Messerli B. and Aerni K. 1978	36.--

			sFr.
G	9	MESSERLI B., BAUMGARTNER R. (Hrsg.): Kamerun. Grundlagen zu Natur und Kulturraum. Probleme der Entwicklungszusammenarbeit. 1978	43.--
G	10	MESSERLI Paul: Beitrag zur statistischen Analyse klimatologischer Zeitreihen. 1979	24.--
G	11	HASLER Martin: Der Einfluss des Atlasgebirges auf das Klima Nordwestafrikas. 1980 ISBN 3-260 04857 X	20.--
G	12	MATHYS H. et al.: Klima und Lufthygiene im Raum Bern. 1980	20.--
G	13	HURNI H., STAEHLI P.: Hochgebirge von Semien-Aethiopien Vol II. Klima und Dynamik der Höhenstufung von der letzten Kaltzeit bis zur Gegenwart. 1982	36.--
G	14	KIENHOLZ Hans, IVES Jack, MESSERLI Bruno: Mountains Hazard Mapping in Nepal: Kathmandu-Kakani Area ISBN 3-906290-07-7	in Vorbereitung
G	15	VOLZ Richard: Das Geländeklima und seine Bedeutung für den landwirtschaftlichen Anbau ISBN 3-906290-10-7	Anfang 1984
G	16	AERNI K., HERZIG H. (Hrsg.): Bibliographie IVS 1982 Inventar historischer Verkehrswege der Schweiz (IVS). 1983	250.--
G	16	id. Einzelne Kantone (1 Ordner + Karte) je	10.--
G	19	KUNZ Stefan: Anwendungsorientierte Kartierung der Besonnung im regionalen Massstab. ISBN 3-906290-03-4	16.--
G	20	FLURY Manuel: Krisen und Konflikte - Grundlagen, ein Beitrag zur entwicklungspolitischen Diskussion. 1983 ISBN 3-906290-05-0	18.--
G	21	WITMER Urs: Eine Methode zur flächendeckenden Kartierung von Schneehöhen unter Berücksichtigung von reliefbedingten Einflüssen ISBN 3-906290-11-5	Anfang 1984

P   GEOGRAPHIE FUER DIE PRAXIS

P	1	GROSJEAN Georges: Raumtypisierung nach geographischen Gesichtspunkten als Grundlage der Raumplanung auf höherer Stufe. 1982 (3. ergänzte Aufl.)	40.--
P	2	UEHLINGER Heiner: Räumliche Aspekte der Schulplanung in ländlichen Siedlungsgebieten. Eine kulturgeographische Untersuchung in sechs Planungsregionen des Kantons Bern. 1975	25.--
P	3	ZAMANI ASTHIANI Farrokh: Province East Azarbayejan - IRAN, Studie zu einem raumplanerischen Leitbild aus geographischer Sicht. Geographical Study for an Environment Development Proposal. 1979	24.--
P	4	MAEDER Charles: Raumanalyse einer schweizerischen Grossregion. 1980	18.--
P	5	Klima und Planung 79. 1980	25.--
P	7	HESS Pierre: Les migrations pendulaires intra-urbaines à Berne. 1982	15.--

			sFr.

P   8   THELIN Gilbert: Freizeitverhalten im Erholungsraum. Freizeit in und ausserhalb der Stadt Bern - unter besonderer Berücksichtigung freiräumlichen Freizeitverhaltens am Wochenende. 1983
ISBN 3-906290-02-6   18.--

P   9   ZAUGG Kurt Daniel: Bogotá-Kolumbien. Formale, funktionale und strukturelle Gliederung. Mit 44-seitigem Resumé in spanischer Sprache. 1983
ISBN 3-906290-04-2   28.--

P 10   RUPP Marco: Der bauliche Umwandlungsprozess in der Länggasse (Bern), eine Quartieranalyse. 1983
ISBN 3-906290-09-3   18.--

P 11   AMREIN Rudolf: Industriestandorte Region Bern
ISBN 3-906290-06-9   9.--

P 12   KNEUBUEHL Urs: Die Entwicklungssteuerung in einem Tourismusort Untersuchung am Beispiel von Davos für den Zeitraum von 1930-1980.
ISBN 3-906290-08-5   Herbst 1983

P 13   GROSJEAN Georges: Aesthetische Landschaftsbewertung Grindelwald (MAB)   Anfang 1984

S   **GEOGRAPHIE FUER DIE SCHULE**

S   2   PFISTER Christian: Autobahnen verändern eine Landschaft.
Mit einem didaktischen Kommentar von K. Aerni und P. Enzen. 1978   9.--
        1 Klassensatz des Schülerteils (8 Blätter in je 25 Expl.)   gratis
        1 Satz Dias (20 Dias, kommentiert im Textband)   25.--

S   4   AERNI Klaus et al.: Die Schweiz und die Welt im Wandel.
Teil I: Arbeitshilfen und Lernplanung (Sek.-Stufe I + II). 1979   8.--

S   5   AERNI Klaus et al.: Die Schweiz und die Welt im Wandel.
Teil II: Lehrerdokumentation. 1979   28.--

        S 4 und S 5: Bestellung richten an:
        Staatl. Lehrmittelverlag, Moserstr. 2, 3014 Bern

S   6   AERNI K.: Geographische Praktika für die Mittelschule - Zielsetzung
und Konzepte   in Vorbereitung

S   7   BINZEGGER R., GRUETTER E.: Die Schweiz aus dem All.
Einführungspraktikum in das Satellitenbild. 1981. (2. Aufl. 1982)   10.--

S   8   AERNI K., STAUB B.: Landschaftsökologie im Geographieunterricht.
Heft 1. 1982   12.--

S   9   GRUETTER E., LEUMANN G., ZUEST R., INDERMUEHLE O., ZURBRIGGEN B., ALTMANN H., STAUB B.: Landschaftsökologie im Geographieunterricht.
Heft 2. Vier geographische Praktikumsaufgaben für Mittelschulen.
(9.-13. Schuljahr) - Vier landschaftsökologische Uebungen. 1982   18.--

U   **SKRIPTEN FUER DEN UNIVERSITAETSUNTERRICHT**

U   1   GROSJEAN Georges: Die Schweiz. Der Naturraum in seiner Funktion für Kultur und Wirtschaft. (Nachdruck 1982)   8.50

U   2   GROSJEAN Georges: Die Schweiz. Landwirtschaft. 1982 (4. Aufl.)   12.--

			sFr.
U	3	GROSJEAN Georges: Die Schweiz. Geopolitische Dynamik und Verkehr. 1978	12.--
U	4	GROSJEAN Georges: Die Schweiz. Industrie. 1975	12.--
U	6	AMREIN Rudolf: Allgemeine Kultur- und Wirtschaftsgeographie. Teil 1: Naturraum-Bevölkerung-Kulturkreise-Nutzpflanzen-Nutztiere. 1982	14.--
U	7	AMREIN Rudolf: Allgemeine Kultur- und Wirtschaftsgeographie. Teil 2: Ländliche und städtische Siedlung-Energie-Industrie-Raumplanung-Entwicklungsländer	20.--
U	8	GROSJEAN Georges: Geschichte der Kartographie. 2. Auflage	in Vorbereitung
U	9	GROSJEAN Georges: Kartographie für Geographen I. Allgemeine Kartographie. 1981 revidiert.	16.--
U	10	GROSJEAN Georges: Kartographie für Geographen II. Thematische Kartographie. 1981 (Nachdruck)	14.--
U	11	FREI Erwin: Agrarpedologie. Eine kurzgefasste Bodenkunde. Ihre Anwendung in der Landwirtschaft, Oekologie und Geographie. 1983 ISBN 3-906290-13-1	36.--
U	13	MESSERLI B., WINIGER M.: Probleme der Entwicklungsländer. Seminarbericht	18.--
U	15	MATTIG F.: Genese und heutige Dynamik des Kulturraumes Aletsch, dargestellt am Beispiel der Gemeinde Betten-Bettmeralp. 1978	36.--
U	16	AERNI K., ADAMINA M., NAEGELI R.: Einführungspraktikum in geographische Arbeitsweisen. 1982	27.--

BEITRAEGE ZUM KLIMA DER REGION BERN

Nr.	1	MATHYS H. und MAURER R., 1978: Das Messnetz der Region Bern. Grundlagen und Probleme	~~10.--~~
Nr.	2	MAURER R., 1976: Das regionale Windgeschehen (mit einem Beitrag von S. Kunz)	~~20.--~~
Nr.	3	MATHYS H., 1976: Die Temperaturverhältnisse in der Region Bern	~~15.--~~
Nr.	4	MAURER R., KUNZ S., WITMER U., 1975: Niederschlag, Hagel, Schnee	~~20.--~~
Nr.	5	MATHYS H., WANNER H., 1975: Sonnenscheindauer, Bewölkung und Nebel	~~15.--~~
Nr.	6	MATHYS H., 1975: Spätfrostschäden in der Region Bern. Untersuchungen des Schadenereignisses vom April 1974	~~15.--~~
Nr.	9	WANNER H., KUNZ S., 1977: Die Lokalwettertypen der Region Bern	~~20.--~~

<u>Sonderaktion per Band</u>   2.--

Nr. 10 siehe G 12